工业和信息化"十三五"
高职高专人才培养规划教材

局域网组建与维护

项目式教程 第3版

Establishment and Maintenance of Local Area Network

宋一兵 ◎ 主编

李刚 ◎ 副主编

U0276607

人民邮电出版社

北京

图书在版编目（CIP）数据

局域网组建与维护项目式教程 / 宋一兵主编. -- 3
版. -- 北京 ：人民邮电出版社，2019.5（2023.6重印）
工业和信息化"十三五"高职高专人才培养规划教材
ISBN 978-7-115-49588-4

Ⅰ．①局… Ⅱ．①宋… Ⅲ．①局域网－高等职业教育
－教材 Ⅳ．①TP393.1

中国版本图书馆CIP数据核字 (2018) 第234615号

内 容 提 要

本书采用项目式教学模式，围绕局域网的建设问题，以网络的规划、组建、维护为主线，以基本的实践应用为引导，对局域网的基本知识、硬件设备、综合布线、网络组建、网络服务、Internet接入、安全与管理等内容进行全面讲解。同时，以某校园网的具体建设项目贯穿全书，通过每个项目最后的实训巩固局域网建设的具体应用。

本书内容全面，实例丰富，图文并茂，浅显易懂，注重理论联系实际，适合作为高职高专院校计算机相关专业"局域网组建与维护"课程的教材，也可作为广大工程技术人员的技术参考书。

◆ 主　　编　宋一兵

副 主 编　李　刚

责任编辑　马小霞

责任印制　马振武

◆ 人民邮电出版社出版发行　　北京市丰台区成寿寺路 11 号

邮编　100164　电子邮件　315@ptpress.com.cn

网址　http://www.ptpress.com.cn

三河市兴达印务有限公司印刷

◆ 开本：787×1092　1/16

印张：15.75　　　　　　　2019 年 5 月第 3 版

字数：394 千字　　　　　2023 年 6 月河北第 12 次印刷

定价：49.80 元

读者服务热线：(010)81055256　印装质量热线：(010)81055316
反盗版热线：(010)81055315

广告经营许可证：京东市监广登字 20170147 号

第3版 前言 FOREWORD

计算机网络的发展日新月异，已经融入社会生活的各个方面，为科学、教育、办公、娱乐、商务、资讯等各种活动提供了不可或缺的交流平台。目前，我国很多高职高专院校的计算机相关专业，都将"局域网组建与维护"作为一门重要的专业课程。为了帮助高职高专院校的教师比较全面、系统地讲授这门课程，使学生能够熟练地掌握相关技术，我们编写了本书。

本书全面贯彻党的二十大精神，以社会主义核心价值观为引领，传承中华优秀传统文化，坚定文化自信，使内容更好地体现时代性、把握规律性、富于创造性。

本书充分考虑高职高专学生的学习特点，采用项目式教学的形式，注重局域网技术在实践应用环节的教学训练。围绕局域网建设项目，以网络的规划、组建、维护为主线，以基本的实践应用为导引，对局域网的基本知识、硬件设备、综合布线、网络服务、Internet接入、安全与管理等内容进行了全面讲解。同时，以某大学校园网的具体建设项目贯穿全书。

教师一般可用 32 个课时来讲解本书的内容，再配以 32 个课时的实践训练，即可较好地完成教学任务。各项目的教学课时可参考下面的课时分配表。

项 目	课 程 内 容	课 时 分 配	
		讲授	实践训练
项目一	网络的概念、数据传输技术和网络协议	4	4
项目二	局域网的规划、设计、工程实施、测试验收等基本建设流程	2	2
项目三	传输介质、网卡、交换机、路由器等常用局域网硬件设备	4	4
项目四	局域网综合布线系统的概念、材料与工具、布线施工等	4	4
项目五	对等网的特点、C/S 小型局域网等的组建方法、资源的共享与发布等	4	4
项目六	无线局域网的特点、组建方法、无线局域网的安全等	4	4
项目七	DNS、DHCP、WWW、FTP 等各种网络服务的实现	4	4
项目八	宽带、无线、专线等各种局域网接入 Internet 的方案和实施	2	2
项目九	局域网的管理和工具、局域网安全管理和防护系统等	4	4
课 时 总 计		32	32

为方便教师教学，本书配备了内容丰富的教学资源包，包括 PPT 课件、电子教案、习题答案、教学大纲和 2 套模拟试题及答案。任课教师可登录人民邮电出版社人邮教育社区（www.ryjiaoyu.com.cn）免费下载使用。

本书由宋一兵主编，李刚副主编，参加本书编写工作的还有沈精虎、黄业清、谭雪松、向先波、冯辉、计晓明、滕玲、董彩霞、管振起等。由于编者水平有限，书中难免存在疏漏之处，敬请广大读者批评指正。

编　者

2023 年 5 月

○ ⊙目录 CONTENTS

项目一　了解局域网

人类社会已经进入了一个以网络为核心的信息时代，这里的网络是指"三网"，即电信网络、电视网络和计算机网络，其中发展最快且起到决定性作用的是计算机网络。目前，以Internet 为代表的计算机网络已经深入社会的各个领域，改变着人们的工作、学习、生活及思维方式，其应用范围越来越广，成为信息社会的命脉和发展知识经济的重要基础。世界各国都对计算机网络给予高度重视，从某种意义上讲，计算机网络的发展水平不仅反映了一个国家的计算机科学和通信技术水平，而且已经成为衡量一国国力及现代化程度的重要标志之一。

本项目主要通过以下几个任务完成。

- 任务一　认识计算机网络
- 任务二　认识局域网
- 任务三　理解数据的传输与交换
- 任务四　掌握网络体系结构与协议

学习目标

- 了解计算机网络的概念和作用
- 了解局域网的定义与拓扑结构
- 掌握网络数据传输技术和交换技术
- 理解网络体系结构和 OSI、TCP/IP 模型
- 了解局域网协议 IEEE 802

任务一　认识计算机网络

计算机网络虽然只有半个世纪的发展历程，但其发展速度却令人惊叹。它是计算机技术与现代通信技术紧密结合的产物，实现了远程通信、远程信息处理和资源共享。经过几十年的发展，计算机网络已由早期的"终端—计算机网"和"计算机—计算机网"演变成为现代具有统一体系结构的网络。

（一）什么是计算机网络

计算机网络的定义并没有一个统一的标准，而是随着网络技术的发展而不断变化。

关于计算机网络最简单的定义是：一些相互连接的、以共享资源为目的的、自治的计算机的集合。从逻辑功能上看，计算机网络是以传输信息为基础目的，用通信线路将多个计算机连接起来的计算机系统的集合。从用户角度看，计算机网络是一个能为用户自动管理的网络操作系统，是由通信线路互相连接的许多自主工作的计算机构成的集合体，整个网络像一个大的计算机系统一样，对用户是透明的。

目前，已公认的有关计算机网络的定义是：计算机网络是将地理位置不同，且有独立功能的多个计算机系统利用通信设备和线路互相连接起来，且以功能完善的网络软件（包括网络通信协议、网络操作系统等）为基础，实现网络资源共享的系统。

从这个定义中，可见计算机网络具有以下4个显著的特点。

- 计算机网络是一个互连的计算机系统群体，在地理上是分散的。
- 计算机网络中的计算机系统是自治的，即每台主机都是独立工作的，它们向网络用户提供资源和服务（称为资源子网）。
- 系统互连要通过通信设施来实现，通信设施一般是由通信线路及相关的传输、交换设备等组成（称为通信子网）。
- 主机和子网之间通过一系列的协议实现通信。

计算机网络的资源子网和通信子网的二级子网结构如图1-1所示。

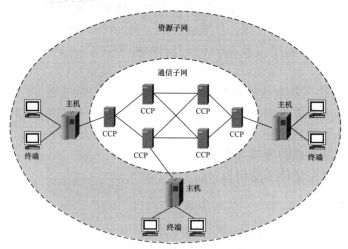

图1-1　资源子网和通信子网

（二）计算机网络的性能指标

性能指标从不同的方面来度量计算机网络的性能，下面介绍常用的6个性能指标。

1. 速率

计算机发送的信号都是数字形式的。比特（bit）是计算机中数据量的单位，意思是一个"二进制数字"，就是一个0或1。计算机网络的速率是指连接在计算机网络上的主机在数字信道上传送数据的速率，也称为数据率或比特率。速率的单位是bit/s（bit per second，比特每秒），当速率较高时，也可以用kbit/s（千，$k=10^3$）、Mbit/s（兆，$M=10^6$）、Gbit/s（吉，$G=10^9$）或Tbit/s（太，$T=10^{12}$）。

速率是计算机网络中最重要的一个性能指标，一般指额定速率或者标称速率，也就是在非常理想的情况下才能达到的数据传送的速率，当然在实际中一般是达不到的。现在人们常用简单但不严格的说法来描述网络的速率，如100M以太网，而忽略了单位中的bit/s，它的意思是速率为100 Mbit/s的以太网。

2. 带宽

带宽有以下两种不同的含义。

（1）某个信号具有的频带宽度，也就是该信号所包含的各种不同频率成分所占据的频率范围，一般是连续变化的模拟信号。

（2）计算机网络中，带宽用来表示网络的通信线路所能传送数据的能力，因此网络带宽表示在单位时间内从网络的一点到另一点所能通过的"最高数据率"，其单位也是 bit/s。

说明：速率是设备发出数据的速率，带宽是单位时间内线路上跑的数据的数量。例如汽车的速率相同时，在双车道的公路上每分钟只能通行 10 辆车，但是在 6 车道的公路上就能够通行 30 辆车，这就是带宽不同的结果。

3．吞吐量

吞吐量表示在单位时间内通过某个网络的数据量。吞吐量经常用于对现实世界中的网络的一种测量，以便知道实际上到底有多少数据量能够通过网络。显然，吞吐量受到网络的带宽或网络的额定速率的限制。由于诸多原因使得吞吐量常常远小于所用介质本身可以提供的最大数字带宽。决定吞吐量的因素主要有网络互连设备、所传输的数据类型、网络的拓扑结构、网络上的并发用户数量、服务器和网络拥塞等。

例如，对于一个 100Mbit/s 的以太网，其额定速率为 100Mbit/s，那么这个数值也是该以太网的吞吐量的绝对上限值。因此，对 100Mbit/s 的以太网，其典型的吞吐量可能只有 70Mbit/s。

4．时延

时延指数据（一个报文或者分组）从网络（或链路）的一端传送到另一端所需的时间。时延是一个非常重要的性能指标，也可以称为延迟或者迟延。

网络中的时延由以下几部分组成。

（1）发送时延，主机或路由器发送数据帧所需要的时间。
（2）传播时延，电磁波在信道中传播一定的距离需要花费的时间。
（3）处理时延，主机或路由器在收到分组时需要处理花费的时间。
（4）排队时延，分组在进入路由器后要在输入队列中排队等待处理的时间。

说明：电磁波在自由空间的传播速率是光速，即 3.0×10^5 km/s。电磁波在网络传输媒体中的传播速率比在自由空间低一些，在铜线电缆中的传播速率约为 2.3×10^5 km/s，在光纤中的传播速率约为 2.0×10^5 km/s。

5．往返时间 RTT

在计算机网络中，往返时间 RTT 也是一个重要的性能指标，表示从发送方发送数据开始，到发送方收到来自接收方的确认，总共经历的时间。

6．利用率

利用率有信道利用率和网络利用率。信道利用率指出某信道有百分之几的时间是被利用的。网络利用率则是全网络的信道利用率的加权平均值。信道利用率并非越高越好。这是因为，根据排队的理论，当某信道的利用率增大时，该信道引起的时延也就迅速增加。

（三）计算机网络的应用

计算机网络在资源共享、信息通信等方面所具有的功能，是其他系统所不能比拟的，这也使得它在社会生活的各个领域获得了广泛的应用。下面介绍几个最新的应用方向。

1．物联网

顾名思义，物联网（IoT，Internet of Things）就是物物相连的互联网，它是在互联网的基础上，利用射频识别（RFID）、无线数据通信等技术，构造一个覆盖现实生活的实体网络。

在这个网络中，通过射频识别（RFID）、红外感应器、全球定位系统、激光扫描器和气体感应器等信息传感设备，按约定的协议，把任何物品与互联网连接起来，进行信息交换和通信，以实现智能化识别、定位、跟踪、监控和管理。简而言之，物联网就是"物物相连的互联网"。

一般来讲，物联网可以划分为三层架构。

（1）感知层，由各种传感器构成，包括温湿度传感器、二维码标签、RFID 标签和读写器、摄像头、红外线和 GPS 等感知终端。感知层是物联网识别物体、采集信息的来源。

（2）网络层，由各种网络，包括互联网、广电网、网络管理系统和云计算平台等组成，是整个物联网的中枢，负责传递和处理感知层获取的信息。

（3）应用层，是物联网和用户的接口，它与行业需求结合，实现物联网的智能应用。

物联网通过智能感知、识别技术与普适计算等通信感知技术，广泛应用于网络的融合中，也因此被称为继计算机、互联网之后世界信息产业发展的第三次浪潮。

2. 云计算与云存储

云计算是将计算任务分布在大量计算机构成的资源池上，使各种应用系统能够根据需要获取计算力、存储空间和各种软件服务。也就是说，云计算是通过网络，按需提供、可动态伸缩的廉价计算服务。

传统模式下，企业建立一套 IT 系统不仅仅需要购买硬件等基础设施，还要买软件的许可证，需要专门的人员维护，当企业的规模扩大时还要继续升级各种软硬件设施以满足需要。但是对于企业来说，计算机等硬件和软件本身并非他们真正需要的，而仅仅是完成工作、提高效率的工具而已。同样，对个人来说，使用计算机需要安装许多软件，而软件大都是收费的，对并不经常使用这些软件的用户来说购买是非常不划算的。

我们每天都要用电，但我们不是每家自备发电机，它由电厂集中提供；我们每天都要用水，但不是每家都有井，它由水厂集中提供。这种集中供应的模式极大地节约了资源，方便了我们的生活。面对计算机给我们带来的困扰，我们可不可以像使用水和电一样使用计算机资源？这些想法最终导致了云计算的产生。云计算的最终目标是将计算、服务和应用作为一种公共设施提供给公众，使人们能够像使用水、电、燃气和电话那样使用计算机资源。

通俗地讲，云计算的"云"就是存在于互联网上的服务器集群上的资源，它包括硬件资源（服务器、存储器和 CPU 等）和软件资源（如应用软件、集成开发环境等），本地计算机只需要通过互联网发送一个需求信息，远端就会有成千上万的计算机为用户提供需要的资源并将结果返回到本地计算机，这样，本地计算机几乎不需要做什么，所有的处理都由云计算提供商所提供的计算机群来完成。

在云计算环境下，用户的使用观念也会发生彻底的变化，从"购买产品"到"购买服务"转变，因为他们直接面对的将不再是复杂的硬件和软件，而是最终的服务。用户不需要拥有看得见、摸得着的硬件设施，也不需要为机房支付设备供电、空调制冷和专人维护等费用，并且不需要等待漫长的供货周期和项目实施，只需要把钱付给云计算服务提供商，就会马上得到需要的服务。

云计算具有超大规模、虚拟化、高可靠性、通用性、高可扩展性、按需服务和成本低廉等特点，但是在安全性方面也存在潜在的危险性。

云存储也属于云计算的范畴，也就是将用户的数据资源存放在网上。站在用户的角度来看，云存储并不是单纯的存储设备，而是由多种类型的存储设备和服务器相结合而组成的一种设备，可以说是一种数据访问服务。作为用户，不管是什么时间、什么地点，都能够通过网络，访问到自己所存储的数据。在最近几年中，很多商业软件公司都结合自身的实际情况，推出相应的云存储产品和服务，例如百度云、腾讯云、阿里云、华为云、联想云等，还有很多公司和部门建立了自己的私有云。

3. 工业 4.0

工业 4.0 是德国政府提出的一个高科技国家战略计划。该项目由德国联邦教育局及研究部和联邦经济技术部联合资助，投资预计达 2 亿欧元，旨在提升制造业的智能化水平，建立具有适应性、资源效率及基因工程学的智慧工厂，在商业流程及价值流程中整合客户及商业伙伴。

经过 100 多年的发展，工业化的进程大致经历了以下几个不同的阶段。

- 工业 1.0：机械化，以蒸汽机为标志，用蒸汽动力驱动机器取代人力，从此手工业从农业分离出来，正式进化为工业。
- 工业 2.0：电气化，以电力的广泛应用为标志，用电力驱动机器取代蒸汽动力，从此零部件生产与产品装配实现分工，工业进入大规模生产时代。
- 工业 3.0：自动化，以 PLC（可编程逻辑控制器）和 PC（个人计算机）的应用为标志，从此，机器不但接管了人的大部分体力劳动，同时也接管了一部分脑力劳动，工业生产能力得到了长足的发展。
- 工业 4.0：智能化，以物联网的应用为标志，利用物联信息系统将生产、销售和供应过程数据化，从而实现智慧生产。准确来说，生产中使用了含有信息的"原材料"，实现了"原材料（物质）=信息"，制造业成为信息产业的一部分。

"工业 4.0"是德国推出的概念，美国叫"工业互联网"，中国叫"中国制造 2025"，这三者本质内容是一致的，都指向一个核心，就是智能制造，再延伸到具体的生产而言，就是智能工厂。智能制造、智能工厂是工业 4.0 的两大目标。

那么，工业 4.0 有哪些主要特点呢？

- 互连：工业 4.0 的核心是连接，要把设备、生产线、工厂、供应商、产品和客户紧密地联系在一起。
- 数据：工业 4.0 包括大量的数据，如产品数据、设备数据、研发数据、工业链数据、运营数据、管理数据、销售数据和消费者数据等。
- 集成：工业 4.0 将无处不在的传感器、嵌入式中端系统、智能控制系统、通信设施通过信息物理系统（Cyber-Physical Systems，CPS）形成一个智能网络。通过这个智能网络，使人与人、人与机器、机器与机器及服务与服务之间能够互连，从而实现横向、纵向和端到端的高度集成。
- 创新：工业 4.0 的实施过程是制造业创新发展的过程，制造技术、产品、模式、业态和组织等方面的创新将会层出不穷，从技术创新到产品创新，到模式创新，再到业态创新，最后到组织创新。
- 转型：对于中国的传统制造业而言，转型实际上是从传统的工厂，从 2.0、3.0 的工厂转型到 4.0 的工厂，整个生产形态上，是从大规模生产转向个性化定制，整个生产的过程更加柔性化、个性化。

在未来的工业 4.0 时代，软件重要还是硬件重要？这个答案非常简单：软件决定一切，软件定义机器。所有的工厂都是软件企业，都是网络和数据公司，所有工业软件在工业 4.0 时代都是至关重要的，所以说软件定义一切，网络连通了一切。

4."互联网+"

2015 年 7 月 4 日，国务院印发《关于积极推进"互联网+"行动的指导意见》，这是我国工业和信息化深度融合的成果与标志，是互联网思维的进一步实践化。

"互联网+"指的是依托互联网信息技术实现互联网与传统产业的联合，以优化生产要素、更新业务体系、重构商业模式等途径来完成经济转型和升级。通俗地说，"互联网+"就是"互联网+各个传统行业"，但这并不是简单的两者相加，而是利用信息通信技术及互联网平台，让互联网与传统行业进行深度融合，创造新的发展生态。所以，"互联网+"具有跨界融合、创新驱动、重塑结构、尊重人性、开放生态和连接一切等特征。

简单地说，我国"互联网+"主要有工业互联网、电子商务和互联网金融三个重要发展方向。

（1）"互联网+工业"。"互联网+工业"即传统制造业企业采用移动互联网、云计算、大数据、物联网等信息通信技术，改造原有产品及研发生产方式，与"工业互联网""工业 4.0"的内涵一致。2014 年，中国互联网协会工业应用委员会等国家级产业组织宣告成立，一些互联网企业联手工业企业开始了中国版"工业互联网"实践，"互联网+工业"的大幕已拉开。在这个方向上，还有"移动互联网+工业""云计算+工业""物联网+工业""网络众包+工业""互联网商业模式+工业"等新概念和经济业态。

（2）"互联网+商贸"。传统产业拥抱互联网的一种方向就是主动将销售渠道互联网化，实现 B2B、B2C、F2C 等营销模式。多年来，电子商务业务伴随着我国互联网行业一同发展壮大，目前仍处于快速发展、转型升级的阶段，发展前景广阔。近年来我国电子商务市场保持着快速增长，根据 eMarketer 对全球零售的调查，中国是世界上最大的电子商务市场。2017年，全球零售电子商务销售额达到 2.29 万亿美元，其中中国零售电子商务销售额达到 1.13 万亿美元，相当于零售总额的 23.1%，远超世界其他国家。预计增长还将继续，到 2021 年，电子商务将占中国零售总额的 40.8%。

（3）"互联网+金融"。"互联网+金融"可以整合企业经营的数据信息，使金融机构低成本、快速地了解借款企业的生产经营情况，有效降低借贷双方信息不对称程度，进而提升贷款效率，以解决中小微等实体企业融资发展的经济瓶颈。主要途径包括建立互联网供应链金融、P2P 网络信贷、众筹平台和互联网银行等。

此外，"互联网+医疗""互联网+交通""互联网+公共服务""互联网+教育"等领域也都呈现方兴未艾之势，随着"互联网+"战略的深入实施，互联网必将与更多传统行业进一步融合。

任务二 认识局域网

局域网（Local Area Network，LAN）是最常见和应用最广泛的一种网络，随着计算机网络技术的发展和提高，它得到了充分的应用和普及。几乎每个单位都有自己的局域网，甚至有些家庭中都有自己的小型局域网。目前，经常见到的局域网有网吧局域网、办公室局域网、校园网、酒店局域网及企业内部网等。

（一）什么是局域网

电气和电子工程师学会（IEEE）对局域网的定义为：局域网中的数据通信被限制在几米至几千米的地理范围内，能够使用具有中等或较高传输速率的物理信道，并且具有较低的误码率。局域网是专用的，由单一组织机构所使用。

这一定义确定了局域网在地理范围、经营管理规模和数据传输等方面的主要特征。局域网在计算机数量配置上没有太多的限制，少的可以只有两台，多的可达几千台。

其实，对于现代的网络，已经很难进行严格的定义，只能从各种网络所提供的功能和本身特点定性地来讨论。在理解局域网时应注意把握如下要点。

- 局域网是一个专用的通信网络。
- 局域网的地理范围相对较小。
- 局域网与外部网络的接口（网关）只有一个。

局域网最基本的目的是为连接在网络上的所有计算机或其他设备之间提供一条传输速率较高、价格较低廉的通信信道，从而实现相互通信及资源共享。局域网的主要特点可以概括为图 1-2 所示的内容。

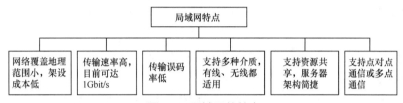

图 1-2　局域网的特点

（二）局域网有哪些类型

拓扑学是几何学的一个重要分支，它将实体抽象为与其形状、大小无关的点，将物体之间的连接线路抽象成与距离无关的线，进而研究点、线、面之间的关系。这种表示点和线之间关系的图被称为拓扑结构图。拓扑结构与几何结构属于两个不同的数学概念。在几何结构中，需要考察的是点、线之间的位置和形状关系，如梯形、四边形、圆形等都属于不同的几何结构。但是从拓扑结构的角度去看，由于点、线间的连接关系相同，这些图形就具有相同的拓扑结构，即环形结构。也就是说，不同的几何结构可能具有相同的拓扑结构。

类似地，在计算机网络中，把计算机、主机、网络设备等抽象成点，把连接这些设备的通信线路抽象成线，用网络的拓扑结构来反映网络的结构关系。

拓扑结构是局域网组网的重要组成部分，也是关系局域网性能的重要特征，局域网拓扑结构通常分为总线形、星形、环形、树形、网状及蜂窝形等。下面将分别介绍各类型的结构和性能特点。

1. 总线形拓扑结构

总线形拓扑结构中的所有连网设备共用一条物理传输线路，所有的数据都发往这一条线路，并能够被所有连接在线路上的设备接收。连网设备通过专用的分接头接入线路。总线形拓扑结构是局域网的一种组成形式，如图 1-3 所示。

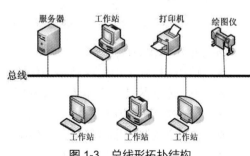

图 1-3　总线形拓扑结构

总线形拓扑结构的特点如下。

- 多台机器共用一条传输信道，信道利用率较高。
- 同一时刻只能有两台计算机通信。
- 某个节点的故障不影响网络的工作。
- 网络的延伸距离有限，节点数有限。

这种结构在局域网发展初期，以同轴电缆为主要布线工具的时代使用较为广泛，目前已逐渐被淘汰。

2. 星形拓扑结构

星形拓扑结构是以一台中心处理机（通信设备）为主而构成的网络，其他连网机器仅与该中心处理机之间有直接的物理链路，中心处理机采用分时或轮询的方法为连网机器服务，所有的数据必须经过中心处理机。星形拓扑结构如图 1-4 所示。

星形拓扑结构的特点如下。

● 网络结构简单，便于集中式管理。

● 每台计算机均需物理链路与中心处理机互连，线路利用率低。

● 中心处理机负荷重，因为任何两台连网设备之间交换信息，都必须通过中心处理机。

● 连网机器的故障不影响整个网络的正常工作，但中心处理机的故障将导致网络的瘫痪。

这种结构配置灵活、易于扩展，是目前局域网中应用最为广泛的一种结构。

3. 环形拓扑结构

环形拓扑结构中连网设备通过转发器接入网络，每个转发器仅与两个相邻的转发器有直接的物理线路。环形网的数据传输具有单向性，一个转发器发出的数据只能被另一个转发器接收并转发。所有的转发器及其物理线路构成了一个环状的网络系统。环形拓扑结构如图 1-5 所示。

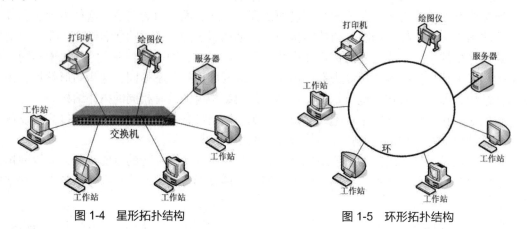

图 1-4　星形拓扑结构　　　　图 1-5　环形拓扑结构

环形拓扑结构的特点如下。

● 实时性较好（信息在网络中传输的最大时间固定）。

● 每个转发器只与相邻两个转发器有物理链路。

● 传输控制机制比较简单。

● 某个转发器的故障将导致网络瘫痪。

● 单个环网的转发器数量有限。

这种结构适合工厂的自动化系统。IBM 公司在 1985 年推出的令牌环网（IBM Token Ring）是其应用的典范。采用这种结构的 FDDI（光纤分布式数据接口）网络也在局域网中得到了一定的应用。

4. 树形拓扑结构

树形拓扑结构是从总线形拓扑结构演变而来的，它是在总线网上加上分支形成的一种层次结构，其传输介质可有多条分支，但不形成闭合回路。它将网络中的所有站点按照一定的层次关系连接起来，就像一棵树一样，由根节点、叶节点和分支节点组成。树形拓扑结构的网络覆盖面很广，容易增加新的站点，也便于故障的定位和修复，但其根节点由于是数据传输的常用之路，因此负荷较大。树形拓扑结构如图 1-6 所示。

树形拓扑结构的特点如下。

- 易于扩展。
- 故障定位和隔离较容易。
- 对根节点依赖性太大，若根节点发生故障，则全网不能正常工作。

5. 网状拓扑结构

网状拓扑结构是利用专门负责数据通信和传输的节点构成的网状网络，连网设备直接接入节点进行通信。网状拓扑结构通常利用冗余的设备和线路来提高网络的可靠性，因此，节点可以根据当前的网络信息流量有选择地将数据发往不同的线路。网状拓扑结构如图 1-7 所示。

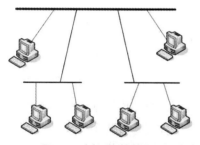

图 1-6　树形拓扑结构

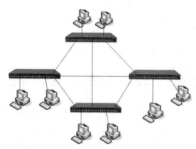

图 1-7　网状拓扑结构

网状拓扑结构是一个全通路的拓扑结构，任何站点之间均可以通过线路直接连接。它能动态地分配网络流量，当有站点出现故障时，站点间可以通过其他多条通路来保证数据的传输，从而提高系统的容错能力，因此，网状拓扑结构的网络具有极高的可靠性。但这种拓扑结构的网络结构复杂，安装成本很高，主要用于地域范围大、连网主机多（机型多）的环境，常用于构造广域网络。

网状拓扑结构的特点如下。

- 在冗余备份中此结构应用广泛，容错性能好。
- 不受瓶颈问题和失效问题的影响。
- 扩展方便。
- 故障诊断较为方便，因为网状拓扑的每条传输介质相对独立，故障点的定位和隔离较容易。
- 结构较复杂、冗余太多，安装和配置比较困难，网络协议也较复杂，建设成本高。

6. 蜂窝形拓扑结构

蜂窝形拓扑结构是无线局域网中常用的结构，如图 1-8 所示。在地形复杂的地区，架设有线传输介质会比较困难，这时可利用无线传输介质（如微波、卫星、无线电和红外线等）点到点和多点传输的特征，组成无线网络。蜂窝形拓扑结构由圆形区域组成，每一区域都有一个节点（基站），区域中没有物理连接介质，只有无线介质。这种拓扑结构适用于城市网、校园网及企业网，更适合于移动通信。

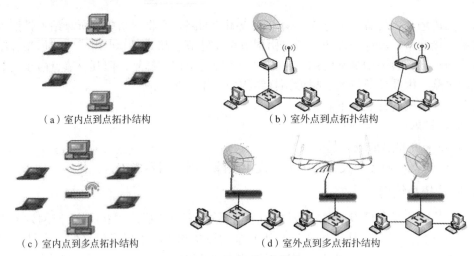

（a）室内点到点拓扑结构　　　　　　　　（b）室外点到点拓扑结构

（c）室内点到多点拓扑结构　　　　　　　　（d）室外点到多点拓扑结构

图 1-8　蜂窝形拓扑结构

蜂窝形拓扑结构的特点如下。

● 没有物理布线问题，灵活方便。
● 容易受到干扰，信号较弱，也容易被监听和盗用。

任务三　理解数据的传输与交换

数据在信源和信宿之间进行传输最理想的方式是在两个互连的站点之间直接建立传输信道并进行数据通信。但实际上，在大范围的网络环境中直接连接两个设备是不现实的，也是不可取的，这时可以通过网络的中间节点把数据从源站点发送到目的站点，实现数据通信。这些中间节点并不关心数据内容，而是提供一个交换设备，使数据从一个节点传到另一个节点，直至到达目的地为止。

（一）数据传输技术

数据通信中使用的几种主要的数据传输技术如下。

1．串行传输与并行传输

串行传输时每次传输的数据只有一位，如图 1-9（a）所示。由于线路成本等方面的因素，远距离通信一般采用串行通信技术。

并行传输主要用于局域网通信等距离比较近的情况，至少有 8 bit 数据同时传输，如图 1-9（b）所示。计算机内部的数据多是并行传输，如用于连接磁盘的扁平电缆一次就可以传输 8 bit 或 16 bit 数据，外部的并行端口及其连线也采用并行传输。

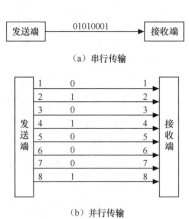

（a）串行传输

（b）并行传输

图 1-9　串/并行传输

2．同步传输与异步传输

同步问题在数据通信中非常重要。"同步"是指接收端要按照发送端所发送信号的起止时刻和间隔时间接收数据，使得发送与接收在步调上一致，否则，将会导致通信误码率增加，甚至完全不能通信。

按照通信双方协调方式的不同，目前的数据传输方式有同步和异步两种。

（1）同步传输

同步传输采用的是按位同步的同步技术（即位同步）。在同步传输中，字符之间有一个固定的时间间隔。这个时间间隔由数字时钟确定，因此，各字符没有起始位和停止位。在通信过程中，接收端接收数据的序列与发送端发送数据的序列在时间上必须取得同步，这里又分为两种情况，即外同步和内同步。

外同步指由通信线路设备提供同步时钟信号，该同步信号与数据编码一同传输，以保证线路两端数据传输同步，如图1-10所示。

图 1-10　同步传输

内同步指某些编码技术内含时钟信号，在每一位的中间有一个电平跳变，这一个跳变就可以提取出用作位同步的信号，如曼彻斯特码。

同步传输适合于大的数据块传输，这种传输方式开销小、效率高，缺点是控制比较复杂，如果传输中出现错误，则需要重新传送整个数据段。

（2）异步传输

有数据需要发送的终端设备可以在任何时刻向信道发送信号，而不需要与接收方进行同步和协商。它把每个字符作为一个单元独立传输，字节之间的传输间隔任意。为了标志字节的开始和结尾，在每个字符的开始附加 1 bit 起始位，结尾加 1 bit、1.5 bit 或 2 bit 停止位，构成一个个"字符"。这里的"字符"指异步传输的数据单元，不同于"字节"，一般略大于一个字节，如图 1-11 所示。

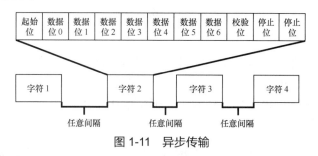

图 1-11　异步传输

这种传输方式开销大、效率低、速度慢，优点是控制简单，如果传输错误，只需要重新发送一个字符即可。

3. 数据传输方向

根据信号在信道上的传输方向与时间关系，可以将信道的通信方式分为单工、半双工和全双工 3 种。

（1）单工

采用单工通信方式传输的数据只能在一个方向上流动，发送端使用发送设备，接收端使用接收设备，如图 1-12（a）所示。无线电广播和电视广播都属于单工通信。

（2）半双工

采用半双工通信方式传输的数据在某一时刻向一个方向传输，在需要的时候，又可以向另外一个方向传输，它实质上是可切换方向的单工通信，如图 1-12（b）所示。半双工通信适用于会话式通信的系统。

（3）全双工

采用全双工通信方式传输的数据可以在两个方向上同时传输，它相当于两个单工通信方式的结合，如图 1-12（c）所示。在全双工通信中，通信双方的设备既要充当发送设备，又要充当接收设备。

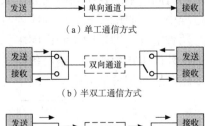

图 1-12　单工、半双工与全双工通信

（二）数据交换技术

数据交换技术随着微电子技术和计算机技术的发展而不断发展，从最初的电话交换到如今的数据交换、综合业务数字交换，交换技术经历了从人工交换到自动交换的过程。在数据通信中，通常有电路交换、报文交换和分组交换 3 种主要的交换方式。

1. 电路交换

电路交换就是计算机终端之间通信时，由一方发起呼叫，独占一条物理线路。当交换机完成接续，对方收到发送端的信号后，双方即可进行通信。在整个通信过程中双方一直独占该电路，示意图如图 1-13 所示。

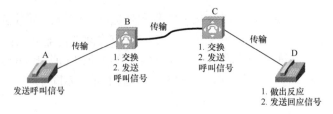

图 1-13　电路交换

电路交换的特点如下。

- 网络传播实时性强、时延小，交换设备成本较低。
- 线路利用率低，电路接续时间长，通信效率低，不同类型终端用户之间不能通信。
- 适用于信息量大、报文长、经常进行通信的固定用户。

2. 报文交换

报文交换是以"存储—转发"方式在网内传输数据。先将用户的报文存储在交换机的存储器中（内存或外存），当所需要的输出电路空闲时，再将该报文发向接收交换机或终端。示意图如图 1-14 所示。

报文交换的特点如下。

- 中继线路利用率高，允许多个用户同时在一条线路上传送，可实现不同速率、不同规程的终端互通。
- 以报文为单位进行存储转发，网络传输时延大，且占用大量的交换机内存和外存，不能满足对实时性要求较高的用户。
- 适用于传输的报文较短、实时性要求较低的网络用户之间的通信，如公用电报网。

3. 分组交换

分组交换实质上是在"存储—转发"方式基础上发展起来的，兼有电路交换和报文交换的优点。它将用户发来的整份报文分割成若干个定长的数据块（称为分组或数据包），每一个分组信息都带有接收地址和发送地址，能够自主选择传输路径。数据包暂存在交换机的存储器内，接着在网内转发。到达接收端后，再去掉分组头，将各数据字段按顺序重新装配成完整的报文。在一条物理线路上采用动态复用的技术，能够同时传送多个数据分组。分组交换比电路交换的电路利用率高，比报文交换的传输时延小、交互性好。示意图如图 1-15 所示。

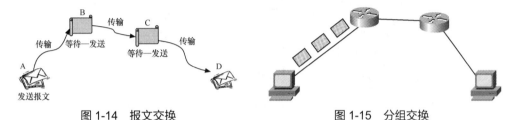

图 1-14　报文交换　　　　　　　　图 1-15　分组交换

分组交换的特点如下。

- 高效：在分组传输的过程中动态分配传输带宽。
- 灵活：每个节点均有智能，可根据情况决定路由并对数据做必要的处理。
- 迅速：以分组作为传送单位，只有出错的分组才会被重发，因此大大降低了重发的比例，提高了交换速度。同一个报文的不同分组在各个节点中被同时接收、处理和发送，可以沿不同的路径。这种并行性缩短了整体传输时间，并随时利用网络中流量分布的变化而确定尽可能快的路径。
- 方便：数据包在每个节点进行存储和转发，节点所需要的存储量低。
- 可靠：完善的网络协议，分布式多路由的通信子网。

分组交换又有数据报和虚电路两种方式。

（1）数据报

这种交换方式中，所有传送的信息在送入交换网前都被划分为更短的报文分组，每个分组除携带目标地址外，还携带所属信息包的编号。各分组独立选择路由，分别到达目的主机后，再按照信息包的编号顺序重新组合还原。

（2）虚电路

在发送数据前，先建立一条逻辑连接，此连接是虚拟的。数据包在每个节点处仍需存储和转发，并不独占线路。对目标主机的寻址在连接过程中进行。每个分组在包含数据之外，还要包含一个虚电路标志符。在预先建立好的路径上，每个节点都知道如何把这些分组传递到下一个节点，而不需要路由选择。源端口将全部数据分组，然后按照顺序，逐个沿虚电路发向目标主机。

虚电路方式与数据报方式相比，其不同点如下。

- 虚电路方式是面向连接的交换方式，常用于两节点之间数据交换量大的情况，能提供可靠的通信功能，保证每个分组正确到达，且保持原来的顺序。但虚电路方式有一个弱点，当某个节点或某条链路出现故障而彻底失效时，则所有经过故障点的虚电路将立即被破坏，导致本次通信失败。
- 数据报方式是面向无连接的交换方式，适用于交互式会话中每次传送的数据报很短的情况。该方式省略了呼叫建立过程，因此，当要传输的分组较少时，这种方式要比虚电路方式快速、灵活，而且分组可以绕开故障区而到达目的地，因此，故障的影响面要比虚电路方式小得多。但数据报方式不保证分组按序到达。

4．3 种交换方式的比较

图 1-16 所示为 3 种交换方式的比较。

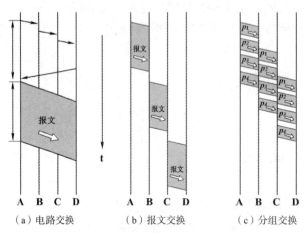

（a）电路交换　　　（b）报文交换　　　（c）分组交换

图 1-16　3 种交换方式的比较

从图 1-16 中可以看出，若要连续传送大量的数据，且其传送时间远大于呼叫建立时间，则采用在数据通信之前预先分配传输带宽的电路交换较为合适；报文交换和分组交换不需要预先分配传输带宽，在传送突发数据时可提高整个网络的信道利用率；分组交换比报文交换的时延小，但其节点交换机必须具有更强的处理能力。

当端到端的通路是由许多段的链路组成时，采用分组交换比电路交换好。这是因为采用电路交换时，一旦整个通路中有一段链路不能使用，通信就不能进行。就像打长途电话，由于要经过很多次转接，如果整个通路中有一段线路不能使用，电话就不能接通。但是分组交换可以将数据一段一段地传递，并且在遇到故障时，自动选择其他线路。

表 1-1 所示为几种交换技术性能的比较。

表 1-1　交换技术性能比较

交换方式	电路交换	报文交换	分组交换
接续时间	较长	较短	较短
传输延时	短	长	短
传输可靠性	较高	较高	高
过载反应	拒绝接受呼叫	节点延时增长	采用流控技术
线路利用率	低	高	高
实时性业务	适用	不适用	适用
实现费用	较低	较高	较高
传输带宽	固定带宽	动态使用带宽	动态使用带宽

不同交换技术应用于不同的场合。

- 在计算机网络中，主要采用分组交换，偶尔采用电路交换，不使用报文交换。
- 当两节点间的负载较重且持续时间较长或租用专用线路时，采取电路交换的方式比较合适。
- 数据报分组交换适用于短报文交换，虚电路分组交换适用于长报文交换。

除上述交换技术外，还有一种 ATM 交换技术。ATM（Asynchronous Transfer Mode）即异步传输模式，是用于宽带综合业务数字网的一种交换技术。综合业务数字网是集语音、数据、图文传真、可视电话等业务为一体的网络，适用于不同的带宽要求和多样的业务要求。ATM是在分组交换基础上发展起来的，它使用固定长度分组，并使用空闲信元来填充信道，从而使信道被划分为等长的时间小段。由于光纤通信提供了低误码率的传输通道，因而流量控制和差错控制便可移到用户终端，网络只负责信息的交换和传送，从而使传输时延减小，所以，ATM 技术适用于高速数据交换业务。

（三）多路复用技术

一般来说，通信的线路资源是一种有限的资源。那么，以通信线路为实现基础的信道资源，尤其是干线信道资源也就成为了一种有限的通信资源，需要通信系统合理地进行调度或者分配。

多路复用技术就是把多个低速信道组合成一个高速信道的技术，它可以有效地提高数据链路的利用率，从而使得一条高速的主干链路同时为多条低速的接入链路提供服务。我们平时上网最常用的电话线就采取了多路复用技术，所以，在上网的同时还可以打电话。

网络通信系统一般都存在着多个用户同时利用网络传递信息的情况，这样就会出现两个或者多个用户同时对某一条通信链路发出请求，从而产生冲突。为了更有效地利用网络的链路资源，更好地为用户提供网络传输服务，在通信系统中往往采取将这两个或者两个以上用户的信号组合起来，使它们通过同一个物理线缆或者无线链路，在同一个信道上进行传输的策略来满足所有用户的通信要求。这种策略从用户的角度来看叫作信道共享技术（对于某个用户来讲，是和其他用户共享同一条信道），而从通信系统的角度来看叫作信道复用技术（对于通信系统来讲，是把信道分给不同的用户共同使用），两个概念的本质其实是一样的。

在实际应用中，能够共享信道的信号类型有很多，包括音频信号、视频信号、计算机数字信号和其他各种形式的信号。根据各种信号的特点，信道共享有很多具体的实现技术。下面将简要介绍一下多路复用技术的分类。

（1）按信号分割方式划分

信号分割就是利用信号的某个类型的参数，为各路信号进行特征标记。接收端根据特征标记的不同来区分组合到一起的各路信号。要求所选择的信号的某个类型的参数能够使各路信号有明显的差别。一般来说，根据信号频率、时间、波长及码型的不同，可以将信道共享技术分为频分复用、时分复用、波分复用和码分复用等几种类型。

（2）按接入信道的方式划分

多个用户必然要通过某种方式与通信链路相连接。连接的方式一般有两种：一种是通过集中器与高速链路相连接；另一种是用一条公共的信道把所有的用户连接到一起，称为多点接入或多址（Multiple Access）。

集中器是一种特殊的专门负责通信控制的计算机。它拥有多个用户接口，每个用户接口与一条低速用户线路相连接，负责接收或发送用户数据。它还拥有一个高速链路接口，该接口连接了一条高速的主干链路，负责传输多个用户的复用帧。集中器负责整合与其连接的各个用户的数据，包括数据排队、选择路由及差错控制等。在集中器里可以使用上述的各种复用技术，常用的有时分复用和频分复用两种。

多点接入是目前计算机局域网最常见的连接方式。连接到公共信道的所有主机共同享有公共信道的使用权。依据使用信道的控制方法，可以分为竞争式随机接入和令牌式受控接入两种类型。而受控式接入按照控制模式又可细分为集中式控制和分散式控制两种。

（3）按共享策略的实施时间划分

第三种多路复用技术分类方法的依据是执行信道共享策略的时机。如果信道共享策略在网络开始运行之前就已制定好，网络开始运行后该策略的执行就不做任何的改变，那么，这种类型的多路复用技术称为静态复用技术。如果信道共享策略的执行随着运行情况的变化而不断改变，即信道共享策略可以动态地适应网络运行的情况，那么，这种类型的多路复用技术称为动态接入技术。前面所说的时分复用、频分复用、波分复用和码分复用都属于静态复用技术，而多点接入和统计时分复用则属于动态接入技术。

任务四　掌握网络体系结构与协议

为了减少网络协议设计的复杂性，网络设计者并不是设计一个单一和巨大的协议来为所有形式的通信规定完整的细节，而是采用把通信问题划分为许多个小问题，然后为每个小问题设计一个单独协议的方法。这就使得每个协议的设计、分析、编码和测试都比较容易。

（一）体系结构与协议分层

1．网络体系结构

计算机网络是由多种计算机和终端通过各种通信线路连接起来的系统，因此，整个系统是非常复杂的，学习计算机网络原理就应从分析各种网络提供的共同功能特性开始。网络的体系结构就是为不同的计算机之间互连和互操作提供相应的规范和标准，对计算机网络及其各个组成部分的功能特性做出精确的定义。

我们既可以从数据处理的观点看待网络体系结构，也可以从载体通信的观点观察网络体系结构。前者类似于从上到下的过程调用，各个组成部分之间通过接口相互作用。后者涉及两个通信方之间的交互作用。计算机网络体系结构应该阐明计算机网络各个组成部分的功能特性，以及它们之间是如何配合、组织，如何相互联系、互相制约，从而构成一个计算机网络系统的。

网络体系结构被定义为计算机之间相互通信的层次，以及各层中的协议和层次之间接口的集合。

2．网络协议

开放系统除要求系统中的计算机、终端及网络用户能彼此连接、交换数据外，系统之间还应相互配合，两个系统的用户要共同遵守相同的规则，这样才能相互理解传输信息的含义，并能为完成同一任务而合作。若想在两个系统之间进行通信，要求两个系统必须具有相同的层次功能，通信将在系统间的对应层（同等的层）之间进行。

因此，计算机网络和分布式系统中相互通信的对等实体间交互信息时，所必须遵守的规则的集合称为网络协议。网络协议要素如图 1-17 所示。

3. 协议分层

为了减少网络设计的复杂性，绝大多数网络采用分层设计方法。所谓分层设计方法，就是按照信息的流动过程将网络的整体功能分解为一个个的功能层，不同机器上的同等功能层之间采用相同的协议，同一机器上的相邻功能层之间通过接口进行信息传递。

为了便于理解以上概念，下面以邮政通信系统为例进行说明。

在平常写信时，有个约定的信件格式和内容。首先，写信时必须采用双方都明白的语言文字和文体，开头是对方称谓，最后是落款等。这样，对方收到信后，才可以看懂信中的内容，知道是谁写的，什么时候写的等。当然还可以有其他的一些特殊约定，如书信的编号等。信写好之后，必须将信封装并交由邮局寄发，这样寄信人和邮局之间也要有约定，这就是规定信封写法并贴邮票。寄信时必须先写收信人地址和姓名，然后才写寄信人的地址和姓名。邮局收到信后，首先进行信件的分拣和分类，然后交付有关运输部门进行运输，如航空信交民航，平信交铁路或公路运输部门等。这时，邮局和运输部门也有约定，如到站地点、时间及包裹形式等。信件运送到目的地邮局后，再进行相反的操作，最终将信件送到收信人手中，收信人依照约定的格式阅读信件。在整个过程中，主要涉及 3 个子系统，即用户子系统、邮政子系统和运输子系统。整个模型如图 1-18 所示。

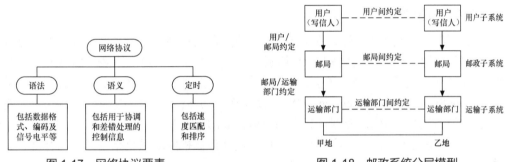

图 1-17　网络协议要素　　　　图 1-18　邮政系统分层模型

从上例可以看出，各种约定都是为了达到将信件从一个源点送到某一个目的点这个目标而设计的。也就是说，它们是因信息的流动而产生的。可以将这些约定分为同等机构间的约定，如用户之间的约定、邮局之间的约定和运输部门之间的约定，以及不同机构间的约定，如用户与邮局之间的约定、邮局与运输部门之间的约定。

虽然两个用户、两个邮局、两个运输部门分处甲、乙两地，但它们都分别对应同等机构，同属一个子系统；而同处一地的不同机构则不在一个子系统内，而且它们之间的关系是服务与被服务的关系。很显然，这两种约定是不同的，前者为部门内部的约定，而后者是不同部门之间的约定。

在计算机网络环境中，两台计算机中两个进程之间进行通信的过程与邮政通信的过程十分相似。用户进程对应于用户，计算机中进行通信的进程（也可以是专门的通信处理机）对应于邮局，通信设施对应于运输部门。

为了减少计算机网络设计的复杂性，人们往往按功能将计算机网络划分为多个不同的功能层。网络中同等层之间的通信规则就称为该层使用的协议，如有关第 N 层的通信规则的集合，就是第 N 层的协议。而同一计算机的不同功能层之间的通信规则称为接口（Interface），在第 N 层和第（$N+1$）层之间的接口称为 $N/$（$N+1$）层接口。总之，协议是不同机器同等层之间的通信约定，而接口是同一机器相邻层之间的通信约定。不同的网络，其分层数量、各层的名称和功能及协议各不相同。然而，在所有的网络中，每一层的目的都是向它的上一层提供一定的服务。协议层次化不同于程序设计中模块化的概念。在程序设计中，各模块可以相互独立、任意拼装或者并行，而层次则一定有上下之分，它是依据数据流的流动而产生的。组成不同计算机同等层的实体称为对等进程（Peer Process）。对等进程不一定是相同的程序，但其功能必须完全一致，且采用相同的协议。计算机网络中的分层结构如图 1-19 所示。

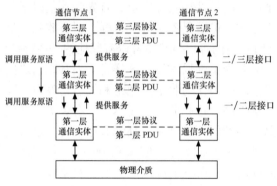

图 1-19　计算机网络分层结构

（二）OSI 参考模型

计算机网络体系结构的研究受到计算机网络研究者的重视。各个生产厂商结合自己计算机硬件、软件和通信设备的配套情况，纷纷提出了不同的计算机网络体系。1978 年，国际标准化组织（ISO）设立了一个分委员会，专门研究计算机网络通信的体系结构，提出了开放系统互连（Open System Interconnection，OSI）参考模型。OSI 参考模型定义了不同类型设备进行网络连接的标准框架结构，受到计算机和通信行业的极大关注。OSI 参考模型经过数十年不断发展，已经得到了国际上的广泛承认，成为其他计算机网络系统结构靠拢的标准，大大地推动了计算机网络和计算机通信的发展。

OSI 参考模型将整个网络的通信功能划分成 7 个部分（也叫 7 个层次），每层各自完成一定的功能，由底层至顶层分别称为物理层、数据链路层、网络层、传输层、会话层、表示层和应用层。前 3 层（低 3 层）也叫通信子网，后 4 层（高 4 层）也叫资源子网，如图 1-20 所示。

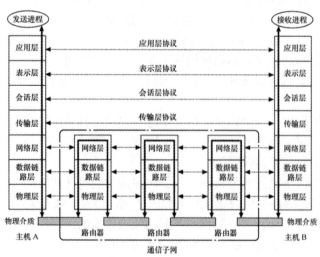

图 1-20　OSI 参考模型层次结构

下面，将从最底层开始，依次讨论模型各层所要完成的功能。

1. 物理层

物理层是 OSI 参考模型的第 1 层，它虽然位于最底层，却是整个开放系统的基础。物理层为设备之间的数据通信提供传输介质及互连设备，为数据传输提供可靠的环境。物理层提供物理信道，并在此信道上传输原始比特流。要考虑多大的电压代表 "1" 或 "0"，以及当发送端发出比特 "1" 时，在接收端如何识别出是 "1" 而不是 "0"；一个比特持续多少微秒；传输是否在两个方向上同时进行；最初的连接如何建立，完成通信后连接如何终止；连接电缆的插头有多少根引脚及各个引脚如何连接等问题。物理层主要是设计处理机械的、电气的和过程的接口，以及物理层下的物理传输介质等问题。

常见的物理层硬件产品有中继器和集线器。

2. 数据链路层

数据链路层提供物理链路上的可靠的数据传输，负责在两个相邻节点间的线路上，无差错地传送以帧（Frame）为单位的数据。每一帧包括一定数量的数据和一些必要的控制信息，有同步信息、地址信息、差错控制及流量控制信息等。和物理层相似，数据链路层负责建立、维持和释放数据链路的连接。发送方把输入数据分装在数据帧（Data Frame）里，按顺序传送各帧，并处理接收方回送的确认帧（Acknowledgement Frame）。若接收方检测到所传数据中有差错，就要通知发送方重发这一帧，直到这一帧正确无误地到达接收方为止。数据链路层定义了诸如物理寻址、网络拓扑结构、线路规程、错误通告、帧的顺序传递和流量控制等功能。IEEE 将这一层划分为 MAC（介质访问控制）子层和 LLC（逻辑链路控制）子层，有时这一层也被简称为链路层。

常见的链路层硬件产品有网卡、网桥和交换机。

3. 网络层

网络层关系到子网的运行控制，提供两个终端系统之间的连接和路径选择。其中的一个关键问题是确定分组（Packet），从源端到目的端如何选择路由。既可以选用网络中固定的静态路由表，也可以在每一次会话开始时临时决定路由，还可以根据当前网络的负载状况，高度灵活地为每一个分组决定路由。

如果在子网中同时出现过多的分组，它们将相互阻塞通路，形成瓶颈。此类拥塞控制也属于网络层的范围。

常见的网络层硬件设备主要有网关和路由器。

4. 传输层

信息的传送单位是数据报（Datagram）。传输层负责两个端节点之间的可靠网络通信。其基本功能是从会话层接收数据，并且在必要时把它分成较小的分组，传递给网络层，并确保到达对方的各段信息正确无误、高效率地完成。传输层提供机制来建立、维护和终止虚电路，并进行错误检测、恢复和信息流量控制等。因此，传输层能够隔离硬件和应用，使上层的会话层等不受硬件技术变化的影响。

5. 会话层

会话层主要用于建立、管理和终止应用程序会话并管理表示层实体之间的数据交换，允许不同机器上的用户建立会话关系，允许进行类似传输层的普通数据传输，在两个互相通信的应用进程之间建立、组织和协调其交互（Interaction）过程。

6. 表示层

表示层主要解决用户信息的语法表示问题。表示层将欲交换的数据从适合于某一用户的抽象语法，转换为适合于 OSI 系统内部使用的传送语法。此层保证某系统应用层发出的信息能被另一系统的应用层读懂。表示层与程序使用的数据结构有关，从而能够为应用层处理数据和传输语法（如信息的编码、加密、解密等）。

7. 应用层

应用层包含大量人们普遍需要的协议，定义一个抽象的网络虚拟终端，编辑程序和其他所有程序都面向该虚拟终端。

应用层为处于 OSI 参考模型之外的应用程序（如电子邮件、文件传输和终端仿真等）提供服务。应用层识别并确认欲通信伙伴的有效性和连接它们所需要的资源，并建立关于差错恢复和数据完整性控制步骤的协议。

（三）TCP/IP 参考模型

迄今为止，几乎所有工作站和运行 UNIX 操作系统的计算机都采用 TCP/IP，并将 TCP/IP 融于 UNIX 操作系统结构之中，成为其一部分。在 PC 及大型机上也有相应的 TCP/IP 网络及网关软件，从而使众多异型机互连成为可能，TCP/IP 也就成为最成功的网络体系结构和协议规程。

TCP/IP 最早起源于 1969 年美国国防部高级研究计划局的 ARPAnet（阿帕网）。作为阿帕网的第二代协议，于 1982 年开发了一组新的协议，其中最主要的就是 TCP 和 IP。1983 年，TCP/IP 成为阿帕网的标准。

ARPAnet 发展成为 Internet 后，TCP/IP 得到了不断的完善，由于 Internet 的飞速发展和全球化，使得 TCP/IP 成为事实上的国际标准和工业标准，并得到了极其广泛的应用，许多产品都支持 TCP/IP，使之具有极强的可用性。

TCP/IP 不是一个简单的协议，而是一组小的、专业化的协议，包括 TCP/IP、UDP、ARP、ICMP 及其他的一些被称为子协议的协议。大部分网络管理员将整组协议称为 TCP/IP。

TCP/IP 最大的优势之一是其可路由性，也就意味着它可以携带被路由器解释的网络编址信息。TCP/IP 还具有很强的灵活性，可在多个网络操作系统或网络介质的联合系统中运行。然而由于它的灵活性，TCP/IP 需要更多的配置。TCP/IP 参考模型如图 1-21 所示。

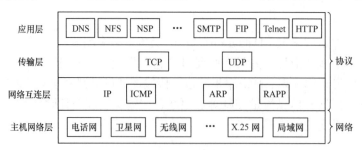

图 1-21　TCP/IP 参考模型

从图中可以看到，TCP/IP 是一个 4 层模型，具体介绍如下。

1．主机网络层

主机网络层是 TCP/IP 参考模型的最底层，负责接收从网络互连层交来的 IP 数据报并将 IP 数据报通过底层物理网络发送出去，或者从底层物理网络上接收物理帧，抽出 IP 数据报，交给网络互连层。

2．网络互连层

网络互连层又称为 IP 层，其主要功能是负责相邻节点之间的数据传送，包括如下 3 个方面。

（1）处理来自传输层的分组发送请求：将分组装入 IP 数据报，填充报头，选择去往目的节点的路径，然后将数据报发往适当的网络接口。

（2）处理输入数据报：首先检查数据报的合法性，然后进行路由选择，假如该数据报已到达目的节点（本机），则去掉报头，将 IP 报文的数据部分交给相应的传输层；假如该数据报尚未到达目的节点，则转发该数据报。

（3）处理 ICMP（网络控制报文协议）报文：即处理网络的路由选择、流量控制和拥塞控制等问题。TCP/IP 参考模型的网络互连层在功能上非常类似于 OSI 参考模型中的网络层。

3．传输层

TCP/IP 参考模型中传输层的作用与 OSI 参考模型中传输层的作用是一样的，即在源节点和目的节点两个进程实体之间提供可靠的端到端数据传输。为保证数据传输的可靠性，传输层协议规定接收端必须发回确认信息，否则假定分组丢失，必须重新发送。

传输层还要解决不同应用程序的标识问题，因为在一般的计算机中，常常是多个应用程序同时访问 Internet。为区别各个应用程序，传输层在每一个分组中增加识别信源和信宿应用程序的标记。另外，传输层的每一个分组均附带校验和，以便接收节点检查所接收分组的正确性。

TCP/IP 参考模型提供了 TCP（传输控制协议）和 UDP（用户数据报协议）两个传输层协议。TCP 是一个可靠的面向连接的传输层协议，它将某节点的数据以字节流形式无差错地传递到 Internet 的任何一台机器上。发送方的 TCP 将用户交来的字节流划分成独立的报文并交给网络互连层进行发送，而接收方的 TCP 将接收的报文重新装配后交给接收用户。TCP 同时处理有关流量控制的问题，以防止快速的发送方淹没慢速的接收方。UDP 是一个不可靠的、无连接的传输层协议，它将可靠性问题交给应用程序来解决。UDP 主要面向请求/应答式的交易型应用，这种交易往往只有一来一回两次报文交换，假如为此单独建立和撤销连接，成本相当高，这种情况下使用 UDP 就非常有效。另外，UDP 也应用于那些对可靠性要求不高，但要求网络延迟较小的场合，如语音和视频数据的传送。

4．应用层

传输层的上一层是应用层，应用层包括所有的高层协议。早期的应用层有远程登录（Telnet）协议、文件传输协议（File Transfer Protocol，FTP）和简单邮件传输协议（Simple Mail Transfer Protocol，SMTP）等协议。Telnet 协议允许用户登录到远程系统并访问远程系统的资源，而且像远程机器的本地用户一样访问远程系统；FTP 提供在两台机器之间进行有效的数据传送的手段；SMTP 最初只是文件传输的一种类型，后来慢慢发展成为一种特定的应用协议。最近几年出现了一些新的应用层协议，如用于将网络中主机的名字地址映射成网络地址的域名服务协议（Domain Name Service，DNS）、用于传输网络新闻的网络新闻传输协议

（Network News Transfer Protocol，NNTP）和用于从 Web 站点上读取页面信息的超文本传输协议（Hyper Text Transfer Protocol，HTTP）。

【知识拓展】

OSI 是国际标准化组织的网络层次模型，概念清晰，对于普通用户理解网络具有重要意义。按照一般的概念，网络技术和设备只有符合有关的国际标准才能在工程上获得大范围的应用。但现在情况却并非如此，得到最广泛应用的不是法律上的国际标准 OSI，而是非国际标准 TCP/IP。实际上，TCP/IP 已经成为事实上的国际标准。

TCP/IP 之所以能够获得更广泛的应用，其原因如下。

● TCP/IP 一开始就考虑到多种异构网的互连问题，并将网际协议（IP）作为 TCP/IP 的重要组成部分。而 ISO 最初只考虑到使用一种标准的公用数据网将各种不同的系统互连在一起。

● TCP/IP 一开始就考虑到"面向连接"与"无连接"两种情况，而 OSI 在开始时只强调面向连接服务。

● TCP/IP 一开始就具有较好的网络管理功能，而 OSI 到后来才开始考虑这个问题。

图 1-22 所示为 OSI 参考模型与 TCP/IP 参考模型的对应关系。

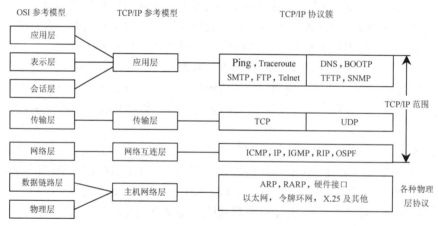

图 1-22　TCP/IP 参考模型与 OSI 参考模型的对应关系

（四）局域网标准 IEEE 802.3

IEEE 于 1980 年 2 月成立了局域网标准委员会（简称 IEEE 802 委员会），专门从事局域网标准化工作，并制定了 IEEE 802 标准。IEEE 802 标准所描述的局域网参考模型与 OSI 参考模型的关系如图 1-23 所示。IEEE 802 参考模型只对应 OSI 参考模型的数据链路层与物理层，它将数据链路层划分为逻辑链路控制（Logical Link Control，LLC）子层与介质访问控制（Media Access Control，MAC）子层。

IEEE 802 委员会为局域网制定了一系列标准，统称为 IEEE 802 标准。

● IEEE 802.1 标准：包括局域网体系结构、

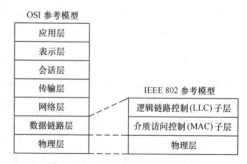

图 1-23　IEEE 802 参考模型与
OSI 参考模型的对应关系

网络互连及网络管理与性能测试。

- IEEE 802.2 标准：定义了 LLC 子层的功能与服务。
- IEEE 802.3 标准：定义了 CSMA/CD 总线 MAC 子层与物理层规范。
- IEEE 802.4 标准：定义了令牌总线（Token Bus）MAC 子层与物理层规范。
- IEEE 802.5 标准：定义了令牌环（Token Ring）MAC 子层与物理层规范。
- IEEE 802.6 标准：定义了城域网（MAN）MAC 子层与物理层规范。
- IEEE 802.7 标准：定义了宽带技术。
- IEEE 802.8 标准：定义了光纤技术。
- IEEE 802.9 标准：定义了语音与数据综合局域网（IVD LAN）技术。
- IEEE 802.10 标准：定义了可互操作的局域网安全性规范（SILS）。
- IEEE 802.11 标准：定义了无线局域网技术。

IEEE 802 标准之间的关系如图 1-24 所示。

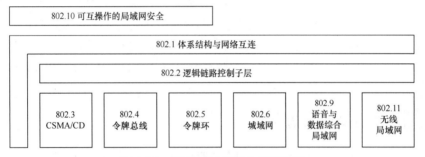

图 1-24　IEEE 802 标准之间的关系

局域网从介质访问控制方法的角度可以分为共享介质局域网与交换式局域网两类。IEEE 802.2 标准定义的共享介质局域网又分 3 类：采用 CSMA/CD 介质访问控制方法的总线形局域网、采用令牌总线介质访问控制方法的总线形局域网和采用令牌环介质访问控制方法的环形局域网。这里我们简单介绍一下最常用的 IEEE 802.3 标准。

IEEE 802.3 标准定义了基带总线局域网——Ethernet（以太网）。以太网的核心技术是它的随机争用型介质访问控制方法，即带有冲突检测的载波侦听多路访问（Carrier Sense Multiple Access with Collision Detection，CSMA/CD）方法。

CSMA/CD 方法用来解决多节点如何共享公用总线传输介质的问题。在以太网中，任何连网节点都没有可预约的发送时间，它们的发送都是随机的，并且网中不存在集中控制的节点，网中节点都必须平等地争用发送时间，这种介质访问控制属于随机争用型方法。IEEE 802.3 标准就是在以太网规范的基础上制定的。

在以太网中，如果一个节点要发送数据，它将以"广播"的方式把数据通过作为公共传输介质的总线发送出去，连在总线上的所有节点都能"收听"到发送节点发送的数据信号。由于网中所有节点都可以利用总线发送数据，并且网中没有控制中心，因此，冲突的发生是不可避免的。为了有效地实现分布式多节点访问公共传输介质的控制策略，CSMA/CD 的发送流程可以简单地概括为先听后发、边听边发、冲突停止、随机延迟后重发。

采用 CSMA/CD 介质访问控制方法的总线形局域网中，每一个节点利用总线发送数据时，首先要侦听总线的忙、闲状态。如总线上已经有数据信号传输，则为总线忙碌；如总线上没有数据传输，则为总线空闲。如果一个节点准备好要发送的数据帧，并且，此时总线空闲，它就可以启动发送。同时，也存在着这种可能，那就是在几乎相同的时刻，有两个或两个以上节点发送了数据，那么就会产生冲突，因此节点在发送数据的同时应该进行冲突检测。采用 CSMA/CD 介质访问控制方法的总线形局域网工作过程如图 1-25 所示。

所谓"冲突检测"是指发送节点在发送同时，将其发送信号波形与从总线上接收到的信号波形进行比较。如果总线上同时出现两个或两个以上的发送信号，它们叠加后的信号波形将不等于任何节点单独发送的信号波形。当发送节点发现自己发送的信号波形与从总线上接收到的信号波形不一致时，表示总线上有多个节点在同时发送数据，冲突已经产生。如果在发送数据过程中没有检测出冲突，节点在发送结束后进入正常结束状态；如果在发送数据过程中检测出冲突，为了解决信道争用冲突，节

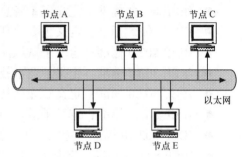

图 1-25　采用 CSMA/CD 方法的
总线形局域网工作过程

点将停止发送数据，随机延迟后重发。因此，以太网中任何一个节点发送数据都要首先争取总线使用权，而且节点从它准备发送数据到成功发送数据的发送等待延迟时间是不确定的。CSMA/CD 介质访问控制方法可以有效地控制多节点对共享总线传输介质的访问，方法简单，易于实现。

项目实训　多层交换与虚拟网

多交换技术（又称第三层交换技术、IP 交换技术等）是相对于传统交换概念而提出的。传统的交换技术是在 OSI 网络标准模型中的第二层（数据链路层）进行操作的，而多层交换技术是在网络模型中的第三层（网络层）实现数据包的高速转发。简单地说，多层交换技术就是"第二层交换技术＋第三层转发技术"。

【实训要求】

理解三层交换技术的基本原理和优点，了解虚拟局域网的概念和特点。

【实训讲解】

1．了解三层交换的基本原理

二层交换技术从网桥发展到 VLAN（虚拟局域网），在局域网建设和改造中得到了广泛的应用。二层交换机对数据包的转发是建立在 MAC 地址（物理地址）基础之上的，对于 IP 来说，它是透明的，即交换机在转发数据包时，不知道也无须知道信源机和信宿机的 IP 地址，只需要其物理地址（即 MAC 地址）。交换机在操作过程中会不断地收集信息去建立一个"端口-MAC 地址"映射表。当交换机收到一个 TCP/IP 封包时，便会查看该数据包的目的 MAC 地址，然后对比自己的地址表以确认该从哪个端口把数据包发出去。由于这个过程比较简单，因此速率相当快，一般只需几十微秒（μs），交换机便可决定一个 IP 封包该往哪里发送。

但是，如果交换机收到一个不认识的封包，也就是目的 MAC 地址不能在地址表中找到时，交换机会把 IP 封包"广播"出去，即把它从每一个端口中送出去。大量的网络广播会严重影响整个网络的效率和性能。

相比之下，路由器是在 OSI 的第三层（网络层）工作的。它在网络中收到任何一个数据

包（包括广播包在内），都要将该数据包第二层（数据链路层）的信息去掉（称为"拆包"），查看第三层信息（IP 地址）。再根据路由表确定数据包的路由，然后检查安全访问表；若被通过，则再进行第二层信息的封装（称为"打包"），最后将该数据包转发。如果在路由表中查不到对应 MAC 地址的网络地址，则路由器将向源地址的站点返回一个信息，并把这个数据包丢掉。

与交换机相比，路由器能够隔离广播风暴，提供构成局域网安全控制策略的一系列存取控制机制。由于路由器对任何数据包都要有一个"拆包—打包"过程，即使是同一源地址向同一目的地址发出的所有数据包，也要重复相同的过程。这导致路由器不可能具有很高的吞吐量，也是路由器成为网络瓶颈的原因之一。

一个具有三层交换功能的设备，是一个带有第三层路由功能的第二层交换机，但它是二者的有机结合，并不是简单地把路由器设备的硬件及软件叠加在局域网交换机上就行了。它利用第三层协议中的 IP 包的包头信息对后续数据业务流进行标记，具有同一标记的业务流的后续报文被交换到第二层数据链路层，从而打通源 IP 地址和目的 IP 地址之间的一条通路。这条通路经过第二层链路层。有了这条通路，三层交换机就没有必要每次将接收到的数据包进行拆包来判断路由，而是直接将数据包进行转发对数据流进行交换。

三层交换的基本原理如图 1-26 所示。

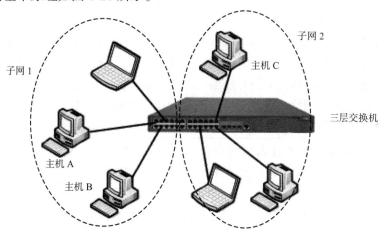

图 1-26　三层交换的基本原理

若同一子网中的主机 A、B 进行通信，则交换机通过查找自己的地址映射表，能够直接在端口 A、B 之间进行二层的转发。

若不在同一子网内的主机 A、C 进行通信，发送主机 A 要向"默认网关"发出 ARP（地址解析）封包，而"默认网关"的 IP 地址其实是三层交换机的三层交换模块。当发送主机 A 对"默认网关"的 IP 地址广播出一个 ARP 请求时，如果三层交换模块在以前的通信过程中已经知道主机 B 的 MAC 地址，则向发送主机 A 回复主机 B 的 MAC 地址。否则三层交换模块根据路由信息向主机 B 广播一个 ARP 请求，主机 B 得到此 ARP 请求后向三层交换模块回复其 MAC 地址，三层交换模块保存此地址并回复给发送主机 A，同时，将主机 B 的 MAC 地址发送到二层交换引擎的 MAC 地址表中。从这以后，A 向 B 发送的数据包便全部交给二层交换处理，信息得以高速交换。由于仅仅在路由过程中才需要三层处理，绝大部分数据都通过二层交换转发，因此，三层交换机的速率很快，接近二层交换机的速率，同时比相同路由器的价格要低很多。

2. 认识虚拟局域网

VLAN 除了具有能将网络划分为多个广播域，从而有效地控制广播风暴的发生，以及使网络的拓扑结构变得非常灵活的优点外，还可以用于控制网络中不同部门、不同站点之间的互相访问。

（1）什么是广播风暴

在由交换机组成的共享网络中，所有的设备都会转发广播帧，因此，任何一个广播帧或多播帧（Multicast Frame）都将被广播到整个局域网中的每台主机。如图 1-27 所示，主机 A 向主机 B 通信，它首先广播一个 ARP 请求，以获取主机 B 的 MAC 地址；此时主机 A 上连接的二层交换机收到 ARP 广播后，会将它转发给除接收端口外的其他所有端口，称为泛洪（Flooding）；接着，其他收到这个广播帧的交换机（包括三层交换机）也会做同样的处理，最终 ARP 请求会被转发到同一网络中的所有主机上；如果此时网络中的其他主机也要和别的主机进行通

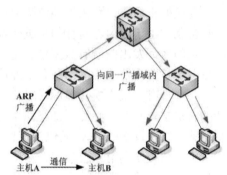

图 1-27　ARP 广播扩散

信，必然会产生大量的广播。

在网络通信中，广播信息是普遍存在的，这些广播帧将占用大量的网络带宽，导致网络速率和通信效率的下降，并额外增加了网络主机为处理广播信息所产生的负荷。

路由器能实现对广播域的分割和隔离。但路由器所带的以太网接口数量有限，一般是 1~4 个，远远不能满足对网络分段的需要，而交换机上有较多的以太网端口，为了在交换机上实现不同网段的广播隔离，产生了虚拟局域网（VLAN）交换技术。

> 说明：虚拟局域网交换技术使用的是 802.1Q 标准，在 1996 年 3 月由 IEEE 802.1 Internetworking 委员会制定，目前已经在业界获得了广泛的应用。

（2）VLAN 的概念

VLAN 技术允许管理员根据实际应用需求，把同一物理局域网内的不同用户逻辑地划分成不同的广播域（或称虚拟网，即 VLAN），每一个 VLAN 都包含一组有着相同需求的计算机工作站，与物理上形成的 LAN 有着相同的属性。但由于它是逻辑地而不是物理地划分，所以同一个 VLAN 内的各个工作站无须被放置在同一个物理空间里，即这些工作站不一定属于同一个物理 LAN 网段。一个 VLAN 内部的广播和单播流量都不会转发到其他 VLAN 中，即使是两台计算机使用同一台交换机，但是它们却没有相同的 VLAN 号，它们各自的广播流也不会相互转发，从而有助于控制流量、减少设备投资、简化网络管理、提高网络的安全性。VLAN 示意如图 1-28 所示。

VLAN 是为解决以太网的广播问题和安全性而提出的，它在以太网帧的基础上增加了 VLAN 头，用 VLAN ID 把用户划分为更小的工作组，限制不同工作组间的用户二层互访，每个工作组就是一个虚拟局域网。

在同一个 VLAN 中的工作站，不论它们实际与哪个交换机连接，它们之间的通信就好像在同一个交换机上一样。同一个 VLAN 中的广播只有 VLAN 中的成员才能听到，而不会传输到其他的 VLAN 中去，这样可以很好地控制不必要的广播风暴的产生。同时，若没有路由的

话，不同 VLAN 之间不能相互通信，这样增加了企业网络中不同部门之间的安全性。网络管理员可以通过配置 VLAN 之间的路由来全面管理企业内部不同管理单元之间的信息互访。

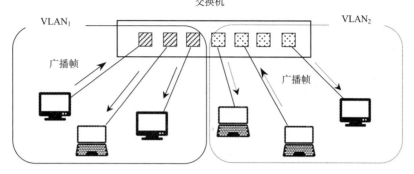

图 1-28　VLAN 示意

VLAN 隔离了广播风暴，同时也隔离了各个不同的 VLAN 之间的通信，所以，不同的 VLAN 之间的通信是需要由路由器来完成的。因此，VLAN 的实现需要借助三层交换机。三层交换机具有"交换+路由"的功能，其端口可以被划分为不同的 VLAN。同一个 VLAN 内的成员可以直接使用"交换"功能进行通信，而不同 VLAN 的成员则借助"路由"功能进行通信。

（3）VLAN 的特点

● 限制广播域。广播域被限制在一个 VLAN 内，节省了带宽，提高了网络处理能力。
● 增强局域网的安全性。不同 VLAN 内的报文在传输时是相互隔离的，即一个 VLAN 内的用户不能和其他 VLAN 内的用户直接通信，如果不同的 VLAN 要进行通信，则需要通过路由器或三层交换机等三层设备。
● 灵活构建虚拟工作组。用 VLAN 可以划分不同的用户到不同的工作组，同一工作组的用户也不必局限于某一固定的物理范围，网络构建和维护更加方便灵活。

思考与练习

一、填空题

1. 计算机网络可以划分为由_____和_____组成的二级子网结构。

2. _____、_____是工业 4.0 的两大目标。

3. 物联网可以划分为_____、_____和_____三层架构。

4. 网络中的时延主要由_____、_____、_____、_____几部分组成。

5. 局域网的有线传输介质主要有_____、_____、_____等；无线传输介质主要有_____、_____、_____等。

6. 从拓扑学的角度来看，梯形、四边形、圆形等都属于不同的_____，但是具有相同的_____。

7. 按照通信双方协调方式的不同，目前的数据传输方式有_____和_____两种。

8. 根据信号在信道上的传输方向与时间关系，数据传输技术可以分为_____、_____和_____3 种类型。

9. 在分组交换技术中，_____分组交换适用于短报文交换，_____分组交换适用于长报文交换。

10. 计算机网络和分布式系统中相互通信的_____所必须遵守的规则的集合称为网络协议。

11. 对等进程不一定非是相同的程序，但其_____，且_____。

12. 在 OSI 参考模型中，将整个网络的通信功能划分成 7 个层次，分别是物理层、_____、_____、传输层、_____、_____和应用层。

13. 访问控制方法 CSMA/CD 的中文全称是_____。

14. 简单地说，多层交换技术就是_____＋_____。

二、选择题

1. 下列（　　）不符合局域网的基本定义。
    A. 局域网是一个专用的通信网络　　　　B. 局域网的地理范围相对较小
    C. 局域网与外部网络的接口有多个　　　　D. 局域网可以跨越多个建筑物
2. 下面（　　）不属于局域网的传输介质。
    A. 同轴电缆　　　B. 电磁波　　　　　C. 光缆　　　　　　D. 声波
3. 星形网、总线形网、环形网和网状网是按照（　　）分类。
    A. 网络功能　　　B. 网络拓扑　　　　C. 管理性质　　　　D. 网络覆盖
4. 在计算机网络中，一般不使用（　　）技术进行数据传输。
    A. 电路交换　　　B. 报文交换　　　　C. 分组交换　　　　D. 虚电路交换
5. TCP/IP 是一个 4 层模型，下列（　　）不是其层次。
    A. 应用层　　　　B. 网络层　　　　　C. 主机网络层　　　D. 传输层

三、问答题

1. 什么是计算机网络？
2. 局域网都有哪几种拓扑结构？画出其结构图。
3. 什么是单工和双工传输方式？什么是同步和异步传输方式？
4. 通信交换技术都有哪些？
5. 试分析 TCP/IP 模型与 OSI 模型的异同与应用。
6. 简述 CSMA/CD 方法的工作原理。
7. 试分析三层交换技术的基本原理。
8. 简要说明 VLAN 的数据通信原理。

项目二 局域网规划与设计

随着计算机网络技术的发展和普及，简单网络的组建已经非常简便。但是，对于一个具有一定规模的局域网，必须要经过认真的论证和规划，以保证局域网建设的科学性和可行性。局域网的组建是一个涉及商务活动、项目管理和网络技术等领域的系统化工程，包括用户需求分析、逻辑网络设计、物理网络设计、网络设计测试、工程文档编写、设备安装与调试、系统测试与验收、网络管理以及系统维护等过程。

本项目主要通过以下几个任务完成。
- 任务一　局域网的分析与规划
- 任务二　局域网拓扑结构设计
- 任务三　局域网建设的基本流程
- 任务四　网络地址规划

学习目标

- 什么是局域网的设计分析
- 如何对局域网进行建设规划
- 理解局域网的分层式拓扑结构
- 了解局域网建设的基本流程
- 掌握局域网建设方案的基本内容

任务一　局域网的分析与规划

分析用户的应用需求是实现用户预期目标的重要前提。需求分析的目的是明确要组建什么样的网络。通俗地说，就是这个网络建成以后会是什么样子，可以让这个网络做什么。为了满足用户的业务需求，网络规划人员要对用户的需求进行深入的调查研究。

一般来说，网络规划人员应从以下 3 个方面进行用户需求分析。
- 网络的应用目标：解决"做什么"的问题，明确网络应用范围、网络设计目标和各项网络应用。
- 网络的应用约束：解决"怎么做"的问题，明确网络建设的商业条件、施工环境等要素。
- 网络的通信特征：解决"怎么样"的问题，明确网络需要达到什么样的运行效果，以便选择相应的网络软、硬件设备。

（一）局域网设计分析

局域网设计分析包括以下 4 方面的内容。

1．项目经费分析

经费是决定一个工程项目最基本、最关键的控制因素。局域网的建设包括硬件、软件、维护、管理等多个方面，其费用也分为一次性投入和持续性投入。网络建设和应用的基本费用如表 2-1 所示。

表 2-1　网络建设和应用的基本费用

投 资 项 目	一次性投入	持续性投入
综合布线	√	
网络设备	√	√
网络服务器	√	√
数据存储设备	√	√
网络软件	√	
Internet 线路费用	√	√
网络维护		√
人员培训	√	√

2．性能需求分析

性能需求分析是了解用户以后利用网络从事什么业务活动以及业务活动的性质，从而确定组建具有什么功能的局域网。性能需求分析的主要内容如下。

- 服务器和客户机配置。
- 操作系统的选择及服务项目设置。
- 网络流量和传输速率的要求，传输介质的选择。
- 共享设备的名称、规格和数量。
- 共享的数据库系统和应用软件。
- 网络安全、访问控制等因素。

3．可行性分析

在确定了用户的需求后，应对网络建设的可行性进行分析。网络规划人员应该与用户一起探讨，从技术、资金等各个角度来分析用户需求的合理性，进而得到一个合理的需求和建设方案。可行性分析一般包括下列内容。

- 用户组建网络的原因、现有网络状况。
- 用户对网络性能需求的合理性。
- 网络建设在技术上的条件和难点。
- 资金投入与产出的关系。

4．环境分析

环境分析是指网络规划人员应该确定局域网的覆盖范围，环境分析的内容如下。

- 网络中心的位置。
- 网络信息点的数量和具体位置。
- 网络中心和信息点之间敷设电缆的环境条件。
- 每个工作点的施工条件。

（二）局域网建设规划

通过前面的设计分析，对整个网络的轮廓有了大致了解，规划人员应该从降低成本、提高资源利用率等因素出发，本着先进性、安全性、可靠性、开放性、可扩充性和最大限度资源共享的原则，进行网络规划。

1. 场地规划

场地规划的目的是确定设备、网络线路的合适位置。场地规划应考虑的因素如下。

- 网络中心的位置和相关设施的配置。
- 线路（光缆、双绞线）敷设的路径，要考虑距离、安全性、维护方便等要素。
- 信息点在房间的位置、进入房间的方式。

2. 网络设备规划

网络组建需要的设备和材料很多，品种和规格相对复杂。设计人员应该根据需求分析来确定设备的品种、数量和规格。具体规划项目如下。

- 服务器的规格、型号和配置。
- 客户机的型号和数量。
- 光缆、双绞线等传输介质的数量以及接头数量。
- 网络设备的型号和数量。

3. 操作系统和应用软件的规划

硬件确定以后，接下来是确定软件，主要包括操作系统和相关的应用软件、数据库系统等。

- 网络操作系统：需要安装在服务器、网管工作站上，一般选用 Windows 操作系统，也可以根据需要选择 UNIX 或 Linux 操作系统。
- 应用软件：能够提供基于网络的各种应用，主要包括网络管理软件、办公系统软件以及应用服务软件等。
- 数据库软件：为网络提供数据库支持，满足数据存储、管理的需求。一般选择 SQL Server、Oracle 等软件，如果网络规模较小，也可以选择 Access 等。

4. 网络管理规划

网络投入运行以后，需要做大量的管理工作。为了方便用户进行管理，设计人员在规划时应该考虑到网络的易操作性、通用性，并对网络管理人员进行培训。

- 安排专门人员从事网络管理和维护工作。
- 让网管人员全程参与网络的建设工作。
- 对网管人员进行技术培训、认证测试。
- 制定网络使用和管理制度，保证网络健康运行。

5. 资金规划

设计人员应该对资金需求进行有效预算，实现资金保障，保证项目正常实施。资金方面需要规划的内容如下。

- 网络建设费用，包括材料费用和施工费用等。
- 硬件设备费用，包括购买服务器和交换机的费用等。
- 软件费用，包括购买软件和开发费用。
- 人员培训费用。
- 网络维护升级的费用。

任务二　局域网拓扑结构设计

在设计网络拓扑结构时，规划人员应该综合考虑各种因素，从实际出发，使总体结构合理、实用。良好的网络设计方案除应体现出网络的优越性能之外，还体现在实用性、安全性、管理性和扩展性。

（一）层次化的结构设计思想

目前，分层式的网络已经成为通用的拓扑结构形式。网络设计采用分层设计的思想，其目的是将一个复杂的网络设计问题分解为多个层次上更小、更容易管理的问题。在网络设计中，使用分层的概念同样可以简化设计，每一个层次的任务都集中在一些特定的功能上，如图 2-1 所示。

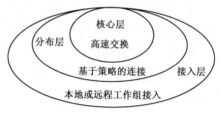

图 2-1　层次化拓扑结构

层次化模型中的每一层都负责解决一组不同的问题。核心层提供两个站点之间的最优传送路径。汇聚层（又称为分布层）将网络业务连接到接入层，并且实施与安全、流量控制和路由相关的策略。接入层为终端用户提供访问网络的交换机。对于广域网，接入层由局域网边界上的路由器组成，提供园区网接入广域网的路径与设备。

通常，在逻辑网络设计中要绘制很多拓扑结构图，包括总体的、分层的、局域网内部的以及接入层的，网络拓扑结构图可以形象生动地再现网络结构、IP 地址规划等，使网络设计方案更直观。

（二）三层网络结构

前面讲过，网络的拓扑结构有多种形式。对于简单的网络，通常采用星形拓扑结构。当计算机数量较多时，可以考虑使用聚合的星形拓扑结构，将网络设计成核心层、汇聚层和接入层 3 层。第 1 层为核心交换机，连接服务器、网管工作站以及 Internet 链路等，具有 3 层交换功能；第 2 层为汇聚层交换机，负责汇集各接入交换机并与核心交换机进行通信，一般也具有 3 层交换功能；第 3 层为接入交换机，直接与用户的计算机连接。这种拓扑结构如图 2-2 所示。

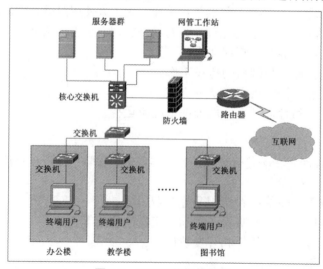

图 2-2　三层网络拓扑结构

1. 核心层

网络的所有网段都通向核心层，核心层是整个网络中处于最高级的汇集点，其主要任务是以尽可能快的速度交换信息。因此，核心层的设备应当选用具有较快速度及较强功能的路由交换机（具有三层交换功能），并且核心层到汇聚层的链路要具有足够的带宽。

核心层的功能主要是实现骨干网络之间的优化传输，负责整个网络的网内数据交换。核心层设计任务的终点是冗余能力、可靠性和高速的传输，是整个网络流量的最终承受者和汇聚者，所以要求核心交换机拥有较高的可靠性和稳定的性能。

2. 汇聚层

汇聚层位于核心层与接入层之间，汇集分散的接入点，扩大核心层设备端口密度和种类，汇聚各区域数据流量，实现骨干网络之间的优化传输。汇聚层还负责本区域的数据交换，可以为各子区域建立 VLAN。汇聚交换机可以配置二层或三层交换机，也需要较高的性能和比较丰富的功能，但吞吐量较低。

3. 接入层

接入层是桌面设备的汇集点，它通常是采用桌面型交换机或多个堆叠的二层交换机，构成一个独立的局域子网，在汇聚层在各个子网之间建立路由。接入层网络提供工作站等终端设备的网络接入，具有即插即用的特性。对接入交换机的要求，一是价格合理，二是可管理性好，易于使用和维护，三是有足够的吞吐量，四是稳定性好，能够在比较恶劣的环境下工作。

任务三　局域网建设的基本流程

局域网建设程序主要包括立项、选择厂商、工程施工、交接验收和人员培训等过程。一般情况下，网络的布线、施工和一期建设都由专业公司（网络系统集成商）来承担。

（一）立项与投标

用户首先要对局域网建设项目提出可行性报告，得到主管部门批准立项后，就可以进行项目的招商与投标了。

项目投标过程是网络系统集成商和用户之间的一种商务活动，是集成商技术实力、公司资质、公关能力与谈判技巧的综合体现。

- 首先销售代表和工程师要一起到用户单位，了解用户计算机网络系统的现状和需求，为需求分析和初步方案设计打下基础。
- 有了初步合作意向后，网络系统集成商组织设计人员进行现场勘察和用户需求分析。网络系统设计师再根据用户的需求，选用合适的技术和相应的产品，设计初步的技术方案，确定网络拓扑结构，给出网络管理方案以及进行网络安全设计等，还包括如何具体实施网络系统运作，制定相关进度和人员配备等，最终形成投标方案，以投标书的形式提交给用户。
- 在用户的组织下，网络系统集成商参加述标和答辩，最后由评标委员会对投标书和集成商进行评估，选定一家（或数家）为中标单位。
- 被选中（或中标）的集成商与用户单位进行相关商务事宜的洽谈，最后签署合同。

为了保证网络建设的质量，用户应选择技术、施工力量雄厚，经验丰富，有良好售后服务并且信誉良好的厂商承包工程。

（二）工程的实施

1. 工程布线与施工

网络线路的建设，一般要通过综合布线来实施。

综合布线的对象是建筑物或楼宇内的传输网络，传输网络由许多部件组成，主要有传输介质、线路管理硬件、连接器、插座、插头、适配器、传输电子线路以及电气保护设施等，这些部件可用来构造各种子系统。

施工人员在施工前要准备好材料、工具和设备。施工时应注意施工工艺，做好施工记录。配线间和设备间，工作区和管理区，水平干线子系统、垂直干线子系统和建筑群子系统的安装应按照物理网络设计方案，遵守工程规范。要熟悉网络施工要求、施工方法以及施工材料的使用。掌握网络施工场所的环境资料，根据环境资料提出保证网络可靠性的防护措施。根据介质材料特点，对不同通信介质的施工要求也不同。

2. 设备的订购和安装调试

订购哪些网络设备在投标时就已基本确定，或用户本身就有明确的要求，如厂家、品牌和型号等，设备在局域网组建中所占的金额比例最大，因此，质量好坏直接影响网络的性能。

在订购设备时，应注意以下几点。

- 尽量订购同一厂家或同一品牌的设备，这样在设备互连性、技术支持和价格等各方面都有优势。在经费允许的情况下，尽量选择行业内有名的设备厂商，以获得性价比更优的设备和更好的售后服务。
- 在网络的层次结构中，选择主干设备时应预留一定的性能余量，以便于将来扩展，而低端设备则性能够用即可。因为低端设备更新较快，且易于扩展。
- 选择的设备要满足整体网络设计及实际端口数的需要。

在安装各种网络设备前首先要阅读设备手册和安装说明书，逐台进行加电自检，然后，连到服务器和网络上进行联机检查，出现问题再逐一解决。

3. 服务器的安装和配置

从应用类型来看，服务器大致可分为主域服务器、文件服务器、应用服务器、数据库服务器、代理服务器、DNS 服务器、Web 服务器、FTP 服务器、邮件服务器和高性能计算集群系统等。

> 说明：这些只是逻辑概念上的服务器，也就是要实现的网络服务。在一台物理服务器（计算机）上，可以同时实现多个服务，也就是说，一台计算机能够作为搭建多个逻辑服务器的物理平台。

服务器的各项技术指标由高到低按如下顺序排列：稳定性→可靠性→吞吐量→响应速度→扩展能力→性价比。容错、热插拔、双机热备份等性能指标也是需要考虑的内容。

（三）网络的测试和验收

1. 网络系统测试

当网络系统构建好后，即使能够正常运行，也要进行网络系统测试，此时的测试主要是检查网络系统能否满足用户的需求，是否达到了预定的设计目标，使用的技术和设备的选型是否合适以及测试网络性能的优劣等。如果网络系统不能正常运行，则必须进行网络故障分析，确定故障的性质是物理故障还是逻辑故障，然后定位故障，逐级排错。

网络测试通常包括网络协议测试、布线系统测试、网络设备测试、网络系统测试、网络应用测试和网络安全测试等多个方面。

- 网络协议测试：对不同的网络接口和网络协议进行测试，测试数据传输的连通性、正确性和网络瓶颈问题。
- 布线系统测试：对双绞线电缆的现场测试、光纤测试和布线工程测试。
- 网络设备测试：对各种网络交换设备、路由设备、接入设备和安全设备进行测试。
- 网络系统测试：对服务器中操作系统的测试，在运行的网络中，测试语音、数据、图像、多媒体、IP 接入、业务流量等项目工作是否正常。
- 网络应用测试：对各种网络服务、应用软件进行测试，检测其工作是否正常，互操作性、可靠性和性能指标是否达到要求。
- 网络安全测试：对防火墙、漏洞扫描系统、入侵监测系统等各种安全措施进行检测，并排除一些可能存在的安全隐患。

设计人员应针对网络测试的结果，采取进一步的网络优化措施，包括服务质量（QoS）、通信量管理、资源预留、流量控制和协定服务等级等。

2. 网络系统验收

网络系统验收是系统集成商向用户移交的正式手续，也是用户对局域网组建项目的认可。用户要确认工程项目是否达到了原来的设计目标，质量是否符合要求，是否符合原设计的施工规范。系统验收又分为现场验收和文档验收。

（1）现场验收包括如下几方面。

- 环境是否符合要求。
- 施工材料（如双绞线、光缆、机柜、集线器、接线面板、信息模块、座、盖、塑料槽管和金属槽等）是否按既定方案的要求购买。
- 有无防火防盗措施。
- 设备安装是否规范。
- 线缆及线缆终端安装是否符合要求。
- 各子系统（如工作区、水平干线、垂直干线、管理间、设备间和建筑群子系统）、网络服务器、网络存储、网络应用平台、网络性能、网络安全和网络容错等的验收。

（2）文档验收是指查看开发文档、管理文档和用户文档是否完备。

- 开发文档是网络工程设计过程中的重要文档，主要包括可行性研究报告、项目开发计划、系统需求说明书、逻辑网络、物理网络和应用软件设计方案等。
- 管理文档是网络设计人员制定的一些工作计划或工作报告，主要包括网络设计计划、测试计划、各种进度安排、实施计划以及人员安排、工程管理与控制等方面的资料。
- 用户文档是网络设计人员为用户准备的有关系统使用、操作、维护的资料，包括用户手册、操作手册和维护修改手册等。

（四）培训和售后服务

网络系统成功地安装后，承建方必须为用户提供必要的培训，培训的对象有几类：网管人员、一般 IT 人员、一般用户和单位领导等。对不同的使用者，培训的内容也不相同，但培训工作是系统正常、高效运行的保障，一般包括现场培训、运行维护培训、管理培训和合作培训等。

除了用户方网管人员的日常维护以外，当网络系统出现故障，或网络性能下降时，需要承建方进行系统维护，这是承建方信誉的保证，也是用户签约时必须考虑的条件。因此，在合同的附加条款中，必须标明技术支持的内容，免费技术支持的时间和范围，收费技术支持的项目、时间、人员配备，以及售后服务的方式、方法、响应速度等。

任务四 网络地址规划

网络地址的合理规划是网络设计的重要环节，大型计算机网络必须对 IP 地址进行统一规划并得到有效实施。IP 地址规划得好坏，会直接影响到网络的性能、扩展和管理，也必将直接影响到网络的应用和发展。

（一）了解 IP 地址

TCP/IP 体系结构的主要目的是在各种网络之间提供互连互通的功能，即采用 TCP/IP 的网络中的主机，可以与任何其他采用 TCP/IP 的网络中的主机进行通信。那么，怎样在网络中唯一地标识一台主机呢？可以说这是网络互连互通的根本性问题——如果无法正确地标识网络节点主机，就意味着找不到相应的网络节点，所谓的互连互通也就成了无的放矢的空想了。因此，在 TCP/IP 体系结构中，使用 IP 编址技术来描述网络节点。

在网际层，TCP/IP 模型将各种由异构计算机连接到一起的网络看作是一个统一的、抽象的网络。这样做的好处是屏蔽了底层各种实际网络的差异，可以专注于网络节点的查找及通信路由的选择等工作，减轻了处理的复杂度。为此，网际层为每一个连接在网络上的设备接口分配了一个全世界独一无二的 32 位标识符作为该设备接口的唯一标识。该标识符称为 IP 地址。这样，寻址问题也就转化为如何在网络中找到代表目标主机的 32 位标识符，即查找目标主机的 IP 地址的问题。而路由选择算法可以根据 IP 地址的编制和分配特性进行确定。

一个 IP 地址由 4 个字节组成，用二进制表示，正好是 32 位"0"和（或）"1"的一个组合。32 位的 IP 地址分为两个部分，分别是网络号部分（Network Identity，NID）和主机号部分（Host Identity，HID）。网络地址部分表示该主机所在的网络，而主机地址部分在该网络中唯一地标识着某台特定主机。需要注意的是，同一网络中的所有主机使用的网络地址是相同的。网际层的寻址和路由过程就是通过算法或规则逐步地找到 IP 地址中网络号部分标识的目标网络，然后再找到主机号部分标识的主机的过程。

对任何人来说，要记住 32 位的二进制位串都是比较困难的，因此将 4 个字节 IP 地址的每一个字节都用相应的十进制数表示，在这些十进制数之间用"."号进行分隔。这样，难于记忆的 32 位二进制位串就变成了相对容易记忆的 4 个十进制数了。这种表示方法称为点分十进制记数法（Dotted Decimal Notation）。例如，IP 地址"10000000 00001011 00000011 00010111"可以表示成"128.11.3.23"。

（二）IP 地址的分类

IP 地址的分类是指将 IP 地址划分成若干个固定的类别，不同的类别可以表示不同规模的网络，而不同规模的网络被设定拥有不同数量的主机。这样的划分可以使得 IP 地址的划分更贴近用户的实际需要，同时也可以在一定程度上减少对 IP 地址资源的浪费。

Internet 定义了 5 种类型的 IP 地址，包括 A 类、B 类和 C 类 3 个基本类型，以及多播（Multicasting）类型的 D 类地址和实验类型的 E 类地址。多播就是把消息同时发送给一群主机，只有那些已登记可以接收多播地址的主机才能接受多播数据包。E 类地址是为将来保留的，同时也用于实验，它们不能被分配给主机。每个类型的 IP 地址前面都有 1~5 位类型标识符用以表明该 IP 地址的归类。前 3 种基本类型是最为常见的 IP 地址类型，其 32 位比特位都被划分成两个字段，前一个字段是网络号，后一个字段是主机号。它们的区别在于网络号和主机号的位数是不一样的，适用于不同的网络环境。图 2-3 描述了这 5 类 IP 地址。

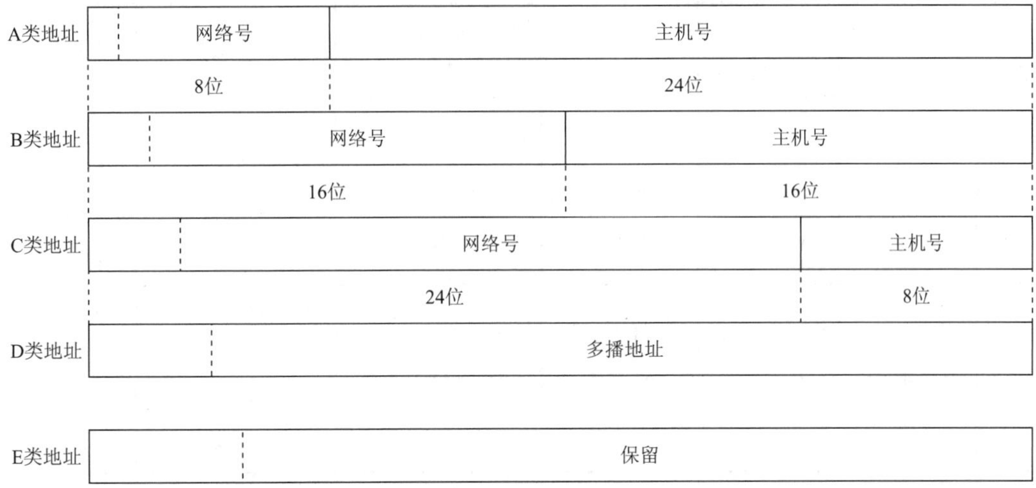

图 2-3　IP 地址分类

从图 2-3 中可以看出，前 3 类地址拥有的网络数量，可以通过网络号长度减去类型标识符长度后剩下的二进制位数得出，而前 3 类地址拥有的主机数量，可以通过主机号的二进制位数得出。需要注意的是，并不是通过简单的 2 的幂运算就可以得到结果，这是因为，其中存在着一些不能够分配给用户使用的特殊的 IP 地址。表 2-2 描述了这些特殊的 IP 地址。

表 2-2　特殊的 IP 地址

网络号	主机号	说　明
全 0	全 0	本网络上的本主机
全 0	主机号	本网络上的"主机号"字段指定的主机
全 1	全 1	有限广播地址，只在本网络上广播
某个网络号	全 1	广播地址，在"网络号"字段指定的目标网络上广播
127	任意数	用于网络软件环回测试及本机进程间通信

图 2-4 描述了上面 5 类 IP 地址的划分及特殊 IP 地址的限制、各类型 IP 地址可以表示的最大网络数、每个网络的最大主机数及 IP 地址的范围。

（三）子网和掩码

IP 编址技术虽然可以在异构互联网络中实现目标主机的定位和通信，但是也存在缺陷。第一个缺陷是 IP 地址空间的利用率很低。IP 地址有 32 位，理论上有 2^{32} 种组合，即有近 43 亿台主机。这个数量很大，似乎 IP 地址已经足够用了，但实际上却恰恰相反。每个 A 类地址网络可容纳的主机数超千万，每个 B 类地址网络可容纳的主机数也过 6 万。但是，很少出现这样的巨型网络，大部分 A 类网络和 B 类网络中的 IP 地址都是闲置的。这造成了 IP 地址资源的巨大浪费，导致 IP 地址资源很快地耗尽。第二个缺陷是 IP 地址的划分不够灵活。如果用户网络的拓扑结构发生了改动，比如，增加了一个局域网络。虽然用户已分配的主机号足够使用，但却不得不再次申请一个新的网络号。越是布局庞大、结构复杂的大型组织，这样的问题越是严重。但现有的两级编址方法是无法解决这个问题的。

网络类型	第一个可用的网络号	最后一个可用的网络号	最大网络数	每个网络的最大主机数	IP 地址总范围	可分配给主机的 IP 地址范围
A	1	126	$2^7-2=126$	$2^{24}-2=16777214$	1.0.0.0 ~ 127.255.255.255	1.0.0.1 ~ 126.255.255.254
B	128.0	191.255	$2^{14}=16384$	$2^{16}-2=65534$	128.0.0.0 ~ 191.255.255.255	128.0.0.1 ~ 191.255.255.254
C	192.0.0	223.255.255	$2^{21}=2097152$	$2^8-2=254$	192.0.0.0 ~ 223.255.255.255	192.0.0.1 ~ 223.255.255.254
D	—	—	—	—	224.0.0.0 ~ 239.255.255.255	—
E	—	—	—	—	240.0.0.0 ~ 247.255.255.255	—

图 2-4　IP 地址范围

1. 划分子网

为此，一种新的变通方法被提了出来，这就是划分子网（Subnet）。其原理是：将原来的 IP 地址中的主机号部分重新进行规划，分成子网号和主机号两个部分。原有的网络号必须加上子网号才能唯一地标识一个物理网络。IP 编址模式从原来的网络号、主机号两级模式变为网络号、子网号和主机号三级模式。子网号的确定由使用单位决定。举例来说，某单位原有一个 C 类地址的网络，为了工作的方便，希望建设 12 个子网。由于 $2^3=8<12<2^4=16$，所以在原来的主机号中分出前 4 位作子网号，而后 4 位作子网中的主机号。

由于从主机号中分出了一部分用作子网号，主机号的位数就减少了，所以每个子网拥有的主机的数量减少了，这是使用子网的代价。此外，子网的划分完全是一个单位内部的事情，外界无权干涉也不知道是如何划分的。对于外界来说，某台主机的 IP 地址只是单纯地属于该单位拥有的网络，而无法确定其到底属于哪一个子网。

既然子网的划分是一个单位内部的事情，对外界依然表现为一个未经划分的网络，那么子网号应该由谁来进行判断呢？一般地说，子网号的判断操作是由该单位与外部网络相连接的路由器来执行。该路由器在收到 IP 数据报后，按目的网络号和子网号找到目标子网，再将该数据报转交给目标主机。

这又产生了一个新的问题：按照原有的 IP 地址的设定，路由器是无法区分该 IP 地址的子网号和主机号的。为此，又提出了子网掩码（Subnet Mask）的概念。子网掩码由一串二进制 1 跟着一串二进制 0 组成，长度与 IP 地址长度相同。1 的数目与 IP 地址中的网络号和子网号的位数相同，剩下的 0 的目数就会与主机号的位数相同。在本单位的路由器中设定本单位的子网掩码。当收到一个 IP 数据报后，路由器用子网掩码与 IP 数据报首部的目的 IP 地址字段值进行"与"操作，得到的就是目的网络号和目的子网号。将子网掩码的二进制反码（即 0 变 1，1 变 0）与该 IP 地址进行"与"操作，得到的就是目的主机号。通过这种方式，路由器就可以区分子网号了。

需要注意的是，为了处理的方便，以及处理过程的通用化和标准化，通常也为未进行子网划分的 IP 地址网络设置子网掩码。此外，为了记忆方便，也使用点分十进制记数法表示子网掩码。

例如，C 类地址的子网掩码为 255.255.255.0，以二进制的方式表示为 11111111 11111111 11111111 00000000。若有一个 C 类 IP 地址 193.68.8.25，以二进制的方式表示为 11000001 01000100 00001000 00011001。将二进制子网掩码与该二进制 IP 地址进行逻辑"与"操作，可得网络号和子网号为 193.68.8，即 11000001 01000100 00001000 00000000。将子网掩码的二进制反码与二进制 IP 地址进行逻辑"与"操作，可得主机号为 25，即 00000000 00000000 00000000 00011001。

2. 超网

虽然采用划分子网的方法在一定程度上延缓了 IP 地址的消耗速度，但是随着网络规模的急速膨胀，网络又面临着路由表项扩张过快的问题。网络规模的膨胀增加了要交换的路由信息的数量，增加了查询的工作时间，影响了路由的速度，最终降低了路由设备的效能。其解决的办法就是无分类域间路由选择（Classless Inter-Domain Routing，CIDR）。

CIDR 的主要特点之一是消除了原有 IP 地址中"类"的概念，也消除了子网划分的概念，取而代之的是允许以可变长前缀（Prefix）的方式分配网络数。CIDR 不使用 A 类、B 类和 C 类地址的网络号及子网号，也不划分子网。它将 32 位的 IP 地址前面连续的若干位指定为网络号，而后面的位则指定为主机号，网络号的位数可以自由定义。与传统的 IP 编址方案相比，CIDR 无疑具有更大的灵活性，对 IP 地址的浪费也减少了很多。CIDR 是用斜线标记法对 IP 地址进行表示，即在 IP 地址的后面加上一个斜线"/"，再加上一个代表网络前缀的位数的数字。例如，196.15.46.38/12 表示该地址前 12 位表示的是网络号，后 20 位表示的是主机号。

CIDR 的另一个重要特点是将网络前缀相同的连续地址组成地址块，地址块用该地址块的起始地址与地址块中的地址数表示。例如，196.15.44.0/23 表明该地址块共有 2^9 个地址，起始地址为 196.15.44.0 而结束地址为 196.15.45.255。如图 2-5 所示为 CIDR 地址举例。

```
地址：11000100  00001111  00101100  00000000
掩码：11111111  11111111  11111110  00000000
                                  └──────────┘
                                 地址个数（2⁹）

起始地址：11000100  00001111  00101100  00000000
结束地址：11000100  00001111  00101101  11111111
```

图 2-5 CIDR 地址举例

由于一个地址块可以表示多个 IP 地址，所以，路由表可以利用地址块来查找目标网络。这样使得一条路由表项可以顶替过去的多条传统 IP 地址的路由表项，这种方式称为路由聚合（Route Aggregation），也称为构造超网（Supernet）。构造超网减少了路由表条项的数目，减少了路由器之间路由信息的交换，提高了网络的性能，从而大大地缓和了网络规模扩大带来的矛盾，为 IPv6 的广泛普及增加了不少的过渡时间。

（四）IP 地址和 MAC 地址的关系

在数据链路层的讲解中曾经提到过，在数据链路层也存在着网络硬件地址的概念。虽然 TCP/IP 模型没有定义网际层以下的网络接口层中的内容，但实际上从功能角度看，网络接口层相当于数据链路层和物理层的集合。那么 IP 地址和硬件地址之间有什么样的关系呢？

从层次的角度看，MAC 地址（又称物理地址）是数据链路层和物理层使用的地址，而 IP 地址是网络层和以上各层使用的地址，是一种逻辑地址。图 2-6 所示说明了这两种地址的关系。

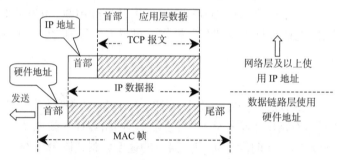

图 2-6　IP 地址与硬件地址的关系

在发送数据时，数据从高层下到低层，然后才到通信链路上传输。使用 IP 地址的数据报一旦交给了数据链路层，就被封装成 MAC 帧。MAC 帧在传送时使用的源地址和目的地址都是硬件地址，这两个硬件地址都写在 MAC 帧的首部中。

连接在通信链路上的设备（主机或路由器）在接收 MAC 帧时，根据的是 MAC 帧首部中的硬件地址。在数据链路层看不见隐藏在 MAC 帧的数据中的 IP 地址，只有在剥去 MAC 帧的首部和尾部后把 MAC 层的数据上交给网络层后，网络层才能在 IP 数据报的首部中找到源 IP 地址和目的 IP 地址。

总之，IP 地址放在 IP 数据报的首部，而硬件地址则放在 MAC 帧的首部。在网络层和网络层以上使用的是 IP 地址，而数据链路层及以下使用的是硬件地址。根据网络体系结构的分层原则，数据链路层"看不见"数据报的 IP 地址，而网际层也看不见硬件地址。

说明：MAC 地址是固化在网络适配器 ROM 中的 6 字节（48bit）标识符，其中，前 3 个字节是公司标识符，后 3 个字节是设备标识符。每台网络设备的 MAC 地址都是全球唯一的。在讨论地址问题时，名字指出我们所要寻找的那个资源，地址指出它在哪里，路由告诉我们如何到达。

（五）IP 地址规划基本要求

IP 地址空间的分配，要与网络拓扑层次结构相适应，既要有效地利用地址空间，又要体现网络的可扩展性、灵活性和层次性，同时能满足路由协议的要求，以便于网络中的路由聚类，减少路由器中路由表的长度，提高路由算法的效率，加快路由变化的收敛速度，同时还要考虑到网络地址的可管理性。

校园网的 IP 地址规划一般应遵循以下要求。

（1）唯一性：一个 IP 网络中不能有两个主机采用相同的 IP 地址。

（2）可管理性：地址分配应简单且易于管理，以降低网络扩展的复杂性，简化路由表。

（3）连续性：连续地址在层次结构网络中易于进行路径叠合，缩减路由表，提高路由计算的效率；IP 地址的分配必须采用变长子网掩码（VLSM）技术，保证 IP 地址的利用率；采用 CIDR 技术，可减小路由器路由表的大小，加快路由器路由的收敛速度，也可以减小网络中广播的路由信息的大小。分配尽量分配连续的 IP 地址空间；相同的业务和功能尽量分配连续的 IP 地址空间，有利于路由聚合以及安全控制。

（4）可扩展性：地址分配在每一层次上都要留有一定余量，以便在网络扩展时能保证地址叠加所需的连续性；IP 地址分配处理要考虑到连续外，又要能做到具有可扩充性，并为将来的网络扩展预留一定的地址空间。同时，对所有各种主机、服务器和网络设备，必须分配足够的地址，划分独立的网段，以便能够实现严格的安全策略控制。

（5）灵活性：地址分配应具有灵活性，以满足多种路由策略的优化，充分利用地址空间。

（6）层次性：与层次化的网络结构相应，IP 地址的划分采用层次化的分配思路，从校直机关、学院开始规划，再规划各系、办，使地址具有层次性，能够逐层向上汇聚。

（7）实意性：在分配 IP 地址时尽量使所分配的 IP 地址具有一定的实际意义，使人一看到该 IP 地址就可以知道此 IP 地址分配给了哪个部门或哪个区域。

（8）节约性：根据服务器、主机的数量及业务发展估计，IP 地址规划尽可能使用较小的子网，这样既节约了 IP 地址，同时可减少子网内网络风暴，提高网络性能。

项目实训　校园网建设方案

随着计算机网络应用的普及，学校管理也发生着相应的变化。建设校园网是现代教育发展的必然趋势，这不仅能够更加合理有效地利用学校现有的各种资源，还能为学校未来的发展奠定基础，使之能够更加符合信息时代的要求。下面结合某校园网来分析具体的局域网建设方案。

1. 设计目标

首先，学校的目的是通过教学过程来培养人才，因此，对教学过程提供直接支持应是校园网的基本功能。学校可以利用校园网实现对多媒体课件等各种教学资源的共享，通过教务管理系统、电子备课系统、辅助教学系统、考试系统等网上应用提供对教学过程的支持。

其次，校园网必须能支持学校的日常办公和管理。这方面的工作包括教职员工的档案管理、学生的学籍管理、学校工资财务的管理、各种教育物资的管理、图书馆管理、成绩的统计分析、课程的编排以及校内外各种公文的管理等。

最后，与 Internet 的连接也是校园网的基本功能之一。学校的计算机通过校园网络访问 Internet，大大扩展师生获取知识的途径，还可以自由地发布教育信息，增强学校与学生、学校与社会的沟通以及学校间的交流。

2. 设计原则

校园网络系统的设计应掌握以下原则。

● 实用性：从实际情况出发，以满足教学和管理需求为主要目的。

● 先进性：采用当前先进成熟的主流技术，保证网络性能在 5 年内不落后。

- 安全性：采用各种有效的安全措施，保证网络的安全，包括网络安全、操作系统安全、数据库安全和应用系统安全 4 个层面。
- 可扩展性：采用符合国际标准的协议和接口，使校园网具有良好的开放性，实现与其他网络和信息资源的互连互通，并保证信息点和数据存储能够根据需要进行扩展。
- 可管理性：要充分考虑网络日后的管理和维护工作，选用易于操作和维护的网络操作系统，采用智能化网络管理，降低网络的运行和维护成本。
- 高性价比：结合日益进步的科技新技术和校园的具体情况，制订合理的解决方案，在满足需求的基础上，充分保障学校的经济效益。坚持经济性原则，力争用最少的钱办更多的事，以获得最大的效益。

3. 需求分析

该校园网连接的建筑物有教学楼、行政楼、图书馆、实验楼、门诊楼、宿舍区以及教工家属区等，信息点共约 1 800 个。

- 在学院的各个教学和办公点都应该设置网络信息点，能够方便上网。
- 网上应该提供各种信息服务，为教学科研提供丰富的信息资源和良好的硬件平台。
- 提供面向学生的、开放的网段，为学生们学习、网络应用提供一个相对独立的网络环境。
- 系统应具有较高的网络传输速率。

网络中心设在教学楼三层，以教学楼为中心，采用星形拓扑结构，用光纤连接其他几个建筑物。

通过 DDN 专线将整个校园网连入教育科研网（CERNET），即连入 Internet。

校园网除了能够实现文件打印服务、网络数据通信、校园网络管理系统等一般网络的基本功能外，还可实现基于 Intranet/Internet 的信息服务，主要包括 WWW 服务、电子邮件服务、FTP 服务、网络代理安全及计费管理、数据存储服务等。

4. 网络建设方案

从学校实际情况出发，校园网工程分 3 个阶段完成：第一阶段实现校园网基本连接；第二阶段实现校园网覆盖校园所有建筑；第三阶段完成校园网应用系统的开发。校园网建设的一期工程覆盖了教学区、办公区、学生宿舍区、教工宿舍区，接入信息点约 800 个。为了实现网络高带宽传输，主干网将采用 10 吉比特以太网，吉比特/百兆比特光纤到楼，学生宿舍 10 MB 带宽到桌面，教师办公区 100 MB 带宽到桌面的方案。

在局域和园区网络中有多种可选的主流网络技术。结合校园网系统设计原则和用户的具体需求，本方案遵循分层网络的设计思想，将校园网络设计为具有核心层、汇聚层和接入层的三层网络模型。采用交换式吉比特以太网作为主干，在核心交换机与汇聚层交换机之间，采用 1 000 Mbit/s 速率连接；汇聚层与接入交换机之间，采用 1 000/100 Mbit/s 速率连接。这个校园网采用树形拓扑结构，如图 2-7 所示。这样能够保证网络的可靠性和灵活性，便于信息点的扩充。

子网的设计应根据具体情况灵活考虑，一般按照网络的不同用户来划分，如学生机房、行政大楼、二级学院、学生公寓楼等，都可以作为独立的子网，这样不仅便于管理，而且能够加强安全性，隔离广播风暴的扩散。子网内部采用双绞线联网方案。

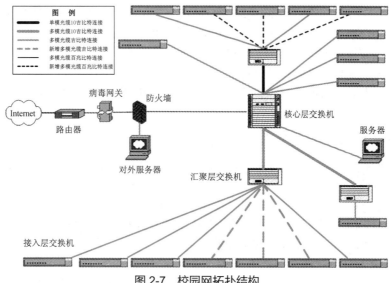

图 2-7　校园网拓扑结构

5. 网络设备的选择

校园网中的交换机分为三层拓扑结构，即核心层（中心交换机）、汇聚层（骨干交换机）和接入层（工作组交换机）。作为整个网络的中心枢纽，几乎 80% 的网络传输都由核心层交换机完成，因此，核心层交换机的性能也就决定着整个网络的性能。

● 核心层交换机

核心层是整个网络的最高级汇集点，实现各子网间的路由和交换。核心层交换机是校园网络设备中最重要的部分，一定要选用性能稳定、安全可靠、背板带宽很高的高档交换机。根据校园网的规模与应用需求，建议选择具有三层交换功能的 10 吉比特模块化交换机。

● 汇聚层交换机

一般在学生宿舍区、家属区、计算机中心等处，应设置为汇聚层。汇聚层是核心层与接入层之间的中转站，实现子网的内部路由和向外网通信的汇集上传功能。汇聚层交换机一般应选择吉比特的三层交换机，使用吉比特光纤与主交换机相连。

● 接入层交换机

接入层是桌面设备的网络汇集点，在各办公楼、教学楼、机房、学生公寓等处，应设置接入层交换机，以构成一个独立的局域子网。接入层交换机一般采用二层交换机，要求端口密度高、性能稳定、价格便宜。校园网应用比较复杂，接入层交换机应具有一定的安全控制功能，如 IP、MAC 地址与端口绑定、流量控制、端口封闭等功能。

● 路由器

广域路由器一般选用 Cisco 公司的 2 600 系列路由器，将校园网通过 DDN 专线接入 Internet。

6. 传输介质的选择

吉比特以太网指的是网络主干的带宽，要求主干布线系统必须满足吉比特以太网的要求。建筑物间的布线通常采用多模光纤或单模光纤。

说明：单模光纤可以非常好地支持吉比特以太网，其有效传输距离为 2 km；62.5/125 μm 多模光纤的传输距离为 220 m；50/125 μm 多模光纤的传输距离为 550 m。具体选择哪种光纤，应根据建筑物之间的距离来确定。

根据校园建筑物的分布情况,除网络中心机房与教工家属区之间的跨距较大,超过550 m,其他建筑物之间的跨距都不超过 500 m,因此, 除在网络中心机房与教工家属区之间布设 16 芯单模光纤外,其他建筑物之间均选用 12 芯 50 μm 多模光纤进行布线,以便有足够多的线芯备用,提高线缆系统的可靠性和扩展性。

对于垂直布线系统和水平布线系统而言,如果最远距离不超过 100 m,则可以利用超五类或六类布线系统。

7. 服务器和工作站的选择

服务器的选型与数量同样要根据学校的规模和具体应用而定,一般应注意以下几个方面。

● 主服务器

一般用于承担学校的门户网站、网络管理（如用户的接入与控制等）、信息管理（如数据库管理）和高速数据的存取管理等。主服务器一般选择多 CPU、可热拔插硬盘的专用服务器,同时,为节约空间,一般选择机架式服务器。

● 应用服务器

用于部门网站、电子邮件、文件传输和多媒体制作等方面,根据其服务的具体情况,可以选用专用服务器或 PC 服务器。

● 工作站

对于普通办公或教学用计算机,没有什么特殊的要求,一般只要能够正常安装 Windows XP/Windows 7/Windows 10 等操作系统即可。

8. 网络中心机房配套设施的建设

网络中心机房放置着交换机、服务器等昂贵的硬件设备,保存着单位的各种信息和数据,是校园网的中枢与核心,因此其安全性、稳定性和可靠性是至关重要的。网络中心机房建设主要包括机房环境的配置和供电系统的设计。

● 机房应保持恒温恒湿,通风良好,室内无尘,具有完善的温度、烟雾报警装置。
● 供电电源对网络的可靠运行有着重要的影响。电源应安全可靠,容量满足满负荷运行的要求,一般应配置有 UPS 和稳压电源。
● 机房应有充分的安全接地保护以及防电磁辐射保护。
● 机房应配置可靠的防火、防盗设施。

9. 培训与服务

承建方应为用户培训综合布线系统的维护人员,目的是使用户在工程完工后,能简单、轻松地对网络进行必要的维护和管理。培训内容为本工程综合布线的结构,主要器件的功能及用途,综合布线逻辑图介绍,综合布线平面布局图介绍,工程文件档案介绍以及布线系统的测试方法介绍。

在网络系统建设完成后,承建方将在 1 年内提供免费的技术支持和故障服务。在接到用户网络故障报告后,承建方将在 2 个工作日内派遣技术人员登门服务和维护。

思考与练习

一、填空题

1. 网络规划人员应从_____、_____、_____3 个方面进行用户需求分析。
2. 除了用_____表达可用性外,还可以用_____和_____来定义可用性。

3. 在共享以太网中，平均利用率不能超过＿＿＿＿＿＿＿。

4. 延迟是数据在传输介质中传输所用的时间，即从＿＿＿＿＿到＿＿＿＿＿之间的时间。

5. 服务器的各项技术指标由高到低按如下顺序排列：＿＿＿＿＿→＿＿＿＿＿→＿＿＿＿＿→＿＿＿＿＿→＿＿＿＿＿→＿＿＿＿＿。

6. 在实际应用中，随着网络负载达到某一特定最大值吞吐量会迅速＿＿＿＿＿＿。

7. 结构化布线系统主要由＿＿＿＿＿、＿＿＿＿＿、＿＿＿＿＿、＿＿＿＿＿和＿＿＿＿＿5 个子系统构成。

8. IP 地址由＿＿＿＿＿个字节组成，MAC 地址由＿＿＿＿＿个字节组成。

9. CIDR 标记法 196.15.46.38/12，表示该地址所在网络的掩码为＿＿＿＿＿＿＿＿＿，具有＿＿＿＿＿＿＿个 B 类地址，范围是＿＿＿＿＿到＿＿＿＿＿。

10. MAC 地址是＿＿＿＿＿＿和＿＿＿＿＿＿使用的地址，又称＿＿＿＿＿＿地址；而 IP 地址是＿＿＿＿＿和以上各层使用的地址，是一种＿＿＿＿＿＿地址。

二、选择题

1. 三层网络拓扑结构不包括下列中的（　　　　）。
   A. 核心层　　　　B. 汇聚层　　　　　　C. 用户层　　　　D. 接入层
2. 下列不属于网络可管理性的内容是（　　　　）。
   A. 性能管理　　　B. 文件管理　　　　　C. 安全管理　　　D. 记账管理
3. 在需求分析中，属于功能性能需求分析的是（　　　　）。
   A. 组网原因　　　　　　　　　　B. 工作点的施工条件
   C. 直接效益　　　　　　　　　　D. 服务器和客户机配置
4. 下列属于网络设备规划的是（　　　　）。
   A. 关键设备位置　　　　　　　　B. 服务器规格、型号，硬件配置
   C. 人员培训费用　　　　　　　　D. 安排网络管理和维护人员
5. 下列不属于场地规划的是（　　　　）。
   A. 应用软件　　　B. 关键设备位置　　　C. 线路敷设途径　　　D. 网络终端位置

三、简答题

1. 简述局域网的设计目标。
2. 局域网都有哪些重要的性能指标？
3. 设计两级网络拓扑结构，第一级为总线形，第二级为星形。
4. 简述网络系统测试的基本内容。
5. 概述网络系统验收的过程。
6. IP 地址与硬件地址的区别是什么？
7. 对于传统的 IP 地址而言，请说明 127.0.0.4 和 190.233.255.255 的含义是什么？
8. 某单位拥有一个 B 类地址网络。现欲在其中划分 7 个子网，则子网掩码是什么？每个子网最多可以有多少台主机？
9. 128.14.32.0/20 包含多少个地址？其最大地址和最小地址是什么？

项目三 网络介质与设备

在构建局域网时，应根据需要选择合适的传输介质和网络设备。传输介质与网络设备是局域网的硬件基础，正是它们的共同作用，实现了网络通信和资源共享。传输介质一般包括双绞线、同轴电缆、光纤和无线传输介质，而网络设备可分为物理层设备（如中继器、集线器等）、数据链路层设备（如网桥、交换机等）、网络层设备（如路由器、三层交换机等）和应用层设备（如网关、防火墙等）。

本项目主要通过以下几个任务完成。

- 任务一　认识网络传输介质
- 任务二　认识网卡
- 任务三　认识交换机
- 任务四　了解路由器
- 任务五　了解其他网络设备

学习目标

- 认识双绞线、同轴电缆、光纤等传输介质
- 掌握网卡的功能与配置方法
- 了解交换机的特点、原理与基本应用方法
- 了解路由器的功能与工作原理
- 根据局域网的设计要求选择网络设备

任务一　认识网络传输介质

传输介质是网络中传输数据、连接各网络节点的实体，可以分为有线传输介质和无线传输介质两大类。

（1）有线传输介质

利用金属、玻璃纤维以及塑料光纤等导体传输信号，一般金属导体被用来传输电信号，通常由铜线制成，如双绞线和大多数同轴电缆，有时也使用铝，最常见的应用是有线电视网络覆以铜线的铝质干线电缆；玻璃纤维通常用于传输光信号的光纤网络；塑料光纤（POF）用于速率低、距离短的场合。

（2）无线传输介质

不利用导体，信号完全通过空间从发射器发射到接收器。辐射介质有时被称为无线介质。只要发射器和接收器之间有空气，就会导致信号减弱及失真。

（一）双绞线

双绞线是局域网最基本的传输介质，由具有绝缘保护层的 4 对 8 线芯组成，每两条按一

定规则缠绕在一起，称为一个线对。两根绝缘的铜导线按一定密度互相绞在一起，可降低信号干扰的程度，每一根导线在传输中辐射的电波会被另一根线上发出的电波抵消。不同线对具有不同的扭绞长度，从而能够更好地降低信号的辐射干扰。

双绞线一般用于星形拓扑网络的布线连接，两端安装有 RJ45 头，用于连接网卡与交换机，最大网线长度为 100 m。如果要加大网络的范围，在两段双绞线之间可安装中继器，最多可安装 4 个中继器，连接 5 个网段，最大传输范围可达 500 m。

1. 双绞线的类型

双绞线可分为非屏蔽双绞线（Unshielded Twisted Pair，UTP）和屏蔽双绞线（Shielded Twisted Pair，STP）。

（1）非屏蔽双绞线

UTP 原先是为模拟语音通信而设计的，主要用来传输模拟声音信息，但现在同样支持数字信号的传输，特别适用于较短距离的信息传输。在传输期间，信号的衰减比较大，并且会产生波形畸变。采用 UTP 的局域网带宽取决于所用导线的质量、长度及传输技术。只要精心选择和安装 UTP，就可以在有限距离内达到每秒几百万位的可靠传输率。一般五类以上 UTP 的传输速率可以达到 100 Mbit/s。UTP 外观如图 3-1 所示，结构如图 3-2 所示。

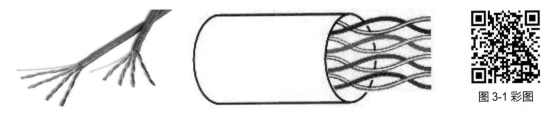

图 3-1 彩图

图 3-1　非屏蔽双绞线外观

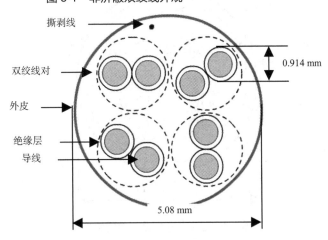

图 3-2　五类 4 对非屏蔽双绞线结构

（2）屏蔽双绞线

STP 需要一层金属箔即覆盖层把电缆中的每对线包起来，有时候利用另一覆盖层把多对电缆中的各对线包起来或利用金属屏蔽层取代这层包在外面的金属箔。覆盖层和屏蔽层有助于吸收环境的干扰，并将其导入地下以消除这种干扰。屏蔽双绞线又包括以下两种类型。

- 铝箔屏蔽的双绞线：带宽较大、抗干扰性能强，具有低烟无卤的特点。六类线及之前的屏蔽系统多采用这种形式。
- 独立屏蔽双绞线：每一对线都有一个铝箔屏蔽层，4 对线合在一起后外面还有一个公共的金属编织的屏蔽层。这是七类线的标准结构，适用于高速网络的应用。

屏蔽双绞线价格相对较高，安装时要比非屏蔽双绞线电缆困难。类似于同轴电缆，它必须配有支持屏蔽功能的特殊连接器和相应的安装技术。但它有较高的传输速率，100 m 内传输速率可达到 155 Mbit/s。屏蔽双绞线外观如图 3-3 所示，结构如图 3-4 所示。

图 3-3 彩图

图 3-3　屏蔽双绞线外观

在实际应用中，目前一般以非屏蔽双绞线电缆为主，它具有以下优点。

- 无屏蔽外套、直径小、节省空间。
- 重量轻、易弯曲、易安装。
- 将串扰减至最小甚至消除。
- 具有阻燃性。

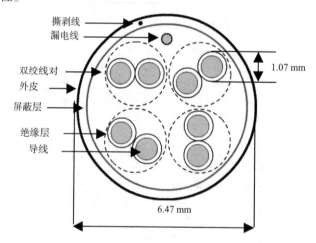

图 3-4　五类 4 对屏蔽双绞线结构

- 具有独立性和灵活性，适用于结构化综合布线。

2. 双绞线的型号

EIA/TIA（美国电子和通信工业协会）为双绞线电缆定义了 5 种不同规格的型号。

- 一类线：主要用于传输语音（一类标准主要用于 20 世纪 80 年代之前的电话线缆），不用于数据传输。

- 二类线：传输频率为 1 MHz，用于语音传输和最高传输速率为 4 Mbit/s 的数据传输，常见于使用 4 Mbit/s 规范令牌传递协议的旧令牌网。
- 三类线：指目前在 ANSI 和 EIA/TIA 568 标准中指定的电缆。该电缆的传输频率为 16 MHz，用于语音传输及最高传输速率为 10 Mbit/s 的数据传输，主要用于 10Base—T 网络。
- 四类线：该类电缆的传输频率为 20 MHz，用于语音传输和最高传输速率为 16 Mbit/s 的数据传输，主要用于基于令牌网和 10Base—T/100Base—T 网络。
- 五类线：该类电缆增加了绕线密度，外套一种高质量的绝缘材料，传输速率为 100 Mbit/s，用于语音传输和最高传输速率为 100 Mbit/s 的数据传输，主要用于 10Base—T/100Base—T 网络，这是最常用的以太网电缆。

说明：五类非屏蔽双绞线是在对现有五类屏蔽双绞线的部分性能加以改善后出现的电缆，不少性能参数，如近端串扰、衰减串扰比、回波损耗等都有所提高，但其传输速率仍为 100 Mbit/s。在 100 Mbit/s 网络中，用户设备的受干扰程度只有普通五类线的 1/4。

在使用双绞线组建网络时，必须遵循"5—4—3"规则，即网络中任意两台计算机间最多不超过 5 段线（集线设备到集线设备或集线设备到计算机间的连线）、4 台集线设备、3 台直接连接计算机的集线设备。

（二）同轴电缆

同轴电缆是局域网中较早使用的传输介质，主要用于总线型拓扑结构的布线，它以单根铜导线为内芯（内导体），外面包裹一层绝缘材料（绝缘层），外覆密集网状导体（外屏蔽层），最外面是一层保护性塑料（外保护层）。同轴电缆结构如图 3-5 所示，实物如图 3-6 所示。

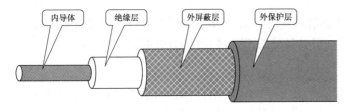
图 3-5 同轴电缆结构

图 3-6 同轴电缆

由于外屏蔽层的作用，同轴电缆几乎不会出现困扰 UTP 及其同类电缆的信号衰减问题，抗扰能力优于双绞线。

1. 规格分类

同轴电缆有两种，一种为 75 Ω 同轴电缆，另一种为 50 Ω 同轴电缆。

- 75 Ω 同轴电缆：常用于 CATV（有线电视）网，故称为 CATV 电缆，传输带宽可达 1 Gbit/s，目前常用的 CATV 电缆传输带宽为 750 Mbit/s。
- 50 Ω 同轴电缆：常用于基带信号传输，传输带宽为 1～20 Mbit/s，总线形以太网就使用 50 Ω 同轴电缆。

2. 网络应用

同轴电缆一般用于总线形网络布线连接，如图 3-7 所示。

图 3-7 总线形网络

粗缆适用于较大局域网的网络干线，布线距离较长，可靠性较好。用户通常采用外部收发器与网络干线连接。粗缆网络每条干线的长度可达 500 m，如要拓宽网络范围，则需要使用中继器，采用 4 个中继器连接 5 个网段后最大传输范围可达 2 500 m。用粗缆组建局域网，如果直接与网卡相连，网卡必须带有 AUI 接口（15 针 D 形接口）。粗缆网络虽然各项性能较高，具有较大的传输距离，但是网络安装和维护等方面比较困难，且造价较高。

细缆利用 T 形 BNC 接口连接器连接 BNC 接口网卡，同轴电缆的两端需安装 50 Ω 终端电阻器。细缆网络每段干线长度最大为 185 m，每段干线最多可接入 30 个用户，如采用 4 个中继器连接 5 个网段，最大传输范围可达 925 m。细缆网络安装较容易，而且造价较低，但因受网络布线结构的限制，其日常维护不是很方便，一旦某个用户出现故障，便会影响其他用户的正常工作。

由于受到双绞线的强大冲击，同轴电缆已经逐渐退出了局域网布线的行列，随着综合布线的展开，同轴电缆的应用将最终成为历史。

（三）光纤

自从 1966 年高锟博士提出光纤通信的概念以来，1970 年美国康宁公司首先研制出衰减为 20 dB/km 的单模光纤，从此以后，世界各国纷纷开展光纤通信的研究和应用。

1. 光纤结构与原理

光纤（光导纤维）的结构一般是双层或多层的同心圆柱体，由透明材料做成的纤芯和在它周围采用比纤芯的折射率稍低的材料做成的包层。

- 纤芯：纤芯位于光纤的中心部位，由非常细的玻璃（或塑料）制成，直径为 4μm ～ 50 μm。一般单模光纤为 4μm ～ 10 μm，多模光纤为 50 μm。
- 包层：包层位于纤芯的周围，是一个玻璃（或塑料）涂层，其成分也是含有极少量掺杂剂的高纯度 SiO_2，直径约为 125 μm。
- 涂覆层：光纤的最外层为涂覆层，包括一次涂覆层、缓冲层和二次涂覆层，由分层的塑料及其附属材料制成，用来防止潮气、擦伤、压伤和其他外界带来的危害。

光纤结构如图 3-8 所示。

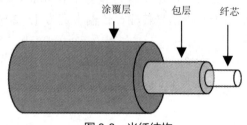

图 3-8 光纤结构

由于纤芯的折射率大于包层的折射率，故光波在界面上形成全反射，使光只能在纤芯中传播，实现通信，如图 3-9 所示。

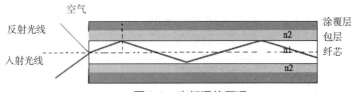

图 3-9 光纤通信原理

2. 光纤的分类

根据光纤传输模数的不同，光纤主要分为两种类型，即单模光纤（SingleMode Fiber, SMF）和多模光纤（MultiMode Fiber，MMF）。

- 单模光纤：单模光纤纤芯直径仅为几个微米，加包层和涂覆层后也仅为几十个微米到 125 μm，纤芯直径接近波长。1 000 Mbit/s 单模光纤的传输距离为 550 m～100 km，常用于远程网络或建筑物间的连接以及电信中的长距离主干线路。
- 多模光纤：多模光纤纤芯直径为 50 μm，纤芯直径远远大于波长。1 000 Mbit/s 多模光纤的传输距离为 220m～550m，常用于中、短距离的数据传输网络以及局域网络。

3. 光缆

因为光纤本身比较脆弱，所以在实际应用中都是将光纤制成不同结构形式的光缆。光缆是以一根或多根光纤或光纤束制成，符合光学机械和环境特性的结构，如图 3-10 所示。

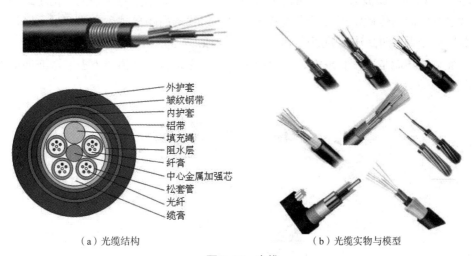

（a）光缆结构　　　　　　　　　　（b）光缆实物与模型

图 3-10 光缆

光缆能够容纳多条光纤，其机械性能和环境性能好，能够适应通信线缆直埋、架空、管道敷设等各种室外布线方式。

4. 优缺点

光纤在电信领域之所以能够被广泛利用，是因为它有许多独有的优点，但由于其玻璃质的结构，也给应用带来不少困难。图 3-11 所示为光纤的优缺点示意图。

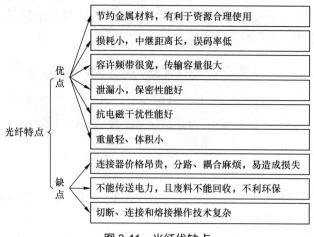

图 3-11 光纤优缺点

（四）无线传输介质

无线传输介质不使用金属或玻璃纤维导体进行电磁信号的传递。从理论上讲，地球上的大气层为大部分无线传输提供了物理数据通路。由于各种各样的电磁波都可用来携带信号，所以电磁波就被认为是一种介质。

1. 微波通信

微波通信是在对流层视线距离范围内利用无线电波进行传输的一种通信方式，频率范围为 2 GHz ~ 40 GHz。微波通信与通常的无线电波不一样，是沿直线传播的，由于地球表面是曲面，微波在地面的传播距离与天线的高度有关，天线越高距离越远，但超过一定距离后就要用中继站来接力。两微波站的通信距离一般为 30 km ~ 50 km，长途通信时必须建立多个中继站。中继站的功能是变频和放大，进行功率补偿，逐站将信息传送下去。微波通信的工作原理如图 3-12 所示。

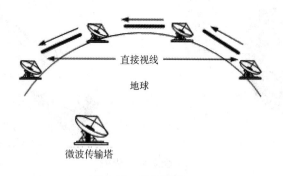

图 3-12 微波通信

微波通信分为模拟微波通信和数字微波通信两种。模拟微波通信主要采用调频制，每个射频波道可开通 300、600 至 3 600 个话路。数字微波通信主要采用相移键控（PSK），目前，国内长途干线使用的数字微波主要有 4 GHz 的 960 路系统和 1 800 路系统。微波通信的传输质量比较稳定，影响质量的主要因素是雨雪天气对微波产生的吸收损耗，以及不利地形或环境对微波所造成的衰减现象。

2. 卫星通信

卫星通信原理如图 3-13 所示，它是以人造卫星为微波中继站，是微波通信的特殊形式。卫星接收来自地面发送站发出的电磁波信号后，再以广播方式用不同的频率发回地面，地面工作站接收。卫星通信可以克服地面微波通信距离的限制。一个同步卫星可以覆盖地球的三分之一以上表面，3 个这样的卫星就可以覆盖地球上全部通信区域，这样，地球上的各个地面站之间都可互相通信了。

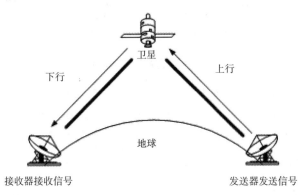

图 3-13　卫星通信

由于卫星的信道频带宽，也可采用频分多路复用技术分为若干个子信道，有些用于由地面发送站向卫星发送信号（称为上行信道），有些用于由卫星向地面接收站转发信号（称为下行信道）。卫星通信的优点是容量大、距离远，缺点是传播延迟时间长。从发送站通过卫星转发到接收站的传播延迟时间为 270 ms（这个传播延迟时间是和两点间的距离无关的），这相对于地面电缆约 6 μs/km 的传播延迟时间来说，相差几个数量级。

3. 红外通信

红外通信系统采用光发射二极管（LED）或激光二极管（ILD）来进行站与站之间的数据交换。红外设备发出的红外光信号（即常说的红外线）非常纯净，一般只包含电磁波或小范围电磁频谱中的光子。传输信号可以直接或经过墙面、天花板反射后，被接收装置收到。

红外线没有能力穿透墙壁和其他一些固体，而且每一次反射后信号都要衰减一半左右，同时红外线也容易被强光源给盖住。红外线的高频特性可以支持高速度的数据传输，它一般可分为点到点式与广播式两类。

（1）点到点式红外系统

这是最常见的方式，如大家常用的遥控器。红外传输器使用光频（100 GHz ~ 1000 THz）的最低部分。除高质量的大功率激光器较贵以外，一般用于数据传输的红外装置都非常便宜。然而，它的安装必须绝对精确到点对点。目前，它的传输速率一般为几 kbit/s，根据发射光的强度、纯度和大气情况，信号衰减有较大的变化，一般距离为几米到几千米不等。

（2）广播式红外系统

广播式红外系统是把集中的光束，以广播或扩散方式向四周散发。这种方法也常用于遥控和其他一些消费设备上。利用这种设备，一个收发设备可以与多个设备同时通信，其工作原理如图 3-14 所示。

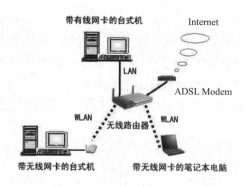

图 3-14　广播式红外系统

说明：红外通信和激光通信也像微波通信一样，有很强的方向性，都是沿直线传播的。这 3 种技术都需要在发送方和接收方之间有一条视线（Line of sight）通路，有时统称这三者为视线媒体。所不同的是红外通信和激光通信把要传输的信号分别转换为红外光信号和激光信号，直接在空间传播。

任务二　认识网卡

计算机与外界局域网的连接是通过在主机箱内插入一块网络接口板（或者是在笔记本电脑中插入一块 PCMCIA 卡）来实现计算机和网络电缆之间的物理连接，为计算机之间相互通信提供一条物理通道，并通过这条通道进行高速数据传输。

（一）网卡的功能与分类

网络接口板又称为通信适配器、网络适配器（adapter）或网络接口卡（Network Interface Card，NIC），但是，现在最通俗的叫法就是"网卡"，如图 3-15 所示。

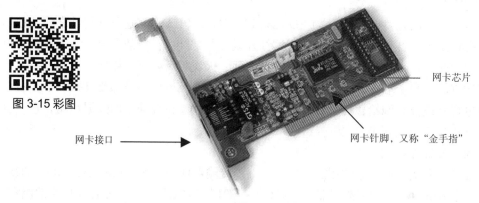

图 3-15 彩图

图 3-15　网卡

1. 网卡的功能

网卡能够完成物理层和数据链路层的大部分功能，包括网卡与网络电缆的物理连接、介质访问控制（如实现 CSMA/CD 协议）、数据帧的拆装、帧的发送与接收、错误校验、数据信号的编/解码（如曼彻斯特代码的转换）以及数据的串行/并行转换等功能。

网卡上面装有处理器和存储器（包括 RAM 和 ROM）。网卡和局域网之间的通信是通过电缆或双绞线以串行传输方式进行的，而网卡和计算机之间的通信则是通过计算机主板上的 I/O 总线以并行传输方式进行的。因此，网卡的一个重要功能就是进行串行/并行转换。由于网络上的数据率和计算机总线上的数据率并不相同，所以，在网卡中必须装有对数据进行缓存的存储芯片。

在安装网卡时必须将管理网卡的设备驱动程序安装在计算机的操作系统中，这个驱动程序将告诉网卡如何将局域网传送过来的数据存储下来。

网卡并不是独立的自治单元，因为网卡本身不带电源，必须使用配套计算机的电源，并受该计算机的控制，因此，网卡可看成一个半自治的单元。当网卡收到一个有差错的帧时，会将这个帧丢弃而不必通知计算机；当网卡收到一个正确的帧时，就使用中断来通知计算机并交付给协议栈中的网络层；当计算机要发送一个 IP 数据包时，就由协议栈向下交给网卡，组装成帧后发送到局域网。

随着集成度的不断提高，网卡上的芯片个数在不断减少。网卡的功能大同小异，其主要功能有以下 3 个。

- 数据的封装与解封：发送时将网络层传递的数据加上首部和尾部，组成以太网的帧。接收时将以太网的帧剥去首部和尾部，然后送交网络层。
- 链路管理：主要是实现 CSMA/CD 协议。
- 编码与译码：一般使用曼彻斯特编码与译码。

2. 网卡的分类

网卡的种类非常多，按照不同的标准，可以做不同的分类。最常见的是按传输速率、总线接口和连接器接口进行分类。

（1）按传输速率分类

按传输速率可分为 10 Mbit/s、100 Mbit/s、10/100 Mbit/s 自适应以及 1 000 Mbit/s 网卡。图 3-16 所示为两种不同速率的网卡。

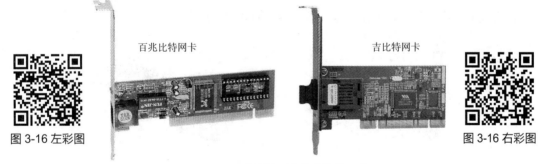

百兆比特网卡　　　　　　　　吉比特网卡

图 3-16 左彩图　　　　　　　　　　　　　　　　图 3-16 右彩图

图 3-16　百兆比特网卡和吉比特网卡

（2）按接口类型分类

网卡的接口种类繁多，早期的网卡主要分 AUI 粗缆接口和 BNC 细缆接口两种，如图 3-17 所示。随着同轴电缆淡出市场，这两种接口类型的网卡也基本被淘汰。

目前，网卡主要有 RJ45 接口和光纤接口两种类型，一般十兆网卡、百兆网卡用 RJ45 接口，吉比特网卡用光纤接口。

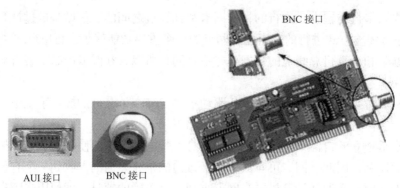

图 3-17　AUI 接口和 BNC 接口网卡

（3）按总线插口类型分类

ISA 总线网卡已经基本消失，PCI 总线网卡是现在市场上的主流，而 PCI-X 总线网卡具有更快的数据传输速度，一般应用在服务器上。一般百兆以下网卡采用 PCI 总线网卡，吉比特网卡采用 PCI-X 总线网卡。

USB 网卡一般是外置式的，具有支持热插拔和不占用计算机扩展槽的优点，安装更为方便。这类网卡主要是为了满足没有内置网卡的笔记本电脑用户。目前常用的是 USB 2.0 标准的网卡，传输速率可达 480 Mbit/s，如图 3-18 所示。

PCMCIA 接口网卡用于笔记本电脑，如图 3-19 所示。

图 3-18　USB 网卡　　　　　　　　图 3-19　PCMCIA 接口网卡

在无线网络中，计算机使用的是无线网卡，如图 3-20 所示。

图 3-20　无线网卡

说明：一般来讲，每块网卡都具有 1 个以上的 LED 指示灯，用来表示网卡的不同工作状态，以方便用户查看网卡是否工作正常。典型的 LED 指示灯有 Link/Act、Full、Power 等。Link/Act 表示连接活动状态；Full 表示是否全双工（Full Duplex）；Power 表示电源指示。

（二）实训：配置网卡的 IP 地址

计算机若想连接到局域网上，必须拥有正确的 IP 地址，也就是为网卡定义 IP 地址。若局域网中使用的是 DHCP（动态主机配置协议），则计算机每次启动时都能够自动获得动态的

IP 地址；若使用的是静态地址，则必须进行设置。下面以 Windows 7 系统为例，说明 IP 地址的设置过程。

【任务要求】

要求：设置 IP 地址为"192.168.0.100"、子网掩码为"255.255.255.0"、默认网关为"192.168.0.1"、首选 DNS 服务器为"192.168.0.10"。

【操作步骤】

（1）在计算机桌面上，使用鼠标右键单击【网络】图标，在弹出的快捷菜单中选择【属性】命令，打开【网络和共享中心】窗口，如图 3-21 所示。

说明：在【本地连接】图标上出现叉号时，说明当前网卡没有连接网线，这不影响 IP 地址的设置。设置好以后，连接上网线，则该叉号就会自动消失。

（2）单击【更改适配器设置】项，出现【网络连接】对话框，其中包含一个【本地连接】图标。

（3）鼠标右键单击【本地连接】图标，在弹出的快捷菜单中选择【属性】命令，弹出【本地连接 属性】对话框，如图 3-22 所示。

图 3-21　【网络和共享中心】窗口　　　　图 3-22　【本地连接 属性】对话框

（4）单击选择【Internet 协议版本 4（TCP/IPv4）】，然后单击 ［属性(R)］ 按钮，弹出【Internet 协议版本 4（TCP/IPv4）属性】对话框，如图 3-23 所示。

（5）点选【使用下面的 IP 地址】单选项，并在各文本框中输入对应的数值，如图 3-24 所示。

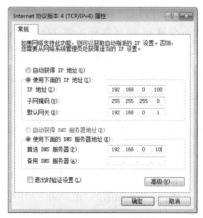

图 3-23　【Internet 协议版本 4（TCP/IPv4）属性】对话框　　图 3-24　设置 IP 地址

说明：默认网关是指计算机连接因特网所经过的 ISP 计算机。本机在本网段之外的所有通信都必须由默认网关转发出去。如果把一个局域网比作一栋大楼，则楼门就是网关。局域网内部的访问就是在楼内进行串门，不需要经过网关（楼门），但是若要访问其他网络（不同的楼），就必须经由楼门离开。

（6）单击 确定 按钮，关闭对话框。计算机的 IP 地址设置完成。

（7）为网卡连上网线，现在，计算机可以顺利访问局域网。

说明：子网掩码有时候也用位数来表示，如 IP 地址为 "192.168.0.100"、子网掩码为 "255.255.255.0"，则可以表示为 "192.168.0.100/24"，表示该 IP 地址的子网掩码为 24 bit。因为子网掩码也是用 4 段 8 bit（共 32 bit）来表示，所以 24 bit 掩码表示其前 3 段均为 "255"，最后 1 段为 "0"。

（三）实训：查看网卡的 MAC 地址

MAC（Media Access Control，介质访问控制）地址也称为物理地址（Physical Address），是内置在网卡中的一组代码，由 12 个十六进制数组成，每个十六进制数长度为 4 bit，总长 48 bit。每两个十六进制数之间用冒号隔开，如 "08:00:20:0A:8C:6D"。其中前 6 个十六进制数 "08:00:20" 代表网络硬件制造商的编号，它由 IEEE 分配，而后 6 个十六进制数 "0A:8C:6D" 代表该制造商所制造的某个网络产品（如网卡）的系列号。每个网络制造商必须确保它所制造的每个以太网设备都具有相同的前 3 个字节（每个字节包含两个十六进制数）及不同的后 3 个字节。这样，从理论上讲，MAC 地址的数量可高达 2^{48}，这样就可保证世界上每个以太网设备都具有唯一的 MAC 地址。

对于 MAC 地址的作用，可简单地归结为以下两个方面。

（1）网络通信基础

网络中的数据以数据包的形式进行传输，并且每个数据包又被分拆成很多帧，用以在各网络设备之间进行数据转发。在每个帧的帧头中包含了源 MAC 地址、目标 MAC 地址和数据包中的通信协议类型。在数据转发的过程中，帧会根据帧头中保存的目标 MAC 地址自动将数据帧转发至对应的网络设备中。由此可见，如果没有 MAC 地址，数据在网络中根本无法传输，局域网也就失去了存在的意义。

（2）保障网络安全

网络安全目前已成为网络管理中最热门的关键词之一。借助 MAC 地址的唯　性和不易修改的特性，可以将具有 MAC 地址绑定功能的交换机端口与网卡的 MAC 地址绑定。这样可以使某个交换机端口只允许拥有特定 MAC 地址的网卡访问，而拒绝其他 MAC 地址的网卡对该端口进行访问。这种安全措施对小区宽带、校园网和无线网络尤其适合。另外，如果将 MAC 地址跟 IP 地址绑定，则可以有效防止 IP 地址的盗用问题。

【任务要求】

以 Windows 7 系统为例，说明如何查看网卡的 MAC 地址。

【操作步骤】

（1）选择【所有程序】/【附件】/【命令提示符】命令，打开【命令提示符】窗口。

（2）输入 "ipconfig /all" 命令并按 Enter 键，则窗口中出现本机的地址信息，如图 3-25 所示。

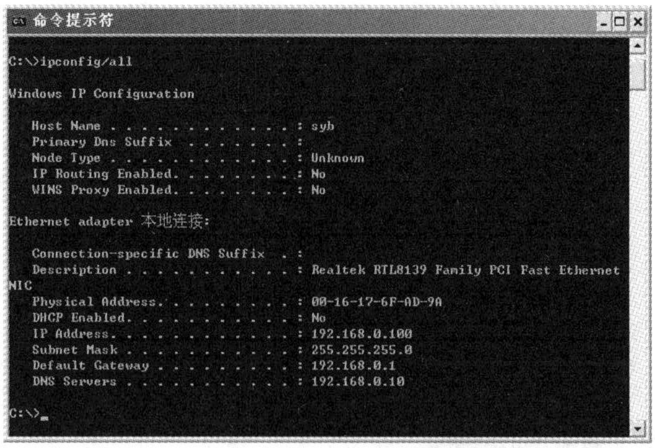

图 3-25　本机的地址信息

其中包含的信息如下。

- Description：网卡型号。
- Physical Address：网卡的 MAC 地址。
- IP Address：网卡 IP 地址。
- Subnet Mask：子网掩码。
- Default Gateway：默认网关。
- DNS Servers：DNS 服务器的 IP 地址。

任务三　认识交换机

交换机（Switch）是一种用于电信号转发的信息设备，是局域网中最重要的网络设备之一。其英文原意为"开关"，是用于电话线路的人工接续与分拆。随着电子技术的发展，电话交换机实现了自动化的电路接续。在网络应用中，交换设备用于实现信息的接入、整形、汇集与转发等基本网络通信功能。

（一）集线器

集线器（Hub）与网卡、网线等传输设备一样，属于局域网中的基础设备，如图 3-26 所示。集线器在 OSI 参考模型中属于物理层，英文"Hub"是"交汇点"的意思。

集线器的主要功能是对接收到的信号进行再生、整形和放大，以扩大网络的传输距离，同时，把所有节点集中在以它为中心的节点上。集线器与中继器是同类型设备，其区别仅在于集线器能够提供更多的端口服务，所以，集线器又叫多口中继器，它最初是为优化网络布线结构、简化网络管理而设计的，主要用于小型局域网的连接。

集线器属于纯硬件网络底层设备，不具有"记忆"和"学习"的能力。它发送数据时没有针对性，采用广播方式发送。也就是说，当它要向某端口发送数据时，不是直接把数据发送到目的端口，而是把数据包发送到集线器所有端口，如图 3-27 所示。

这种广播发送数据方式的不足之处如下。

- 用户数据包向所有节点发送，很可能带来数据通信的不安全因素，一些别有用心的人很容易就能非法截获他人的数据包。
- 由于所有数据包都是向所有节点同时发送，加上以上所介绍的共享带宽方式，就更可能造成网络阻塞现象，降低网络执行效率。

● 集线器在同一时刻每一个端口只能进行一个方向的数据通信，而不能像交换机那样进行双向双工传输，网络执行效率低，不能满足较大型网络通信需求。

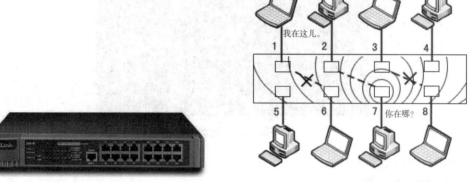

图 3-26　集线器　　　　　　　图 3-27　广播方式数据传输

随着交换机价格的不断下降，集线器仅有的价格优势已不再明显，集线器的市场越来越小，目前已经基本被市场所淘汰。

（二）交换机的特点与分类

集线器由于其共享介质传输、单工数据操作和广播发送数据方式等特性，决定了其无法满足用户对速度和性能上更高的要求。因此，一种功能更强的集线设备——交换机（Switch）日益得到广泛应用。交换机完全克服了集线器的种种不足，成为局域网中最基础也最重要的网络设备。在网络中心、办公室甚至家庭中，到处都可以看到交换机的身影。它在提升网络性能、扩大网络应用等方面具有重要的作用。

交换机是集线器的升级换代产品，从外观上看与集线器相似，都是带有多个端口的长方形盒状体，如图3-28 所示。

图 3-28　交换机

交换机是按照通信两端传输信息的需要，用人工或设备自动完成的方法，把要传输的信息送到符合要求的相应路由上的技术统称。广义的交换机就是一种在通信系统中完成信息交换功能的设备。

1. 交换机的主要特点

● 从 OSI 体系结构上来看，交换机属于数据链路层上的设备，它不仅对数据的传输起到同步、放大和整形作用，而且还能在数据传输过程中过滤短帧和碎片等，不会出现数据包丢弃、传送延时等现象，保证了数据传输的正确性。

● 从工作方式上来看，交换机检测到某一端口发来的数据包，根据其目标 MAC 地址，查找交换机内部的"端口—地址"表，找到对应的目标端口，打开源端口到目标端口之间的数据通道，将数据包发送到对应的目

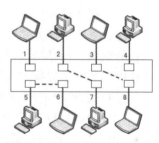

图 3-29　交换方式数据传输

标端口上，如图 3-29 所示。当不同的源端口向不同的目标端口发送信息时，交换机就可以同时互不影响地传送这些信息包，并防止传输碰撞，隔离冲突域，有效地抑制广播风暴，提高网络的实际吞吐量。

- 从带宽上来看，交换机上每个端口都独占带宽，对 12 个 10 Mbit/s 端口的交换机，总带宽为 12×10=120 Mbit/s。同时，交换机还支持全双工通信。
- 交换机上的每个端口均属于一个冲突域，不同的端口属于不同的冲突域，交换机上所有的端口属于同一个广播域。
- 从维护角度上来看，交换机的维护比较简单。通过交换机上的指示灯，就能确定哪些端口上的计算机网卡或网线有故障，并予以排除。

2. 交换机的分类

由于交换机具有许多优越性，所以，它的应用和发展非常迅速，出现了各种类型的交换机，以满足各种不同应用环境的需求。

（1）根据网络覆盖范围，可以划分为广域网交换机、局域网交换机。

（2）根据传输介质和传输速度，可以划分为以太网交换机、快速以太网交换机、吉比特以太网交换机、十吉比特以太网交换机和 ATM 交换机等。

（3）根据应用层次，可以划分为企业级交换机（如图 3-30 所示）、部门级交换机（如图 3-31 所示）、工作组交换机和桌面型交换机等。

图 3-30　企业级交换机

图 3-30 彩图

图 3-31　部门级交换机

（4）按交换机的端口结构，可以划分为固定式交换机、模块化交换机等。

模块化交换机在价格上要比固定端口交换机贵很多，但拥有更大的灵活性和可扩充性，用户可任意选择不同数量、不同速率和不同接口类型的模块，以适应千变万化的网络需求，模块化交换机所使用的模块如图 3-32 所示。

一般来说，企业级交换机和骨干交换机应考虑其扩充性、兼容性和排错性，因此，应当选用模块化交换机。工作组交换机由于任务较为单一，可采用简单明了的固定式交换机。

RJ45 模块

光纤模块

图 3-32 左彩图

图 3-32　模块化交换机

（三）理解交换机的工作原理

交换机在数据通信中完成两个基本的操作，一是构造和维护 MAC 地址表，二是交换数据帧。下面来介绍这两个操作的原理。

1．构造和维护 MAC 地址表

在交换机中，有一个 MAC 地址表，记录着主机 MAC 地址和该主机所连接的交换机端口号之间的对应关系。MAC 地址表由交换机通过动态自学习的方法构造和维护。

【任务要求】

举例说明交换机是如何生成交换地址表的。

【操作步骤】

（1）交换机在重新启动或手工清除 MAC 地址表后，MAC 地址表中没有任何 MAC 地址的记录，如图 3-33 所示。

（2）假设主机 A 向主机 C 发送数据包，因为现在 MAC 地址表为空，所以端口 E0 将从数据包中提取源 MAC 地址，将此 MAC 地址记录到 MAC 地址表中，同时向其他所有的端口发送此数据包，如果某一主机在接收到此数据包后，将提取目标 MAC 地址，并与自己网卡的 MAC 地址进行比较，如果相等，则接收此数据包；否则丢弃此数据包，如图 3-34 所示。

图 3-33　MAC 地址表为空　　　　　图 3-34　从接收到的数据帧中学习源 MAC 地址

（3）如果主机 A、B、C、D 都已经向其他主机发送数据包，则 MAC 地址表将会有 4 条记录，如图 3-35 所示。

（4）现在假设主机 A 向主机 C 发送数据包，交换机会提取数据包的目的 MAC 地址，通过查找 MAC 地址表，有一条记录的 MAC 地址与目的 MAC 地址相等，而且知道此目的 MAC 地址所对应的端口为 E2，此时 E0 端口会将数据包直接转发到 E2 端口，如图 3-36 所示。

图 3-35　MAC 地址表学习完毕　　　　　图 3-36　查找已有的 MAC 地址表项

在交换地址表项中有一个时间标记，用以指示该表项存储的时间周期。当地址表项被使用或被查找时，表项的时间标记就会被更新。如果在一定的时间范围内，地址表项仍然没有被引用，此地址表项就会被移走。因此，交换地址表中所维护的是最有效和最精确的 MAC 地址与端口之间的对应关系。

2. 交换数据帧

交换机在转发数据帧时，遵循以下规则。

- 如果数据帧的目的 MAC 地址是广播地址或者组播地址，则向交换机所有端口（除源端口）转发。
- 如果数据帧的目的 MAC 地址是单播地址，但这个 MAC 地址并不在交换机的地址表中，则向所有端口（除源端口）转发。
- 如果数据帧的目的 MAC 地址在交换机的地址表中，则打开源端口与目标端口之间的数据通道，把数据帧转发到目标端口上。
- 如果数据帧的目的 MAC 地址与数据帧的源 MAC 地址在一个网段（同一个端口）上，则丢弃此数据帧，不发生交换。

【任务要求】

举例说明交换机的数据帧交换过程。

【操作步骤】

（1）当主机 1 发送广播帧时，交换机从 E1 端口接收到目的 MAC 地址为"ffff.ffff.ffff"的数据帧，则向 E2、E3 和 E4 端口转发该数据帧。

（2）当主机 1 与主机 3 通信时，交换机从 E1 端口接收到目的 MAC 地址为"0011.2FD6.3333"的数据帧，查找交换地址表后发现"0011.2FD6.3333"不在表中，因此，交换机向 E2、E3 和 E4 端口转发该数据帧。

（3）当主机 4 与主机 5 通信时，交换机从 E4 端口接收到目的 MAC 地址为"0011.2FD6.5555"的数据帧，查找交换地址表后发现"0011.2FD6.5555"位于 E4 端口，即源端口与目的端口相同（E4），说明主机 4、主机 5 处于同一个网段内，则交换机直接丢弃该数据帧，不进行转发。

（4）当主机 1 再次与主机 3 通信时，交换机从 E1 端口接收到目的 MAC 地址为"0011.2FD6.3333"的数据帧，查找交换地址表后发现"0011.2FD6.3333"位于 E3 端口，交换机打开源端口 E1 与目标端口 E3 之间的数据通道，把数据帧转发到目标端口 E3 上，这样主机 3 即可接收到该数据帧。

（5）当主机 1 与主机 3 通信时，主机 2 也向主机 4 发送数据，交换机同时打开端口 E1 与 E3、E2 与 E4 之间的数据通道，建立 2 条互不影响的链路，同时转发数据帧。只不过到 E4 时，要向此网段所有主机广播，所以主机 5 也侦听到，但不接收。

一旦传输完毕，相应的链路也随之被拆除。整个数据帧交换过程，如图 3-37 所示。

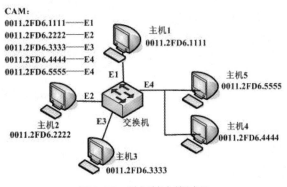

图 3-37　数据帧交换过程

3. 帧交换技术

目前应用最广的交换技术是以太网帧交换技术，它通过对传输介质进行分段，提供并行传送机制，减小冲突域，获得高带宽。常用的帧交换方式有以下两种。

（1）直通交换方式

当交换机在输入端口检测到一个数据帧时，检查该数据帧的帧头，读出帧的前14个字节（7个字节的前导码、1个字节的帧首码、6个字节的目标MAC地址），得到目标MAC地址后，查找交换地址表，得到对应的目标端口，打开源端口与目标端口之间的数据通道，开始将后续数据帧传输到目标端口上。

直通交换方式的优点如下。

● 由于不需要存储，延迟非常小、交换速度快。

直通交换方式的缺点如下。

● 不支持不同速率的端口交换。

● 缺乏帧的控制、差错校验，数据的可靠性不足。

（2）存储转发方式

存储转发方式是计算机网络领域应用最为广泛的方式。交换机先从输入端口接收到完整的数据帧（串行接收），把数据帧存储起来（并行存储），再把整个帧保存在该端口的高速缓存中，进行一次数据校验。若数据帧错误，则丢弃此帧，要求重发；若数据帧正确，取出目标MAC地址，查找交换地址表，得到对应的目标端口，打开源端口与目标端口之间的数据通道，将存储的数据帧传输到目标端口的高速缓存上，再"由并到串"输出到目标计算机中，进行第二次数据校验。

存储转发方式的优点如下。

● 支持不同速度端口间的转换，保持高速端口和低速端口间协同工作。

● 交换机对接收到的数据帧进行错误检测，保证了数据的可靠性，在线路传输差错率大的环境下，能提高传输效率。

存储转发方式的缺点是：数据帧处理的时延大，要经过由串到并、校验、由并到串的过程。

（四）交换机的应用

交换机是一个灵活的网络设备，一般用于构造星形网络拓扑结构，如图3-38所示，也可用于树形、环形等各种类型拓扑结构。

为增加端口数量，扩大用户使用数，在局域网环境中常常将多台交换机集中起来管理。常用的方式就是交换机的级联和堆叠。级联能使多台跨距离的交换机之间形成互连；堆叠能将在同一机柜内的多台交换机互连而形成同一个管理单元。

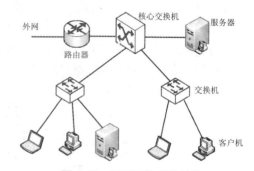

图 3-38　星形网络拓扑结构

1. 交换机级联

级联是将两台或两台以上的交换机通过一定的拓扑结构进行连接。多台交换机可以形成总线形、树形或星形的级联结构。

交换机之间级联的层数有一定限制，就是任意两站点之间的距离不能超过传输介质的最大跨度。在 10Base-T、100Base-TX、1 000Base-T 以太网中,级联线可达到 100 m。为确保交换机之间中继链路具有足够的带宽,级联时可采用全双工技术和端口汇聚技术。

● 全双工技术可以使级联交换机相应端口的吞吐量和中继距离增加。

● 端口汇聚技术可以提供更高的带宽、更好的冗余度以及实现负载均衡。

级联能够方便地扩充端口数量、快速延伸网络直径。

(1)双绞线端口的级联

级联既可使用普通端口也可使用特殊端口(Uplink 端口)。当两个普通端口级联时使用交叉双绞线;当普通端口与特殊端口级联时使用直通双绞线。目前,有很多交换机的端口具有线序自适应能力,在端口上标注"Auto MDI/MDIX"表示其能够识别直通线和交叉线,自动在两种工作模式之间进行切换,保证网络的正常连通,如图 3-39 所示。

(2)光纤端口的级联

光纤端口的级联主要用于骨干交换机之间、核心交换机与骨干交换机之间的连接,光纤端口没有堆叠能力,只能级联,如图 3-40 所示。

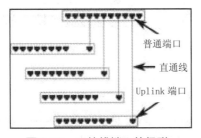

图 3-39 双绞线端口的级联

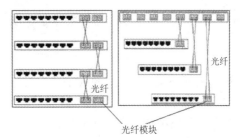

图 3-40 光纤端口的级联

所有交换机的光纤端口都是两个,分别用于接收和发送,因此,必须对应两根光纤芯线,否则,端口之间将无法进行通信。当交换机通过光纤端口级联时,必须将光纤线两端的收发对调,当一端交换机连接"接收"端时,另一端交换机必须连接"发送"端。如果光纤线的两端均连接"接收"或"发送"端,则该端口的 LED 指示灯不亮,表明连接失败。当光纤端口连接正确时,LED 指示灯才转为绿色。

说明:在光纤线进行端口的级联时,要与光纤模块配套,如光纤端口为 1 000Base—SX 标准时,必须使用多模光纤,而多模光纤还有 62.5/125 μm 和 50/125 μm 两种类型,光纤类型也必须相同。

2. 交换机堆叠

堆叠技术是目前用于扩展交换机端口最常用的技术。具有堆叠端口的多台交换机堆叠之后,相当于一台大型模块化交换机,可作为一个对象进行管理,所有堆叠的交换机处于同一层次,其中有一台管理交换机,只需赋予其一个 IP 地址,就可通过该 IP 地址进行管理,从而大大减少了管理的强度和难度,节约了管理成本。堆叠的带宽是交换机端口速率的几十倍,使堆叠后多台交换机之间的带宽可达到吉比特以上。

堆叠需要专用的堆叠线和堆叠模块,必须使用同一品牌的交换机,不同品牌的交换机支持堆叠的层数不同。

由于堆叠技术是一种非标准化技术,一台交换机能否支持堆叠,取决于其品牌、型号等,各个厂商之间的产品不支持混合堆叠,堆叠模式也由各厂商自行制定。

目前，流行的堆叠模式有菊花链模式和星形模式两种。

（1）菊花链模式

所谓菊花链模式就是将交换机一个个地串接起来，每台交换机都只与相邻的交换机进行连接，如图 3-41 所示。菊花链式堆叠类似于级联，通过高速端口的串接和软件的支持实现一个多交换机的堆叠结构。

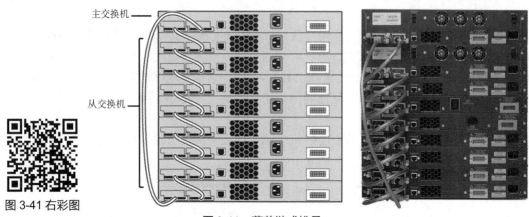

主交换机

从交换机

图 3-41 右彩图

图 3-41　菊花链式堆叠

菊花链式堆叠对交换机硬件没有特殊要求，相邻的串接形成一个环路（头尾相连），虽在一定程度上实现了链路冗余，但环路也产生了广播风暴，需消除环路所带来的广播风暴。在正常情况下，环路中的某个"从交换机"到达"主交换机"，只能通过一个高速端口进行（单向，即数据只能通过一个方向发往主交换机），需要通过所有上游交换机进行交换。

菊花链式堆叠提供了扩展端口的集中化管理，堆叠层数一般不超过 4 层，要求所有的堆叠组成员交换机摆放的位置相近（一般在同一个机柜内）。它并没有提高多交换机之间的数据转发效率，需要硬件提供更多的高速端口，同时通过软件实现上行链路的冗余。

（2）星形堆叠模式

星形堆叠技术是一种高级堆叠技术，需要一个独立的、集成的高速核心交换机作为堆叠中心。其他所有堆叠交换机都通过专用高速堆叠端口或通用高速端口直接连到堆叠中心，堆叠中心有一个高可靠、高性能的专用 ASIC 芯片（交换矩阵芯片，其交换容量为 10 GB ~ 32 GB），堆叠电缆带宽为 2 GB ~ 2.5 GB（双向），电缆长度一般不超过 2 m，如图 3-42 所示。

星形堆叠模式的优点如下。

● 与菊花链式堆叠相比，它可以显著地提高堆叠成员之间数据的转发速率。

● 一组交换机在网络管理中可以作为单一的节点出现，从而提供统一的管理模式。

星形堆叠模式的缺点如下。

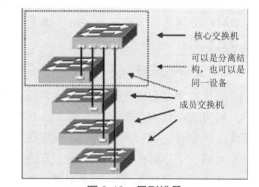

核心交换机

可以是分离结构，也可以是同一设备

成员交换机

图 3-42　星形堆叠

● 堆叠中心的成本较高且通用性差，不同厂商生产的堆叠中心或成员交换机的堆叠端口必须与本厂商的网络设备相连。

● 受专用总线技术的限制，所有交换机之间的连接距离都较近。

目前，市场上的交换机有可堆叠型和非堆叠型两大类。堆叠交换机中，又有虚拟堆叠交换机和真正堆叠交换机之分。虚拟堆叠实际就是交换机之间的级联。交换机并不是通过专用堆叠模块和堆叠电缆，而是通过快速以太网端口或吉比特以太网端口进行堆叠，实际上是一种变相的级联。这种方式易于实现，成本较低，堆叠端口可以作为普通端口来使用，方便了实际应用，大大延伸了堆叠的范围，使得堆叠不再局限于一个机柜内。堆叠后的多台交换机也可以作为一个逻辑设备来进行管理。

3. 级联和堆叠之间的差异

堆叠可以看作是级联的一种特殊形式，两者有如下不同之处。

- 级联的交换机之间可以相距很远（在传输介质允许范围之内），如一组计算机离交换机较远，超过了双绞线传输的最长允许距离 100 m，则可在线路中间增加一台交换机，使这组计算机与此交换机相连。而一个堆叠单元内的多台交换机之间的距离必须很近（几米范围之内）。
- 级联一般采用普通端口，而堆叠一般采用专用的堆叠模块（专用端口）和堆叠线缆。
- 一般来说，不同厂家和不同型号的交换机可以互相级联，而堆叠则必须在可堆叠的同类型交换机（至少应该是同一厂家的交换机）之间进行。
- 级联是交换机之间的简单连接，级联线的传输速率将是网络的瓶颈。例如，两个百兆比特交换机通过一根双绞线级联，则它们的级联带宽是百兆比特。这样不同交换机之间的计算机要通信，都只能共享这百兆的带宽。堆叠使用专用的堆叠线缆，提供高于 1 GB 的背板带宽，堆叠的交换机的端口之间通信时，基本不会受到带宽的限制。当然，目前也有一些级联新技术产生，如链路聚合等，也能成倍地增加级联的带宽。
- 级联的各设备在逻辑上是独立的，如果要管理这些设备，必须依次连接到每个设备才行。堆叠则是将各设备作为一台交换机来管理，如两个 24 口交换机堆叠起来的效果就像是一个 48 口的交换机。
- 级联一般都要占用网络端口，而堆叠采用专用堆叠模块和堆叠总线，不占用网络端口。
- 级联的层数理论上没有限制，但实际上受线缆的跨距限制，而堆叠则由厂家的设备和型号决定最大堆叠个数。

任务四　了解路由器

路由器是网络中进行网间互连的关键设备，工作在 OSI 模型的第 3 层（网络层），主要作用是寻找 Internet 之间的最佳路径，如图 3-43 所示。

路由器具有路由转发、防火墙和隔离广播的作用，路由器不会转发广播帧，路由器上的每个接口属于一个广播域，不同的接口属于不同的广播域和不同的冲突域。

图 3-43　路由器

- 冲突域：如果两个工作站同时在网络线路上发送数据，就会产生冲突。因此，在此网络范围内同一时间最多只能有一个工作站发送数据，表明属于同一冲突域。
- 广播域：当一台主机向外发送广播数据包时，若网络中所有主机都要接收该广播数据包，并检查广播数据包的内容，称网络上的这些主机共同构成了一个广播域。

（一）路由器的功能与分类

路由器能够真正实现网络（子网）间互连，多协议路由器不仅可以实现不同类型局域网间的互连，而且可以实现局域网与广域网的互连及广域网间的互连。

1. 路由器的主要功能

路由器的主要功能包括网络互连、网络隔离、网络管理等，如图 3-44 所示。

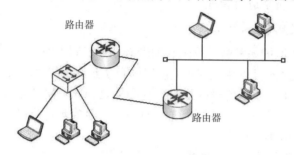

图 3-44　网络互连

（1）网络互连

● 地址映射：实现网络地址（IP 地址）与子网物理地址（以太网地址）之间的映射。

● 数据转换：由于经过路由器互连的不同网络，其最大传输单元（MTU）不同，因此，路由器需要解决数据单元分段和重组问题。

● 路由选择：在路由器互连的各个网络间传输信息时，需要进行路由选择。每个路由器保持一个独立的路由表，路由选择协议不同，路由表项不同，选择最佳路由的规则也不同。通常对每个可能到达的目的网络，该表都给出应该送往下一个路由器的地址及到达目的主机的距离。路由表可以是静态的也可以是动态的，而且可以根据需要增删路由表项。由于各种网络拓扑结构可能发生变化，因此路由表必须及时更新，路由选择协议将定时更新时间。网络中的每个路由器按照路由协议规则动态地更新它所保持的路由表，以便保持有效的路由信息。

● 协议转换：多协议路由器可以连接不同通信协议的网络段，因此，还必须完成不同的网络层协议之间的转换（例如 IP 与 IPX 之间的转换）。

（2）网络隔离

路由器不仅可以根据局域网的地址和协议类型，而且可以根据网络号、主机的网络地址、子网掩码、数据类型［如高层协议是文件传输（FTP）、远程登录（Telnet）还是电子邮件（Mail）］来监控、拦截和过滤信息。因此，路由器具有更强的网络隔离能力。这种隔离功能不仅可以避免广播风暴，提高整个网络的性能，更主要的是有利于提高网络的安全保密性。因为路由器连接的网络是彼此独立的子网，所以，路由器可以用于将一个大网分割为若干独立子网，以便进行管理和维护。

路由器可以抑制广播报文。当路由器接收到一个寻址报文时（如 ARP），由于该报文目的地址是广播地址，路由器不会将其向全部网络广播，而是将自己的 MAC 地址发送给源主机，使之将发送报文的目标 MAC 地址直接填写为路由器该端口的 MAC 地址。这样就会有效地抑制广播报文在网络上的不必要传播。

另一方面，在路由器上可以应用防火墙技术，实现安全管理工作。

（3）网络管理

路由器有很强的流量控制能力，可以采用优化的路由算法来均衡网络负载，从而有效地控制拥塞，避免因拥塞引起网络性能下降。

路由器还能通过身份认证、加密传输、分组过滤等手段，对路由器自身及所连网络提供安全保障，对进出网络的信息进行安全控制，同时还具有安全管理功能，包括安全审计、追踪、告警和密钥管理等。

2．路由器的分类

（1）按性能档次，可以划分为高、中、低档路由器，如图 3-45 所示。

通常，将背板交换能力大于 40 Gbit/s 的路由器称为高档路由器，背板交换能力在 25 ~ 40 Gbit/s 之间的路由器称为中档路由器，低于 25 Gbit/s 的是低档路由器，还有一类家用路由器。当然这只是一种宏观上的划分标准，实际上，路由器档次的划分有一个综合指标，而不仅仅以背板带宽为依据。

（a）高档路由器　　　　　　　　　（b）中档路由器

（c）低档路由器　　　　　　　　　（d）家用路由器

图 3-45　各档次的路由器

（2）按结构划分，路由器可分为模块化结构与非模块化结构。模块化结构可以灵活地配置路由器，以适应企业不断增加的业务需求；非模块化结构只能提供固定的端口。通常中高端路由器采用模块化结构，低端路由器采用非模块化结构。图 3-46 所示为模块化结构路由器。

图 3-46　模块化结构路由器

图 3-46 彩图

（3）按功能划分，可将路由器分为核心层（骨干级）路由器、分发层（企业级）路由器和访问层（接入级）路由器。

（4）按应用划分，路由器可分为通用路由器与专用路由器。一般所说的路由器都是通用路由器。专用路由器通常为实现某种特定功能而对路由器的接口或硬件等进行专门优化。例如，VPN 路由器用于为远程 VPN 访问用户提供路由，它需要在隧道处理及硬件加密等方面具备特定的能力；宽带接入路由器则强调接口带宽及种类。

（5）按所处网络位置划分，则通常把路由器划分为边界路由器和中间节点路由器两类。边界路由器处于网络边缘，用于不同网络路由器的连接；而中间节点路由器则处于网络中间，用于连接不同的网络，起到一个数据转发的桥梁作用。由于各自所处的网络位置有所不同，其主要性能也就有相应的侧重。如中间节点路由器因为要面对各种各样的网络，所以，如何识别这些网络中的各个节点是个重要问题，这就要靠中间节点路由器的 MAC 地址记忆功能。基于上述原因，选择中间节点路由器时就需要更加注重 MAC 地址记忆功能，也就是要选择缓存更大，MAC 地址记忆能力较强的路由器。而边界路由器由于可能要同时接收来自许多不同网络路由器发来的数据，所以就要求边界路由器的背板带宽要足够宽，当然，这也要由其所处的网络环境而定。

（二）路由器的工作原理

路由器用于连接多个逻辑上分开的网络，所谓逻辑网络是代表一个单独的网络或子网。路由器上有多个端口，用于连接多个 IP 子网。每个端口对应一个 IP 地址，并与所连接的 IP 子网属同一个网络。各子网中的主机通过自己的网络把数据送到所连接的路由器上，再由路由器根据路由表选择到达目标子网所对应的端口，将数据转发到此端口所对应的子网上。

【任务要求】

举例说明路由器的工作原理。

路由器 R1、R2、R3 连接 "10.1.0.0" "10.2.0.0" "10.3.0.0" 和 "10.4.0.0" 4 个子网，路由器的各端口配置、主机 A、主机 B 的配置及网络拓扑结构如图 3-47 所示。

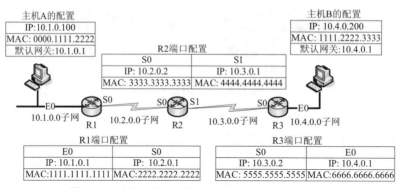

图 3-47　主机、路由器接口的 IP 地址和 MAC 地址

根据路由协议，路由器 R1、R2、R3 的路由表如图 3-48 所示。

图 3-48　路由器 R1、R2、R3 的路由表

【操作步骤】

当 "10.1.0.0" 网络中的主机 A 向 "10.4.0.0" 网络中的主机 B 发送数据时各路由器的工

作情况如下。

（1）主机 A 在应用层向主机 B 发出数据流，数据流在主机 A 的传输层上被分成各个数据段，这些数据段从传输层向下进入到网络层。

（2）在网络层，主机 A 将数据段封装为数据包，将源 IP 地址"10.1.0.100"（主机 A 的 IP 地址）和目的 IP 地址"10.4.0.200"（主机 B 的 IP 地址）都封装在 IP 包头内。主机 A 将数据包下传到数据链路层上进行帧的封装。封装形成数据帧，其帧头中源 MAC 地址为"0000.1111.2222"（主机 A 的物理地址），目的 MAC 地址为"1111.1111.1111"（默认网关路由器 R1 的 E0 接口的物理地址）。将数据帧下传到物理层，通过线缆送到路由器 R1 上。

（3）数据帧到达路由器 R1 的 E0 接口后，校验并拆封，取出其中的数据包，路由器 R1 根据数据包头的目的 IP 地址"10.4.0.200"，查找自己的路由表（见图 3-48），得知子网"10.4.0.0"要经过路由器 R1 的 S0 接口，再跳过两个路由器才能到达目标网络，从而得到转发该数据包的路径。路由器 R1 对数据包进行封装形成数据帧，其帧头中源 MAC 地址为"2222.2222.2222"（路由器 R1 的 S0 接口的物理地址），目的 MAC 地址为"3333.3333.3333"（默认网关路由器 R2 的 S0 接口的物理地址）。将数据帧从路由器 R1 的 S0 接口发出去。

（4）在路由器 R2 和路由器 R3 中的处理与路由器 R1 相同。路由器 R3 接到从自己的 S0 接口得到的数据帧后，校验并拆封，取出其中的数据包，路由器 R3 根据数据包头的目的 IP 地址"10.4.0.200"，查找自己的路由表（见图 3-48），得知子网"10.4.0.0"就在自己直接相连的 E0 接口上。路由器 R3 对数据包进行封装形成数据帧，其帧头中源 MAC 地址为"6666.6666.6666"（路由器 R3 的 E0 接口的物理地址），目的 MAC 地址为"1111.2222.3333"（主机 B 的 MAC 地址），这个地址是路由器 R3 发出一个 ARP 解析广播，查找主机 B 的 MAC 地址后，保存在缓存中的。

（5）主机 B 收到数据帧后，首先核对帧中 MAC 地址是否为自己的 MAC 地址，并进行数据帧的校验和拆封，得到数据包交网络层处理。网络层拆卸 IP 包头，将数据段向上传给传输层处理。在传输层按顺序将数据段重新组成数据流。

（三）网络地址转换

路由器既可使两个局域网互连，也可将局域网连接到 Internet。路由器在局域网的网络互连中主要使用其网络地址转换（NAT）功能。这个功能适用于以下场合。

（1）将局域网连接到 Internet 或其他外网，以解决日益短缺的 IP 地址问题

每个单位能申请到的 Internet IP 地址非常有限，而单位内部上网的计算机数目却越来越多，可利用路由器的网络地址转换功能，完成内网与外网的交互。在网络内部，可根据需要随意定义 IP 地址，而不需要经过申请，各计算机之间通过内部的 IP 地址进行通信。当内部的计算机要与 Internet 进行通信时，具有 NAT 功能的路由器，负责将其内部的 IP 地址转换为合法的 IP 地址（即经过申请的 Internet IP 地址）与外部进行通信。

（2）隐藏内部网络结构

当某单位不想让外部用户了解自己的内部网络结构时，可以通过 NAT 将内部网络与 Internet 隔开，使外部用户不知道通过 NAT 设置的内部 IP 地址。如外部用户要访问内网的邮件服务器或网站时，NAT 可将其访问定向到某个设备上。

说明：NAT 也具有一定的局限。首先，它违反了 IP 地址结构模型"为每个 IP 地址均标识了一个网络连接"的设计原则；其次，NAT 使得 IP 从面向无连接变成了面向连接，必须维护专用 IP 地址与公用 IP 地址以及端口号的映射关系，从而使网络变得非常脆弱。

任务五　　了解其他网络设备

除了上面这些主要网络设备外，还有其他一些网络设备也可能在局域网组建中用到，如中继器、光纤收发器等，下面进行简单介绍。

（一）中继器

由于存在损耗，在线路上传输的信号功率会逐渐衰减，衰减到一定程度时，将造成信号失真，因此，会导致接收错误，中继器就是为解决这一问题而设计的。中继器（repeater，RP）是连接网络线路的一种装置，常用于两个网络节点之间物理信号的双向转发工作。它是最简单的一种网络互连设备，主要完成物理层的功能，负责在两个节点的物理层上按位传递信息，完成信号的复制、调整和放大功能，以此来延长网络的长度。

如图 3-49 所示，中继器扩展了网络的范围，使一个网段内能够连接更多的计算机。集线器就是一种多端口的中继器。

由于在信号复制和放大的同时也放大了噪声，因此要限制网络中中继器的个数，超过这个限制，就难保证正确地接收信号。例如，在 10 Mbit/s 总线形以太网中，5—4—3 规则指的是网络中可划分 5 个网段，可用 4 个中继器连接，最多只有 3 个网段允许连接计算机或其他设备，其他 2 个网段只是延长网络传输距离。在 100 Mbit/s 以太网中，最多可用 2 个中继器。中继器能延长网络传输距离，但由于时间的延迟，中继器不能用于连接远程网络。

通常中继器的两端连接的是相同的介质（此时的效率最高），按介质的不同有光纤、双绞线、同轴电缆等不同类型的中继器。图 3-50 所示为一款光纤中继器，主要实现光信号在光纤与光纤介质之间的透明传输，延长光信号的传输距离。

图 3-49　中继器连接示意图　　　　　　　图 3-50　光纤中继器

不同厂家的光纤中继器（分单模或多模）所能延长的传输距离各不相同。单模中继器一般为 20 km ~ 200 km，多模中继器一般为 2 km ~ 25 km，理论上光纤中继器的个数不受到限制，但在实际应用中最多使用一个光纤中继器。

中继器所连接的网络在同一冲突域和同一广播域内。

（二）光纤收发器

光纤收发器是一种将短距离的双绞线电信号和长距离的光信号进行互换的以太网传输介质转换单元，在很多地方也被称之为光电转换器。产品一般应用在以太网电缆无法覆盖，必须使用光纤来延长传输距离的实际网络环境；或某建筑内只有少量用户，不值得为交换机配备光纤模块的情况。光纤收发器简单小巧、品种齐全、价格低廉，远比交换机的光纤模块便宜，如图 3-51 所示。

图 3-51　光纤收发器

光纤收发器在数据传输上打破了以太网电缆的距离局

限性，依靠高性能的交换芯片和大容量的缓存，在真正实现无阻塞传输交换性能的同时，还提供了平衡流量、隔离冲突和检测差错等功能，保证数据传输时的高安全性和稳定性。因此，在很长一段时间内光纤收发器产品仍将是实际网络组建中不可缺少的一部分，今后的光纤收发器会朝着高智能、高稳定性、可网管、低成本的方向发展。

项目实训　校园网网络设备

对于某校园网的设备选型，考虑到学院教学评估、办学规模、应用需要和扩充发展等因素，应遵循以下原则。

- 网络设备性能应当满足当前及今后 5～6 年校园网络的应用需要，合理运用资金选择设备。
- 网络设备选型应采用技术成熟度高、性价比高、运行安全可靠、服务网络完善的主流品牌。

目前，主流交换机品牌有思科（Cisco）、华三（H3C）、锐捷、华为等，品种齐全，各有所长。选购设备，不能够单纯求高求新，而应当根据应用需求、建设经费等实际情况来具体分析，以够用为度。在确定了基本的设备选型原则和技术方案后，应采用招投标的方式进行采购，这样不仅能够博采众长、优化方案，还能够有效降低采购费用。

以前面讨论的校园网建设方案为例，可以考虑采用表 3-1 所示的方案。

表 3-1　校园网网络设备

类　型	型　号	数　量	说　明
核心交换机	H3C S9508	1	布置于网络中心
汇聚层交换机	H3C 5500	3	布置于用户数据流量比较大的节点
接入层交换机	H3C E126	30	布置于办公楼、教学楼等处
	H3C E152	30	具有较多端口，布置于用户较多的楼层或实验室
路由器	Cisco 2600	1	连接 Internet
光纤收发器		3	连接用户较少的办公楼、试验室等
网卡	RealTek　RTL8139		根据需要购买，很多计算机有集成网卡

下面介绍一下各网络设备的基本模块和性能指标。

1．H3C S9508 路由交换机

H3C S9500 系列交换机是面向以业务为核心的企业网络架构而推出的新一代核心路由交换机。

H3C S9508 具有 10 个模块插槽，可以为用户组建高性能、高安全、可视化、易管理的校园网核心层和汇聚层。具备大容量线速交换能力，通过线速的 10 吉比特/吉比特端口连接汇聚层设

图 3-52 彩图

图 3-52　H3C S9508 路由交换机

备，为整个园区网提供线速的交换核心；支持内置的防火墙模块，可以根据校园网内不同业务的安全需求实施不同的安全策略；支持对网络流量日志的统计分析功能，配合 XLOG 日志分析系统，使用户对网络中的业务流量分布一清二楚；支持对 P2P 业务的封杀和流量限制，确保正常业务的带宽不受 P2P 业务影响。其设备如图 3-52 所示。

模块化交换机的机箱、电源、业务模块等部件是需要单独选购的，用户可以根据实际情况来选择。本方案中，为 H3C S9508 路由交换机选择的部件如表 3-2 所示。

表 3-2　H3C S9508 路由交换机部件

部 件 编 号	项 目 描 述	说　　明
LS—9508—N—H3	H3C S9508 路由交换机主机	裸机，带 1 个交流电源模块
LSBM1SRP1N5	H3C S9508 路由交换处理板	实现内部路由功能
LSBM3POWERH	交流电源模块—2 000 W	实现电源冗余备份
LSBM1GV48DB1	24 端口吉比特以太网电接口业务板（DB）—（PoE，RJ45）	用于连接服务器等
LSBM1GP12DB1	12 端口吉比特以太网光接口业务板（DB）—（SFP，LC）	连接服务器、交换机等
LSBM1XP4TDB1	4 端口 10 吉比特以太网光接口业务板（DB）—（XFP，LC）	连接 10 吉比特链路上的汇聚层交换机
XFP—SX—MM850	光模块—XFP—10 G—多模模块—（850 nm，300 m，LC）	10 吉比特光纤模块，安放在 10 吉比特以太网光接口业务板
XFP—LX—SM1310	光模块—XFP—10G—单模模块—（1310 nm，10 km，LC）	10 吉比特光纤模块，安放在 10 吉比特以太网光接口业务板
SFP—GE—SX—MM850—A	光模块—SFP—GE—多模模块—（850 nm，0.55 km，LC）	吉比特光纤模块，安放在吉比特以太网光接口业务板

2. H3C 5500 汇聚层交换机

增强型 10 吉比特以太网交换机，具备业界盒式交换机最先进的硬件处理能力和最丰富的业务特性。支持最多 4 个 10 吉比特扩展接口，可以满足用户今后 5 年的带宽需求；支持IPv4/IPv6 硬件双栈及线速转发，使客户能够从容应对即将到来的 IPv6 时代；除此以外，其出色的安全性、可靠性和多业务支持能力，使其成为大型企业网络和校园网的核心层、汇聚层，以及城域网边缘设备的第一选择。

本方案中，为 H3C 5500 汇聚层交换机选择的部件如表 3-3 所示。

表 3-3　H3C 5500 汇聚交换机部件

部 件 编 号	项 目 描 述	说　　明
LS—5500—28F—EI—AC	以太网交换机主机（24SFP+8GE Combo）	带有 24 个 SFP 吉比特端口，8 个复用的 10/100/1000Base—T 以太网端口（Combo），两个扩展槽位
LSPM1XP1P	1 端口 10 吉比特以太网 XFP 光接口模块	10 吉比特以太网光接口业务板

续表

部 件 编 号	项 目 描 述	说　明
SFP—GE—SX—MM850—A	光模块—SFP—GE—多模模块—（850 nm，0.55 km，LC）	吉比特光纤模块，安放在 SFP 吉比特端口
XFP—LX—SM1310	光模块—XFP—10G—单模模块—（1310 nm，10 km，LC）	10 吉比特光纤模块，安放在 10 吉比特以太网光接口业务板

3. H3C E126A/E152 接入层交换机

　　H3C E126A/E152 教育网交换机是 H3C 公司为满足教育行业构建高安全、高智能网络需求而专门设计的新一代以太网交换机产品，在满足校园网高性能、高密度接入的基础上，提供更全面的安全接入策略和更强的网络管理，是理想的校园网接入层交换机。

　　本方案中，为 H3C E126A/E152 选择的部件如表 3-4 所示。

表 3-4　H3C E126A/E152 交换机部件

部 件 编 号	项 目 描 述	说　明
LS—E152—H3	主机，48 个 10/100Base—T，4 个吉比特 SFP	48 个 10/100Base—TX 以太网端口，4 个 1 000Base—X SFP 吉比特以太网端口
LS—E126A—H3	主机，24 个 10/100Base—T，2 个吉比特 SFP	24 个 10/100Base—TX 以太网端口，两个 10/100/1 000Base—T 以太网端口和两个复用的 1 000Base—X SFP 吉比特以太网端口
SFP—GE—SX—MM850—A	光模块—SFP—GE—多模模块—（850 nm，0.55 km，LC）	吉比特光纤模块，安放在 SFP 吉比特端口

4. Cisco 2600 路由器

　　Cisco 系统有限公司的 Cisco 2600 模块化访问路由器系列，可使用 Cisco 1600 和 Cisco 3600 系列的接口模块，提供了高效率、低成本的解决方案，满足了当今远程分支机构的需求，同时可支持以下应用。

● 多业务语音/数据集成。

● 办公室拨号服务。

● 企业外部网/VPN 访问。

图 3-53　Cisco 2600 系列路由器

　　Cisco 2600 系列具有 1～2 个以太局域网接口、两个 Cisco 广域网接口卡插槽、一个 Cisco 网络模块插槽以及一个新型高级集成模块（AIM）插槽，设备如图 3-53 所示。

思考与练习

一、填空题

　　1. 网卡又叫_____，也叫网络适配器，主要用于服务器与网络连接，是计算机和传输介质的接口。

　　2. 网卡通常可以按_____、_____和_____方式分类。

3. 双绞线可分为_____和_____。

4. 根据光纤传输点模数的不同，光纤主要分为_____和_____两种类型。

5. 双绞线是由_____对_____芯线组成的。

6. 集线器在 OSI 参考模型中属于_____设备，而交换机是_____设备。

7. MAC 地址也称_____，是内置在网卡中的一组代码，由_____个十六进制数组成，总长_____bit。

8. 交换机上的每个端口属于一个_____域，不同的端口属于不同的冲突域，交换机上所有的端口属于同一个_____域。

9. 路由器上的每个接口属于一个_____域，不同的接口属于_____的广播域和_____的冲突域。

10. 在对流层视线距离范围内利用无线电波进行传输的通信方式称为_____。

二、选择题

1. 下列不属于网卡接口类型的是（　　　　）。
   A. RJ45　　　　　B. BNC　　　　　C. AUI　　　　　D. PCI

2. 下列不属于传输介质的是（　　　　）。
   A. 双绞线　　　　B. 光纤　　　　　C. 声波　　　　　D. 电磁波

3. 下列属于交换机优于集线器的选项是（　　　　）。
   A. 端口数量多　　B. 体积大　　　　C. 灵敏度高　　　D. 交换传输

4. 当两个不同类型的网络彼此相连时，必须使用的设备是（　　　　）。
   A. 交换机　　　　B. 路由器　　　　C. 收发器　　　　D. 中继器

5. 下列（　　　　）不是路由器的主要功能。
   A. 网络互连　　　B. 隔离广播风暴　　C. 均衡网络负载　　D. 增大网络流量

三、判断题

1. 路由器和交换机都可以实现不同类型局域网间的互连。（　　　　）

2. 卫星通信是微波通信的特殊形式。（　　　　）

3. 同轴电缆是目前局域网的主要传输介质。（　　　　）

4. 局域网内不能使用光纤作传输介质。（　　　　）

5. 交换机可以代替集线器使用。（　　　　）

6. 红外信号每一次反射都要衰减，但能够穿透墙壁和一些其他固体。（　　　　）

7. 在交换机中，如果数据帧的目的 MAC 地址是单播地址，但这个 MAC 地址并不在交换机的地址表中，则向所有端口（除源端口）转发。（　　　　）

四、简答题

1. 简述光纤和光缆的基本结构。

2. 简述网卡 MAC 地址的含义和功用。

3. 分析说明交换机的帧交换技术。

4. 试比较交换机级联和堆叠之间的差异。

5. 简要说明路由器的工作原理。

6. 什么是网络地址转换？在网络互连中有什么作用？

项目四　局域网综合布线

局域网布线施工和网线的制作，是局域网组建工作中的基础工程。综合布线系统适应了社会发展的需求，是一个通用语音和数据传输的电信布线标准，可支持多设备、多用户的环境，能够为服务于商业的电信设备和布线产品的设计提供方向；能够对商用建筑中的结构化布线进行规划和安装，使之能够满足用户的多种电信需求；能够为各种类型的线缆、连接件以及布线系统的设计和安装建立性能和技术标准。

本项目主要通过以下几个任务完成。

- 任务一　了解综合布线系统
- 任务二　认识常用布线材料与工具
- 任务三　网络布线工程的施工
- 任务四　综合布线工程的验收

学习目标

- 了解综合布线系统的特点与设计流程
- 认识网线工具
- 掌握双绞线、信息插座的制作方法
- 了解综合布线 6 个子系统的工程实施
- 了解综合布线工程的标准与验收

任务一　了解综合布线系统

综合布线系统（Premises Distribution System，PDS）是建筑物与建筑群综合布线系统的简称，是一种模块化的、灵活性极高的建筑物内或建筑群之间的信息传输通道。它由不同系列和规格的部件组成，其中包括传输介质、相关连接硬件（如配线架、连接器、插座、插头、适配器等）以及电气保护设备等。这些部件可用来构建各种子系统，它们都有各自的具体用途，不仅易于实施，而且能随需求的变化而平稳升级。

整个建筑的综合布线系统是将各种不同组成部分构成一个有机的整体，而不是像传统的布线那样自成体系，互不相干，很难互通。综合布线系统是开放式结构，可划分成 6 个子系统，即工作区子系统、水平（干线）子系统、垂直（干线）子系统、设备间子系统、管理间子系统和建筑群子系统。其结构如图 4-1 所示。

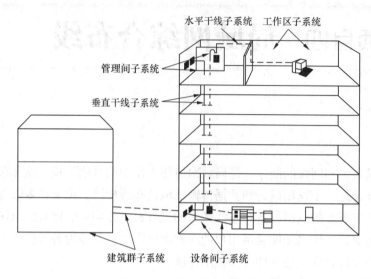

水平干线子系统　工作区子系统

管理间子系统

垂直干线子系统

建筑群子系统　设备间子系统

图 4-1　综合布线系统结构

（一）综合布线的一般特点

综合布线是对传统布线技术的进一步发展，与传统布线相比有着明显的优势，具体表现在以下几个方面。

（1）开放性。综合布线系统由于采用开放式体系结构，符合各种国际上主流的标准，对所有符合通信标准的计算机设备和网络交换设备均是开放的。也就是说，结构化布线系统的应用与所用设备的厂商无关，而且对所有通信协议也是开放的。

（2）灵活性。综合布线系统由于采用相同的传输介质，因此所有信息通道都是通用的。信息通道可支持电话、传真、用户终端、ATM 网络工作站、以太网网络工作站及令牌环网网络工作站，物理上为星形拓扑结构。因此，所有设备的开通、增加或更改无须改变布线系统，只需变动相应的网络设备以及必要的跳线管理即可。

（3）可靠性。综合布线系统采用高品质材料和组合压接技术构成一个高标准的信息通道。星形拓扑结构实现了点到点端接，任何一条线路产生故障均不会影响其他线路的运行。

（4）先进性。通信技术和信息产业的飞速发展，对建筑物综合布线系统提出了更高的要求。建筑物综合布线系统采用光纤与双绞线混合布线，并且符合国际通信标准，形成了一套完整的、合理的结构化布线系统。

（5）兼容性。兼容性是指其设备或程序可以用于多种系统的性能。综合布线系统采用通用的线缆和接口，能够为各种应用提供连通支持，有效保证各系统的兼容运行。

（二）系统设计的基本流程

设计一个合理的综合布线系统一般包含 7 个主要步骤：① 分析用户需求；② 获取建筑物平面图；③ 进行可行性论证；④ 系统结构设计；⑤ 布线路由设计；⑥ 绘制综合布线施工图；⑦ 编制综合布线用料清单。

综合布线系统的设计过程如图 4-2 所示。

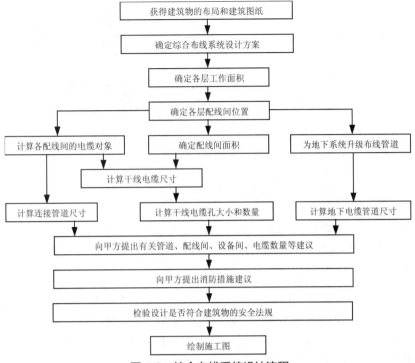

图 4-2　综合布线系统设计流程

任务二　认识常用布线材料与工具

网络布线中要采用多种工具来施工，如网线工具、光纤工具、布线工具等。其中最常用的也是最简单的工具就是网线工具。

（一）网线的制作工具

双绞线是最常用的网络线缆。制作双绞线线缆的材料和工具包括 RJ45 接头、剥线钳、双绞线专用压线钳等。

1．RJ45 接头

RJ45 接头又称为水晶头，具有金属针脚和塑料卡簧，外表晶莹透亮。双绞线的两端必须都安装 RJ45 接头，以便插在网卡、集线器或交换机的 RJ45 端口上。图 4-3 所示为 RJ45 接头的正反面，图 4-4 所示为一端做好网线的 RJ45 接头，图 4-5 所示为 RJ45 接头的护套。

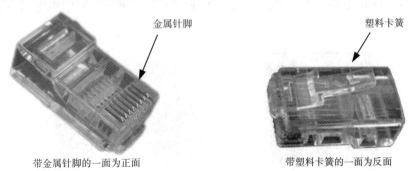

图 4-3　RJ45 接头

图 4-4　做好网线的 RJ45 接头　　　　图 4-5　RJ45 接头的护套

2．压线钳

在双绞线制作中，最基本的工具就是压线钳，如图 4-6 所示。它具有剪线、剥线和压线 3 种用途。

在购买压线钳时一定要注意选对种类，因为压线钳针对不同的线材会有不同的规格，一定要选用双绞线专用的压线钳才可用来制作双绞以太网线。

3．打线钳

信息插座与模块是嵌套在一起的，埋在墙中的网线通过信息模块与外部网线进行连接，墙内部的网线与信息模块的连接，则通过把网线的 8 条芯线按规定卡入信息模块的对应线槽中实现。芯线的卡入需用一种专用的卡线工具，称为打线钳，如图 4-7 所示。它能够将芯线卡入到信息模块的金属线槽，同时将外侧多余的芯线切断。

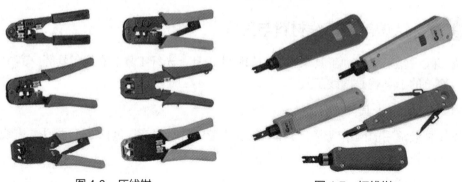

图 4-6　压线钳　　　　　　　　　　图 4-7　打线钳

4．电缆测试仪

电缆测试仪（见图 4-8）能够对双绞线或同轴电缆进行测试和进行故障诊断，包括对电缆故障点定位，测试电缆长度、环路损耗、传输时延等。每一根网线做好以后，均必须通过测试。

图 4-8　电缆测试仪

（二）实训：制作双绞线

制作双绞线是局域网组建最基础和最重要的设置之一。由于目前局域网大部分都使用双绞线作为传输介质。因此，双绞线制作得好坏，对网络的传输速率和稳定性等具有很大的影响。

1. 双绞线的线序

1985 年初，计算机工业协会（CCIA）提出了对大楼布线系统标准化的倡议，美国电子工业协会（EIA）和美国电信工业协会（TIA）开始标准化制定工作。1991 年 7 月，ANSI/EIA/TIA 568 标准（以下简称 EIA/TIA568 标准）即《商业大楼电信布线标准》问世。1995 年年底，EIA/TIA 568 标准正式更新为 EIA/TIA 568A。EIA/TIA 的布线标准中规定的两种双绞线的线序 568A 与 568B，如表 4-1 所示。

表 4-1　568A 与 568B 线序

双绞线线序	1	2	3	4	5	6	7	8
568A	绿白	绿	橙白	蓝	蓝白	橙	棕白	棕
568B	橙白	橙	绿白	蓝	蓝白	绿	棕白	棕

在整个网络布线中应使用同一种线序方式。实际应用中，大多数布线都使用 568B 的标准，通常认为该标准对电磁干扰的屏蔽更好。

说明：对 568B 的线序，有一个简单的口诀便于记忆：橙蓝绿棕，白为先锋；三五交换，外皮压线。

根据网线两端连接网络设备的不同，双绞线又分为直通（Straight-through）、交叉（Cross-over）和全反（Rolled）3 种线序方式，如表 4-2 所示。

表 4-2　双绞线的线序方式

线序方式	连接方式	应用场合
直通线（平行线）	568A-568A 568B-568B	一般用来连接两个不同类型的设备或端口，如计算机—集线器、计算机—交换机、集线器—集线器（UP Link 端口）、路由器—交换机、路由器—集线器、交换机—交换机（UP Link 端口）
交叉线	568A-568B	一般用来连接两个性质相同的设备或端口，如计算机—计算机、路由器—路由器、计算机—路由器、集线器—集线器、交换机—交换机
全反线	一端的顺序是 1～8，另一端的顺序则是 8～1	主要用于主机的串口和路由器（或交换机）的 Console 端口连接的 Console 线。不用于以太网的连接

说明：10 Mbit/s 网线只需要使用双绞线的两对线收发数据，即 1（橙白）、2（橙）、3（绿白）、6（绿），其中 1、2 用于发送，3、6 用于接收；4、5，7、8 是双向线。而 100 Mbit/s 和 1000 Mbit/s 网线需要使用 4 对线，即 8 根芯线全部用于传递数据。

2. RJ45 接头中 8 根针脚的编号

RJ45 接头包含了 8 根针脚，针脚的编号也是有标准的。从插头的正面观察，将针脚向上，此时最左边的针脚编号为 1，最右边的针脚编号为 8，如图 4-9 所示。双绞线的 1~8 号芯线就应当与 RJ45 接头的 1~8 号针脚对应连接。

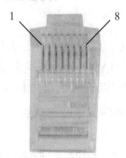

图 4-9　RJ45 接头中 8 根针脚的编号

说明：双绞线的各芯线在电气指标上是有区别的。因此，若双绞线两端没有按照标准线序排列，即使做好线后用测线仪测试通过，其传输速率也会大大降低。

【任务要求】

在了解了双绞线的线序以及 RJ45 接头的针脚后，下面来制作一条网线。

【操作步骤】

（1）准备好五类线、RJ45 接头和一把专用的压线钳。

（2）将 RJ45 接头的护套穿入双绞线。

（3）用压线钳的剥线刀口将五类线的外保护套管划开（注意不要将里面的双绞线的绝缘层划破），刀口距五类线的端头至少间距 2 cm。

（4）将划开的外保护套管剥去（旋转、向外抽），露出五类线电缆中的 4 对双绞线，如图 4-10 所示。

（5）按照 EIA/TIA 568B 标准，将 8 根芯线平坦整齐地平行排列，导线间不留空隙，如图 4-11 所示。

图 4-11 彩图

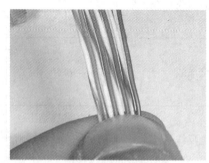

图 4-10　剥线

图 4-11　排线

（6）将上步操作的双绞线小心插入压线钳刀口中，用压线钳的剪线刀口将 8 根导线整齐地截断，如图 4-12 所示。

图 4-12　截线

（7）使 RJ45 接头正面面向操作者，缓缓地用力把 8 条线缆同时沿 RJ45 接头内的 8 个线槽插入，一直插到线槽的顶端，电缆线的外保护层最后应能够在 RJ45 接头内的凹陷处被压实，反复进行调整直到插入牢固，如图 4-13 所示。

（8）将 RJ45 接头放入压线钳的压头槽内，如图 4-14 所示。

图 4-13 彩图

图 4-13　装线

图 4-14 彩图

图 4-14　将 RJ45 接头放入压线钳

（9）紧握压线钳的手柄，用力压紧，如图 4-15 所示。在这一步骤完成后，插头的 8 个针脚接触点就穿过导线的绝缘外层，分别和 8 根导线紧紧地压接在一起。

（10）制作好的双绞线 RJ45 接头如图 4-16 所示。

（11）按照同样的方法，制作双绞线的另一个 RJ45 接头。完成后的整根网线如图 4-17 所示。

（12）制作好网线后，可以借助网线测试仪来进行测试。把网线的两个 RJ45 接头分别插入测试仪的两个端口，打开测试仪开关，如图 4-18 所示。

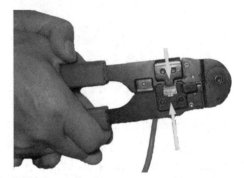

图 4-15　压紧

图 4-16　制作好的双绞线 RJ45 接头　　　图 4-17　完整的网线　　　　图 4-18　测试网线

- 若线缆为直通线缆，则测试仪上的 8 个指示灯应该依次闪烁绿灯。
- 若线缆为交叉线缆，其中一侧同样是依次闪烁，而另一侧则会按 3、6、1、4、5、2、7、8 这样的顺序闪烁。
- 如果出现红灯或黄灯闪烁的现象，说明存在接触不良等问题，此时，最好先用压线钳压制两端水晶头一次，再测，如果故障依旧存在，就需要检查芯线的排列顺序是否正确。如果芯线排列顺序错误，则应重新进行制作。

说明：绞线接头处未缠绞部分长度不得超过 13 mm；基本链路的物理长度不超过 94 m（包括测试仪表的测试电缆）；双绞线电缆的物理长度不超过 90 m（理论值为 100 m）。

（三）实训：制作信息插座

网络的布线其实和电线布线的方法有些相同，都是装在地板或墙壁中，经过 PVC 管在墙壁或地板某处伸出，然后使用信息插座来实现与终端用户的连接。

信息插座属于一个中间连接器，可以安装在墙面或桌面上，如图 4-19 所示。当房间中的计算机设备要连接网络时，只需使用一条直通网线插入信息插座即可。信息插座有单口、多口等类型，使用起来灵活方便、整洁美观。

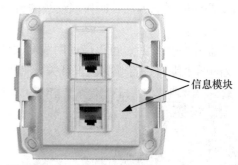

信息模块

图 4-19　信息插座

与信息插座配套的是信息模块。信息模块安装在信息插座中，通过它把从交换机引出的网线与工作站端的网线（已安装好水晶头）相连。一般信息模块中都会用色标标注 8 个卡线槽所对应芯线的颜色，如图 4-20 所示。

说明：通常情况下，信息模块上会同时标记有 TIA 568A 和 TIA 568B 两种芯线颜色线序，应当根据布线设计时的规定，与其他连接设备采用相同的线序。

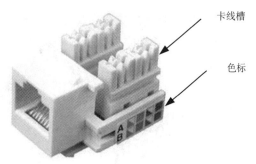

图 4-20　信息模块

【任务要求】

在了解了信息插座的基本特点后，下面来具体制作一个信息插座。

【操作步骤】

（1）首先要准备好相应的材料，如图 4-21 所示。

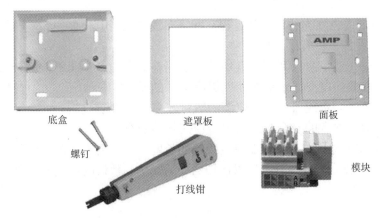

底盒　　　　　遮罩板　　　　　面板

螺钉

打线钳　　　模块

图 4-21　制作信息插座的材料

（2）先通过综合布线把网线固定在墙面线槽中，将制作模块一端的网线从底盒的穿线孔中引出。

（3）在引出端用剥线工具剥除一段 4 cm 左右的网线外皮。

（4）将网线中各芯线拨开，按照信息模块上所指示的芯线颜色线序，两手平拉将芯线拉直，稍稍用力将芯线——置入相应的卡线槽内，如图 4-22 所示。

（5）用打线钳把芯线压入卡线槽中，压入时用力均匀，以确保接触良好，如图 4-23 所示。压紧的同时将多余的线头切除。注意，打线钳刀头上的切线口应放在外侧。

图 4-22 彩图

图 4-22　将芯线置入相应的卡线槽内　　　图 4-23　用打线钳把芯线压入卡线槽中

（6）将信息模块的塑料防尘片沿缺口穿入双绞线，并固定于信息模块上，如图 4-24 所示。

（7）把制作好的信息模块安装到面板的卡口中，如图 4-25 所示。至此，信息插座制作完成。

图 4-24 彩图

图 4-24　盖上防尘片

图 4-25　把信息模块安装到面板上

任务三　网络布线工程的施工

网络布线施工是落实布线设计的过程。网络布线施工与电、暖、水、气等管线的施工区别很大，网络布线施工具有以下特征。

● 所有的电缆从信息口到信息点均是一条完整的电缆，中间不能有分支。

● 每条电缆的长度要尽量缩短，以提高信号的质量。

● 某些部位（如集线器）连接电缆的数量较多，要处置得当。

● 要考虑线路本身的安全和线路中传输信号的安全。

网络布线施工的原则是严格控制每段线路的长度，不能突破线缆的极限长度；注意与供电、供水、供暖、排水的管线分离，以保护网线的安全；敷设的位置要安全、隐蔽、美观，便于使用和维修。

（一）工作区子系统

工作区子系统又称为服务区子系统（Work Area Subsystem），它是由 RJ45 跳线与信息插座所连接的设备（终端或工作站）组成的。其中，信息插座有墙上型、地面型、桌上型等多种。工作区子系统结构如图 4-26 所示。

工作区子系统设计和施工时要注意如下要点。

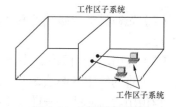

图 4-26　工作区子系统

● 从信息插座到设备之间的连线用双绞线，距离一般不要超过 5m。

● 信息插座必须安装在墙壁上或不易碰到的地方，插座距离地面 30cm 以上，如图 4-27 所示。

● 充分利用现有空间，同时网线和计算机应尽量远离空调、风扇等电器设备，以免对传输信息造成电磁干扰。交换机更要远离强磁场设备，如微波炉。

● 电力线不能离网线太近，以避免对网线产生干扰，相对位置保持 20cm 左右即可，如图 4-28 所示。否则，网线数据传输误码率会很高，而误码率达到或超过 40%后网络基本就瘫痪了。

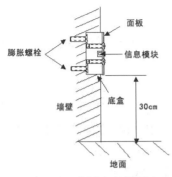

图 4-27　插座与地面距离

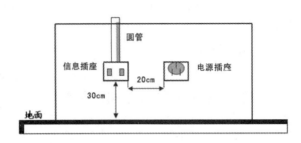

图 4-28　信息插座与电源插座保持距离

工作区子系统的布线方案一般有埋入式、高架地板式、护壁板式和线槽式 4 种。

1. 埋入式布线

埋入式布线一般又分为两种方式，一种是埋入墙壁内，另一种是埋入地板垫层中，如图 4-29 和图 4-30 所示。埋入式布线方案比较适合于新建筑物小房间的布线。

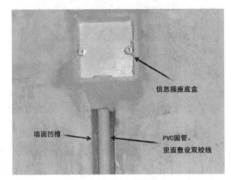

图 4-29　埋入墙壁中

图 4-30　埋入地板垫层中

2. 高架地板式布线

如果需要布线的场所采用高架地板（如防静电地板），可以采用高架地板布线方式。这种方式在高架地板下走线，如图 4-31 所示。

此布线方式适用于面积较大并且信息点数量较多的场合。该方式施工简单、易于管理、布

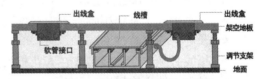

图 4-31　防静电地板下的布线槽

线美观。计算机机房或者网络中心大都采用这种布线方式，如图 4-32 和图 4-33 所示。

图 4-32　计算机机房的布线

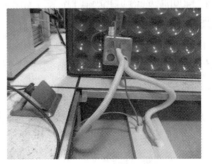

图 4-33　线槽与插座

图 4-33 彩图

87

3．护壁板式布线

护壁板被大量用于旧建筑物的网络布线。该方式通常使用墙面式信息插座，因此，适用于信息点较少的场合，如图 4-34 所示。

4．线槽式布线

线槽式布线是最简单也最常用的布线方式。这种方式在房间的墙壁上安装线槽，当水平布线沿线槽从楼道进入房间时，可以直接连接至房间内的线槽中，也可以再沿管槽连接至墙面上的信息插座，如图 4-35 所示。

图 4-34　护壁板和信息插座

图 4-35　墙面线槽

（二）水平干线子系统

水平干线子系统（Horizontal Subsystem）也称为水平子系统。水平干线子系统是整个布线系统的一部分，它是从工作区的信息插座开始到管理间子系统的配线架结束，一般为星形结构。它与垂直干线子系统的区别在于，水平干线子系统总是在一个楼层上，仅与信息插座和管理间连接。在综合布线系统中，水平干线子系统由 4 对非屏蔽双绞线组成，能支持大多数现代化通信设备。如果要避免磁场干扰或信息需保密时可用屏蔽双绞线，在高宽带应用时，也可以采用光缆。水平干线子系统结构如图 4-36 所示。

水平干线子系统设计时要注意以下要点。

- 水平干线子系统用线一般为双绞线。
- 长度一般不超过 90m。
- 用线必须走墙面线槽或在天花板吊顶内布线，尽量不走地面线槽。
- 确定介质布线方法和线缆的走向。
- 确定距管理间距离最近的端口位置。
- 确定距服务接线间距离最远的端口位置。
- 计算水平区所需线缆长度。

下面将介绍几种常用的水平干线子系统布线方案。

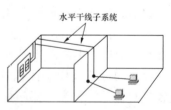

图 4-36　水平干线子系统

1．天花板（或吊顶内）布线

在天花板（或吊顶内）利用悬吊支撑物来安装槽道或桥架，线缆直接敷设在槽道中，线缆布置整齐有序，有利于施工和维护检修，也便于今后扩建或调整线路，如图 4-37 和图 4-38 所示。

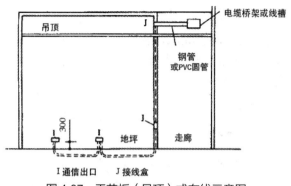

图 4-37　天花板（吊顶）式布线示意图

图 4-38　水平布线桥架

若线缆较少、重量较轻，也可以不装设槽道，直接利用天花板或吊顶内的支撑柱（如丁形钩、吊索等）来支撑和固定线缆。

2. 走廊槽式桥架布线

对于一座既没有天花板吊顶又没有预埋管道的建筑物，在水平布线中通常采用走廊槽式桥架布线方式，将线槽用吊杆或托臂架设在走廊的上方，如图 4-39 所示。

一些老式建筑既没有天花板吊顶也没有预埋管槽，经常采用这种方式进行水平布线。

3. 墙面线槽方式布线

图 4-39　走廊槽式布线

对于没有天花板吊顶的建筑物，当需要布放的线缆较多时，走廊中使用槽式桥架布线，进入房间后（工作区）采用墙面线槽布线；当需要布放的线缆较少时，在走廊和房间内全部采用墙面线槽布线方式，这种方式主要用于房间内布线。该方式设计施工方便，最大的缺点是线槽沿墙壁敷设在表面，影响建筑物美观，如图 4-40 所示。

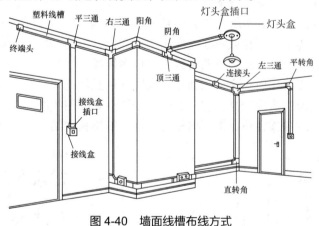

图 4-40　墙面线槽布线方式

墙面敷设线槽一般有沿墙顶部敷设和沿踢脚线（墙底部）敷设两种方式。采用沿顶部敷设时，布线比较麻烦，但线槽不易被人为损坏；采用底部敷设时，布线比较容易，但线槽容易被人为损坏。

（三）垂直干线子系统

垂直干线子系统也称为骨干子系统（Riser Backbone Subsystem），它是整个建筑物综合布线系统的中枢，用于把公共系统设备互连起来，并连接各楼层的水平子系统。它一端通常端接于设备机房的主配线架上，另一端通常端接在楼层接线间的各个管理分配线架上。垂直干线子系统结构如图 4-41 所示。

垂直干线子系统设计时要注意如下要点。

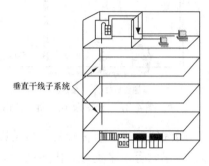

图 4-41　垂直干线子系统

- 垂直干线子系统一般选用光缆，以提高传输速率。
- 光缆可选用多模光纤（室外远距离的），也可以选用单模光纤（室内）。
- 垂直干线电缆的拐弯处不要直角拐弯，应有相当的弧度，以防电缆受损。
- 垂直干线电缆要防止遭到破坏，如埋在路面下，就要防止挖路、修路对电缆造成危害；如架设在空中，就要防止雷击。

主干线缆布线路由的选择主要依据建筑的结构以及建筑物内预埋的管道而定。目前垂直干线布线路由主要采用线缆孔和线缆井两种方法。

1. 线缆孔法

干线通道中所用的线缆孔是很短的管道，通常是用一根或数根直径为 10 cm 的金属管组成。它们嵌在混凝土地板中（这是浇注混凝土地板时嵌入的），比地板表面高出 2.5 cm～5 cm。也可以直接在地板中预留一个大小适当的孔洞。线缆往往捆在钢绳上，而钢绳固定在墙上已铆好的金属条上。当楼层配线间上下都对齐时，一般可采用线缆孔法进行布线，如图 4-42 所示。

2. 线缆井法

线缆井法常用于干线通道，线缆井是指在每层楼板上开出一些方孔，使线缆可以穿过这些线缆并从某层楼伸到相邻的楼层，如图 4-43 所示。线缆井的大小依所用线缆的数量而定。与线缆孔法一样，线缆也是捆在或箍在支撑用的钢绳上，钢绳靠墙上金属条或地板三角架固定住。离线缆井很近的墙上立式金属架可以支撑很多线缆。线缆井的选择性非常灵活，可以让粗细不同的各种线缆以任何组合方式通过。线缆井法虽然比线缆孔法灵活，但在原有建筑物中开线缆井安装线缆的造价较高，它还有另一个缺点是使用线缆井很难防火。另外，如果在安装过程中没有采取措施去防止损坏楼板支撑件，则楼板的结构完整性将受到破坏。

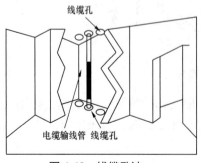

图 4-42　线缆孔法

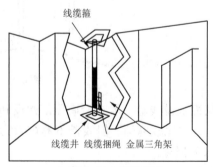

图 4-43　线缆井法

（四）管理间子系统

管理间子系统（Administration Subsystem）又称为配线间子系统，由线缆、配线架、信息插座架和相关跳线组成。管理间为连接其他子系统提供连接手段，交叉互连的线缆允许用户将通信线路定位或重新定位到建筑物的不同部分，以便能更容易地管理通信线路。管理间子系统结构如图 4-44 所示。

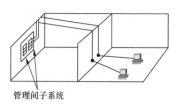

图 4-44　管理间子系统

1. 管理间子系统设计时要注意的要点

- 配线架的配线对数由管理的信息点数决定。
- 利用配线架的跳线功能，可使布线系统更加灵活、功能更强。
- 配线架一般由光纤配线盒和双绞线配线架组成。
- 管理间子系统应有足够的空间放置配线架和网络设备（如集线器和交换机等）。
- 有集线器和交换机的地方要配有专用稳压电源。
- 管理间要保持一定的温度和湿度，保养好设备。

2. 管理间常用硬件

（1）机柜

机柜一般用来存放配线架和计算机等网络设备，可分为服务器机柜和网络机柜，如图 4-45 所示。一般情况下，服务器机柜的深度大于等于 800 mm，而网络机柜的深度小于等于 800 mm。

图 4-45　网络机柜

（2）配线架

配线架是实现网络干线和水平布线区域交叉连接的枢纽，通常安装在机柜上。通过配置不同的附件，配线架可以满足双绞线、光纤的接续需要。在网络工程中常用的配线架有双绞线配线架和光纤配线架两种。图 4-46 和图 4-47 所示为常见的两种配线设备。

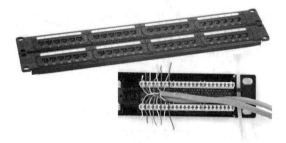

图 4-46　48 口双绞线配线架

图 4-46 彩图

图 4-47　机架式光纤盒

（3）理线架

理线架常用在交换机和配线架之间，其作用是将跳线整理得更规整，且将跳线隐蔽在理线架内。理线架按材质分为金属和塑料两种。图 4-48 所示为一种金属理线架。

图 4-48　金属理线架

图 4-49 所示为配线架与理线架的具体应用。

机柜

交换机

理线架

配线架

图 4-49　配线架和理线架的具体应用

（4）跳线

跳线是用于将配线架的端口连接起来的网线，一般包括双绞线跳线和光纤跳线，其中双绞线跳线就是前面讲过的直通线。

光纤跳线用来实现光纤链路的接续。单模光纤跳线一般用黄色表示；多模光纤跳线一般用橙色表示，也有的用灰色表示。根据应用的不同，跳线一般有 3 种接头，如图 4-50 所示。这些接头可以组合成不同的光纤跳线，如图 4-51 所示。

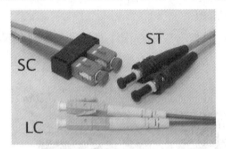

图 4-50　各种类型的跳线接头

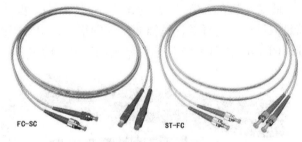

图 4-51　光纤跳线

光纤在使用中不要过度弯曲和盘绕，这样会增加光在传输过程的衰减。光纤跳线使用后一定要用保护套将光纤接头保护起来，因为灰尘和油污会损害光纤的耦合。

【任务要求】

根据上面的讲解，演练对机柜线缆的捆扎与端接。

【操作步骤】

（1）进入机柜的线缆，应先采用塑料捆扎带将线缆固定在机柜两侧，然后引至各个配线架，如图 4-52 所示。

（2）以 24 口网络配线架为例，每 12 根线缆作为一股捆扎在一起，并连接至配线架背面的 12 个信息模块。两侧共 24 根线缆，连接配线架的 24 个模块，如图 4-53 所示。

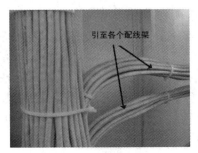

图 4-52　引至配线架

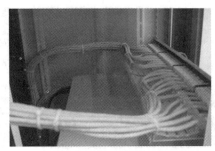

图 4-53　捆扎、端接

（3）线缆需要用配线架实现端接。配线架采用可拆卸模块设计，安装简单方便，使安装效率和成功率得到很大的提高。配线架安装完毕，需要上网的端口用跳线跳接至交换机，并使用理线架规整跳线，如图 4-54 所示。

（4）光纤配线架一般布置在交换机下层。光缆进入机柜后，拆剥为一根根分离的光纤，接续到配线架的适配器上，与适配器另一侧的光连接器实现光路对接，如图 4-55 所示。

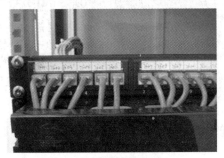

图 4-54　配线架和跳线

图 4-55　光纤配线架

说明：光纤接续的方法有熔接、活动连接和机械连接 3 种。在工程中大都采用熔接法。采用这种方法接续的光纤接点的损耗小、反射损耗大、可靠性高。

（5）光纤的接续是一项较为复杂的技术工作，需要使用专业设备来实现。图 4-56 所示为光纤配线架中光纤的盘绕和熔接示意图。

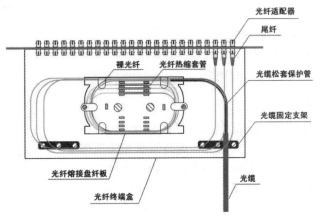

图 4-56　光纤的盘绕和熔接示意图

（6）在安装完毕，要对配线架、跳线、机柜等都进行合理、清晰的标识，以便维护和管理，如图4-57和图4-58所示。

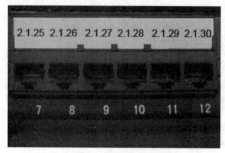

图4-58 彩图

图4-57 配线架的标识　　　　　图4-58 跳线的标识

（7）线缆经过了捆扎整理，安装了配线架、理线架和线扎的机柜，看起来非常整洁美观，如图4-59所示。

图4-59 左彩图

机柜正面视图

机柜背面视图

图4-59 右彩图

图4-59 规范化的机柜

（五）建筑群子系统

建筑群子系统也称校园子系统（Campus Backbone Subsystem），它是将一个建筑物中的电缆延伸到另一个建筑物的通信设备和装置，通常由光缆和相应设备组成。它支持楼宇之间通信所需的硬件，其中包括电缆、光缆以及防止电缆上的脉冲电压进入建筑物的电气保护装置。建筑群子系统如图4-60所示。

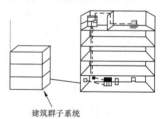

建筑群子系统

图4-60 建筑群子系统

在建筑群子系统中，会遇到室外敷设电缆的问题。常用的解决方法有架空法、直埋法、地下管道法或者是这3种方法的任意组合，具体情况应根据现场的环境来决定。

（六）设备间子系统

设备间子系统也称为设备子系统（Equipment Room Subsystem）。设备间子系统由跳线电缆、连接器和相关支撑硬件组成，用于中央主配线架与各种不同设备（如网络设备和监控设备等）之间的连接。设备间子系统结构如图4-61所示。

设备间是集中安装网络设备、通信设备和主配线架，并进

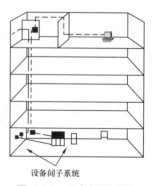

设备间子系统

图4-61 设备间子系统

行网络管理和布线维护的场所，通常位于建筑物的中间位置。设备间子系统设计时要注意如下要点。

- 设备间要有足够的空间以保障设备的存放。
- 设备间要有良好的工作环境（如温度、湿度、照明、噪声、电磁干扰等）。
- 设备间的建设标准应按机房建设标准设计。

任务四　综合布线工程的验收

验收是整个工程中最后的部分，同时也标志着工程的全面完工。对工程的验收，应当采用分段验收与竣工总验收相结合的方式。

1. 工程验收标准及依据

- 568EIA/TIAB 商用建筑电信布线标准及 EN50173 ISO/IEC11801 等国外综合布线标准。
- 甲方签字确认的施工图纸、技术文件、施工规范及测试规范。
- 国内通行的综合布线标准。

2. 竣工资料

施工单位（乙方）完成工程施工督导和安装测试后，书面通知建设单位（甲方）并提供原测试方案、具体测试事项和工程达到的技术标准。

施工单位应向建设单位提供符合技术规范的结构化综合布线技术档案材料，具体如下。

- 综合布线系统配置图。
- 光纤端接架上光纤分配表。
- 光纤测试报告。
- 铜缆系统测试报告。
- 竣工图。

3. 竣工技术文件编制

工程竣工后，施工单位应在工程验收前将工程竣工技术资料交给建设单位。

综合布线系统工程的竣工技术资料应包括以下内容。

- 安装工程量。
- 工程说明。
- 设备、器材明细表。
- 竣工图纸。
- 测试记录。
- 工程变更、检查记录、洽商记录。
- 随工验收记录。
- 隐蔽工程（埋入地面、墙面的线缆）的标记与说明。
- 工程决算。

竣工技术文件要保证质量，做到外观整洁、内容齐全、数据准确。

4. 布线工程的检验内容

综合布线系统工程应按表 4-3 中所列的项目和内容进行检验。

表4-3　验收项目及内容

阶　　段	验 收 项 目	验 收 内 容	验 收 方 式
一、施工前检查	1. 环境要求	（1）土地施工情况：地面、墙面、门等 （2）土建工艺：机房面积、预留空洞 （3）施工电源 （4）地板铺设	施工前检查
	2. 器材检验	（1）外观检查 （2）型号、规格、数量 （3）电缆电气性能测试 （4）光纤特性测试	施工前检查
	3. 安全、防火要求	（1）消防器材 （2）危险物的堆放	
二、设施安装	1. 配线间、设备间、机柜、机架	（1）规格、外观 （2）安装垂直度、水平度 （3）油漆不得脱落 （4）各种螺丝必须紧固 （5）抗震加固措施 （6）接地措施	随工检验
	2. 配线部件及信息插座	（1）规格、位置、质量 （2）各种螺丝必须紧固 （3）标志齐全 （4）安装符合工艺要求 （5）屏蔽层可靠连接	
三、电、光缆布放（楼内）	1. 电缆桥架及线槽布放	（1）安装位置正确 （2）安装符合工艺要求 （3）符合布放缆线工艺要求 （4）接地	随工检验
	2. 缆线暗敷（包括暗管、线槽、地板等方式）	（1）缆线规格、路由、位置 （2）符合布放缆线工艺要求 （3）接地	隐蔽工程签证
四、电、光缆布放（楼间）	1. 架空缆线	（1）吊线规格、架设位置、装设规格 （2）吊线垂度 （3）缆线规格 （4）卡、挂间隔 （5）缆线的引入符合工艺要求	随工检验

续表

阶　段	验 收 项 目	验 收 内 容	验 收 方 式
四、电、光缆布放（楼间）	2. 管道缆线	（1）使用管孔孔位 （2）缆线规格 （3）缆线走向 （4）缆线防护设施的设置质量	隐蔽工程签证
	3. 埋式缆线	（1）缆线规格 （2）敷设位置、深度 （3）缆线防护设施的设置质量 （4）回土夯实质量	
	4. 隧道缆线	（1）缆线规格 （2）安装位置、路由 （3）土建设计符合工艺要求	
五、缆线终结	1. 信息插座	符合工艺要求	随工检验
	2. 配线部位	符合工艺要求	
	3. 光纤插座	符合工艺要求	
	4. 各类跳线	符合工艺要求	
六、系统测试	1. 工程电气性能测试	（1）连接图 （2）长度 （3）衰减 （4）近端串音 （5）设计中特殊规定的测试内容	竣工检验
	2. 光纤特性测试	（1）衰减 （2）长度	
七、工程总验收	1. 竣工技术文件	清点、交接技术文件	竣工检验
	2. 工程验收评价	考核工程质量，确认验收结果	

项目实训　校园网综合布线设计

　　根据网络设计分析，校园网应采用星形网络拓扑结构。校园网络中心的核心交换机为整个网络的中心点，教学楼、办公楼等处通过接入交换机直接连接到网络中心的核心交换机，家属区、学生宿舍区、计算中心等处通过接入交换机连到汇聚层交换机，再连接到核心交换机。校园网网络拓扑结构如图 4-62 所示。

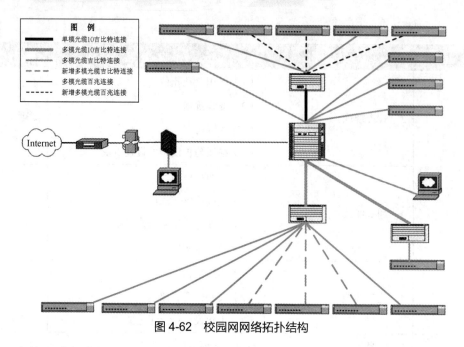

图 4-62　校园网网络拓扑结构

下面来简要分析该校园网的综合布线设计。

1．设计依据

（1）本综合布线工程设计遵循的标准或规范（略）。

（2）本工程设计参照的网络标准（略）。

（3）本工程设计依据的资料。

- 《某学院建筑平面示意图》。
- 《某学院网络拓扑结构图》。

2．设计目标

本方案符合最新国际标准 ISO/IEC 11801 和 ANSI EIA/TIA 568A 标准，充分保证计算机网络高速、可靠的信息传输要求。除去固定于建筑物内的线缆外，其余所有的接插件都应是模块化的标准件，以方便将来网络扩容时较容易地将设备扩展进去。

本工程设计方案具有如下特点。

- 标准化：本设计综合了楼内所需的所有语音、数据、图像等设备的信息传输，并将多种设备终端插头插入标准的信息插座或配线架上。
- 兼容性：本设计对不同厂家的语音、数据设备均可兼容，且使用相同的电缆与配线架，相同的插头和模块插座。因此，无论布线系统多么复杂、庞大，均不需要与各供应商间进行协调，也不再需要为不同的设备准备不同的配线零件以及复杂的线路标志与管理线路图。
- 模块化：本设计的综合布线采用模块化设计，布线系统中除固定于建筑物内的水平线缆外，其余所有的接插件都是积木标准件，易于扩充及重新配置。因此，当系统扩展而需要增加配线时，不会因此而影响到整体布线系统。本设计为所有语音、数据和图像设备提供了一套实用、灵活、可扩展的模块化介质通路。
- 先进性：本设计将采用目前最先进的超五类器件构筑楼内的高速数据通信通道，能将当前和未来相当一段时间的语音、数据、网络、互连设备以及监控设备很方便地扩展进去，其带宽高达 150Mbit/s 以上，是真正面向未来的超五类系统。

3. 本工程设计方案系统产品选型及产品特点

（1）产品选型

本设计方案中的网络布线系统选择某知名公司的超五类网络布线产品，其产品性能接近非屏蔽铜缆布线的极限。

（2）产品特点

该系统是一套结构化布线系统，它采用模块化设计，基于标准的星形网络拓扑结构，最易于配线系统扩展及重组。该系统的网络布线产品符合并超越 EIA/TIA 568A 及 ISO 11801 标准的要求，其产品具有如下特点。

- 符合超五类国际标准。
- 产品系列齐全。
- 施工及维护方便。
- 应用范围广。
- 开放性及兼容性好。

4. 综合布线总体方案设计

（1）工作区子系统的设计

学生宿舍一般通过桌面型交换机接入校园网，为了节省工程造价，每个宿舍只安装一个两口信息插座。信息点密集的房间可以选用两口或四口信息插座，如教学楼的多媒体教室、办公室、计算中心机房等，信息插座的数量要根据用户的需求而定。在确定工作区的信息插座数量时，还要考虑未来的发展，要预留一定的余量。例如，办公楼用户的计算机数量会不断增加，所以，建议每个办公室安装 2～4 个信息插座。

随着校园网的应用不断增加，对计算机网络性能的要求会越来越高，考虑到校园网中大多数信息点的接入速率要求达到 100 Mbit/s，建议校园网内所有信息插座均选用超五类信息模块。

为了方便用户接入网络，信息插座安装的位置应结合房间的布局及计算机安装位置而定，原则上与强电插座相距一定的距离，安装位置距地面 30 cm 以上高度，信息插座与计算机之间的距离不应超过 5 m。

（2）水平干线子系统的设计

该校园网布线系统的水平干线部分全部采用非屏蔽双绞线。如果随着环境的变化，校园建筑中存在电磁干扰很强的环境，也可以直接使用光缆，而不必采用安装施工较为复杂的屏蔽双绞线。考虑以后校园网的应用，建议整个校园网的楼内水平布线全部采用超五类非屏蔽双绞线。

因为该校实施布线的建筑物都没有预埋管线，所以建筑物内的水平干线部分全部采用明敷 PVC 管槽，并在槽内布设超五类非屏蔽双绞线缆的布线方案。原则上 PVC 管槽的敷设应与强电线路相距 30 cm。如果因特殊情况，PVC 管槽与强电线路相距很近时，可在 PVC 管槽内先敷设白铁皮，然后再安装线缆，从而达到较好的屏蔽效果。

（3）设备间子系统的设计

经实地考察发现，每幢学生宿舍都有两个楼道，而且在 2 层或 3 层楼道中都已设置了配电房，可以利用现有的配电房作为设备间。整个校园网的主设备间放置于电教楼三楼的网络中心。

由于学生宿舍信息点特别密集，每幢楼分别采用两个高密度交换机堆叠组实现网络接入，楼道的设备间必须放置多台交换机、配线架、理线架等设备。考虑设备的密集程度，学生宿舍的管理间必须采用 20 U 以上的落地机柜。由于该设备间与配电房共用，布设网线时，应注意与强电线路保持 30 cm 的距离。

教工家属区的信息点较分散且信息点较少，没有必要设立专门的设备间，可以在楼道内安装墙装机柜，机柜内只需容纳 1 台交换机和两个配线架即可。图书馆、实验大楼、教学楼的信息点不多，而且以后的信息点扩展的数量也不会太多，也没必要设立专门的设备间，可以在合适的楼层处安装墙装机柜。机柜内应配备足够数量的配线架和理线架设备。计算中心已组建了局域网并建好设备间，因此该楼不再考虑设备间的设计问题。

电教楼三楼的网络中心根据功能划分为两个区域，一半作为机房，另一半作为办公区域。网络中心机房采用铝合金框架支撑的玻璃墙进行隔断，全部铺设防静电地板，地板要进行良好的接地处理。机房内还安装了一个 10 kVA 的 UPS 电源，配备的 40 个电池可以满足 8 个小时的后备电源供电。为了保证机房内温度的控制，机房内配备了两台 5 kW 的柜式空调，空调具备来电自动开机功能。为了保证机房内设备的正常运行，所有设备的外壳及机柜均做好接地处理，以实现良好的电气保护。

为了配合水平干线子系统选用的超五类非屏蔽双绞线，每个设备间内都应配备超五类 24 口/1U 模块化数据配线架，配线架的数量要根据楼层信息点的数量而定。为了方便设备间内的线缆管理，设备间内应安装相应规格的机柜，机柜内的两个配线架之间还要安装理线架，以进行线缆的整理和固定。

为了便于光缆的连接，每幢楼内的设备间内应配备光缆接线箱或机架式配线架，以便端接由室外布设进入设备间的光缆；还应配备一定数量的光纤跳线，以端接交换机光纤模块和配线架上的耦合器。

（4）建筑物干线子系统的设计。

干线子系统一般采用大对数双绞线或室内光缆，将各楼层的配线架与设备间的主配线架连接起来。由于大多数建筑物都在 6 层以下，考虑到工程造价，决定采用 4 对非屏蔽双绞线作为主干线缆。对于楼层较高的学生宿舍，将采用双主干设计方案，两个主干通道分别连接两个设备间。

对于新建的学生宿舍及教学大楼，一般都预留了电缆井，可以直接在电缆井中敷设双绞线，为了支撑垂直主干线缆，在电缆井中固定了三角钢架，可将线缆绑扎在三角钢架上。对于旧的学生宿舍、办公楼、实验楼、图书馆，要开凿直径 20 cm 的电缆井并安装 PVC 管道，然后再布设垂直主干线缆。

（5）建筑群子系统的设计。

从校园建筑布局图可以看出，整个校园建筑比较分散，且相互距离较远，因此把校园划分为 3 个片区，每个区的光纤汇集到该区设备间，再从各区设备间敷设光纤到主配线终端。主配线终端位于电教楼的网络中心机房内。

根据校园建筑物的分布情况，只有网络中心机房与教工家属区设备间之间的跨距较远（超过 550 m），其他建筑物之间的跨距均不超过 500 m，因此除在网络中心机房与教工家属区之间布设 12 芯单模光缆外，其他建筑物之间的光缆均选用 6 芯 50 μm 多模光缆进行布线，其中

1 对线芯使用，留有两对线芯备用，以提高可靠性和扩展性。

由于该校原有的闭路电视线、电话线全部采用架空方式安装，而且目前建筑物之间没有现成的电缆沟，所以所有光纤均采用架空方式铺设。铺设光纤时，尽量沿着现有的闭路电视或电话线路的路由进行安装，这样既可保持校园内的环境美观，也可以加快工程进度。

表 4-4 所示为该校园网光纤布线系统材料清单。

表 4-4　光纤布线系统材料清单

序　号	产 品 名 称	数　量	单　位
1	6 芯多模室外光纤（50 μm）	4 500	米
2	多模 SC 头光纤耦合器	100	个
3	8 口 SC 头光纤配线箱	16	个
4	12 口 SC 头光纤配线箱	2	个
5	24 口 SC 头光纤配线箱	2	个
6	48 口 SC 头光纤配线箱	3	个
7	3 m 单模光纤 SC—SC 头跳线	120	根
8	10 m 多模光纤 SC—SC 头跳线	12	根

5．免费培训

在施工过程中，施工方将免费为用户培训综合布线系统的维护人员，目的是为了使客户在工程完工后，能简单、轻松地对本工程进行必要的维护和管理。

培训人数为 1 人或 2 人，培训内容为本工程综合布线的结构，所使用的主要器件的功能及用途，综合布线逻辑图介绍，综合布线平面布局图介绍，本布线工程文件档案介绍，布线系统的测试方法介绍。

6．组网费用

（1）设备材料费。根据 2009 年规定的标准价格进行报价（部分价格会随市场行情略有变动），详见综合布线系统工程设备费用清单。

（2）系统设计费。系统设计费按设备材料费的 5%收取，系统设计包括综合布线逻辑图及设备清单，布线路由图及各工作间信息出口位置图，管理子系统的配线架及电缆井桥架安装图，配线架信息插座的对照表等。

（3）工程施工费。工程施工费根据国家电信部门规定，按设备材料费的 15%收取。

思考与练习

一、填空题

1．综合布线系统是开放式结构，可划分成_____、_____、_____、_____、_____、_____6 个子系统。

2．综合布线是对传统布线技术的进一步发展，与传统布线相比有着明显的优势，具体表现在_____、_____、_____、_____等几个方面。

3．压线钳具有_____、_____和_____3 种用途。

4. EIA/TIA 的布线标准中规定了两种双绞线的线序_____与_____，其中最常使用的是_____。

5. 根据网线两端连接网络设备的不同，双绞线又分为_____、_____和_____ 3 种接头类型。

6. 计算机与计算机直接相连，应使用_____；交换机与交换机直接相连，应使用_____。

7. 在建筑群子系统中，室外敷设电缆一般有_____、_____和_____ 3 种方法。

8. 目前垂直干线布线路由主要采用_____和_____两种方法。

9. RJ45 接头又称为_____。

10. 测试双绞线线路状况的仪器叫作_____。

二、判断题

1. 网络布线施工中，电缆从信息口到信息点是一条完整的电缆，中间不能有分支。（　　　）

2. 光纤布线时由于不耗电，所以可以任意弯曲。（　　　）

3. 管线布线时管线内应尽量多塞入电缆，以充分利用管线内空间。（　　　）

4. 双绞线内各线芯的电气指标相同，可以互换使用。（　　　）

5. 双绞线的线芯总共有 4 对 8 芯，通常只用其中的两对。（　　　）

6. 制作信息模块时网线的卡入需要一种专用的卡线工具，称为剥线钳。（　　　）

7. 工作区子系统设计中，从 RJ45 插座到设备之间的连线一般不要超过 5 m。（　　　）

8. RJ45 插座必须安装在墙壁上或不易碰到的地方，插座距离地面 50 cm 以上。（　　　）

9. 水平干线子系统用线一般为双绞线，长度一般不超过 90 m。（　　　）

10. 网络设施安装情况的验收应采用竣工验收的方式进行。（　　　）

三、简答题

1. 简述布线系统设计的基本流程。

2. 简述布线工程的一般步骤。

3. 简述 EIA/TIA 568 标准规定的双绞线线芯顺序。

4. 详细描述 RJ45 双绞线接头的制作方法。

5. 在双绞线制作的第（9）步中并没有把每根芯线上的绝缘外皮剥掉，为什么这样仍然可以连通网络呢？

6. 简述吉比特以太网线和百兆比特以太网线的区别。

7. 简述工程验收的基本步骤和项目内容。

项目五　组建小型局域网

局域网按照其规模可以分为大型局域网、中型局域网和小型局域网 3 种。一般来说，大型局域网是区域较大，包括多个建筑物，结构、功能都比较复杂的网络，如校园网；小型局域网指占地空间小、规模小、建网经费少的计算机网络，常用于办公室、多媒体教室、游戏厅、网吧、家庭等；中型局域网介于两者之间，如涵盖一栋办公大楼的局域网。

计算机网络按其工作模式主要有客户机／服务器模式（Client/Server，C/S）和对等模式（Peer-to-Peer，P2P）两种。前者注重的是文件资源管理、系统资源安全等指标；而后者注重的是网络的共享和便捷。这两种模式在小型局域网中都得到了广泛应用。

本项目主要通过以下几个任务完成。

- 任务一　了解对等局域网
- 任务二　组建小型局域网
- 任务三　资源的共享与发布

学习目标

- 了解对等网的特点与类型
- 组建双机、多机以及小型 C/S 局域网
- 掌握共享资源的发布、访问方法
- 掌握使用交换机、宽带路由器组网的方法

任务一　了解对等局域网

对等局域网简称对等网，是一种权利平等、组网简单的小型网络，它操作简便，投资少，具有局域网基本功能，且具有良好的容错性。虽然对等网存在一些功能上的局限性，但还是能够满足用户对网络的基本需求，因此，在很多场合，如家庭、校园宿舍以及小型办公场所中都得到了广泛应用，成为了主要的网络模式。

（一）对等局域网的特点

对等网也称工作组网，它不像企业专业网络那样通过域来控制，而是通过"工作组"来组织。"工作组"的概念远没有"域"那么复杂和强大，所以对等网的组建很简便，但是所能连接的用户数也比较有限。

对等网上各台计算机有相同的功能，无主从之分，地位平等。网上任意节点计算机既可以作为网络服务器，为其他计算机提供资源，也可以作为工作站，分享其他服务器的资源。对等网除了可以共享文件之外，还可以共享打印机。因为对等网不需要专门的服务器来做网络支持，也不需要其他组件来提高网络的性能，因而对等网的建设成本相对要便宜很多。

概括来说，对等网的特点如下。

- 用户数不超过 20 个。
- 所有用户都位于一个临近的区域。
- 用户能够共享文件和打印机。
- 数据安全性要求不高，各个用户都是各自计算机的管理员，独立管理自己的数据和共享资源。
- 不需要专门的服务器，也不需要另外的计算机或者软件。

它的主要优缺点如下。

- 优点：网络成本低、网络配置和维护简单。
- 缺点：网络性能较低、数据保密性差、文件管理分散、计算机资源占用大。

对等网与网络拓扑的类型和传输介质无关，任意拓扑类型和传输介质的网络都可以建立对等网。

（二）对等局域网的类型

虽然对等网结构比较简单，但根据具体的应用环境和需求，对等网也因其规模和传输介质类型的不同分为几种不同的模式，主要有双机对等网、三机对等网和多机对等网。下面介绍几种对等网模式的结构特性。

1. 双机对等网

两台计算机通过交叉双绞线直接相连，构成一个最简单的对等网。这种形式主要用于家庭、宿舍，在一些工业控制、科研开发等场合也有应用。

2. 三机对等网

如果网络所连接的计算机有 3 台，则有两种连接方式。

- 方式一：采用双网卡网桥方式。就是在其中一台计算机上安装两块网卡，另外两台计算机各安装一块网卡，然后用交叉双绞线连接起来，再进行有关的系统配置即可，如图 5-1 所示。
- 方式二：组建一个星型对等网。添加一个集线器或交换机作为集中设备，3 台计算机都使用直通双绞线直接与集中设备相连，如图 5-2 所示。

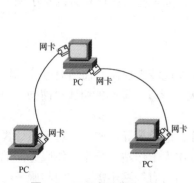

图 5-1 双网卡网桥方式

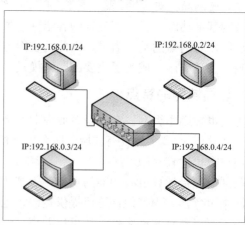

图 5-2 星形对等网方式

3. 多机对等网

组建多于 3 台计算机的对等网，就必须采用集线设备（集线器或交换机）组成星形网络。星形网络使用双绞线连接，结构上以集线设备为中心，呈放射状连接各台计算机。由于集线设备上有许多指示灯，遇到故障时很容易发现出现故障的计算机，而且一台计算机或线路出现问题丝毫不影响其他计算机，这样网络系统的可靠性大大增强。另外，如果要增加一台计算机，只需连接到集线设备上就可以，方便扩充网络。

说明：用同轴电缆也能够组建总线形对等网，但是由于同轴电缆已经基本被淘汰，所以，本章就不再讨论同轴电缆的组网方法了。

任务二　组建小型局域网

小型办公局域网的主要目的是实施网络通信和共享网络资源，如共享文件、打印机、扫描仪等办公设备，共享大的存储空间，还可以共享 Internet 连接。此类局域网往往接入的计算机节点比较少，而且各节点相对集中，每个站点与交换机之间的距离不超过 100 m，采用双绞线布线就足够了。

（一）实训：组建双机对等网

双机对等网的组建，关键是交叉双绞线的制作和计算机 IP 地址的设置。双绞线的制作方法在前面已经介绍过。这里需要注意的是，交叉双绞线的一个 RJ45 接头要采用 568A 线序，另一个 RJ45 接头要采用 568B 线序，如图 5-3 所示。

【任务要求】

下面，以 Windows 7 操作系统为例，介绍双机对等网的组建。

双机对等网的拓扑结构和 IP 地址分配如图 5-4 所示。

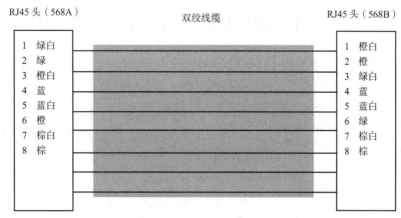

图 5-3　交叉双绞线

图 5-4　双机对等网

105

【操作步骤】

（1）制作网线

准备一根网线和至少两个 RJ45 接头，按交叉法制作一条五类（或超五类）双绞线，具体的网线制作方法在前面已做过详细介绍，在此不再赘述。

（2）网线连接

把网线两端的 RJ45 接头分别插入两台计算机网卡的 RJ45 端口。

（3）查看计算机信息

使用鼠标右键单击【计算机】图标，从弹出的快捷菜单中选择【属性】命令，出现有关计算机的各种基本信息，包括软件版本、硬件信息以及计算机名称等，如图 5-5 所示。

图 5-5　计算机信息

（4）设置计算机名和工作组名

单击 ⓦ更改设置 按钮，弹出【系统属性】对话框，打开【计算机名】选项卡，显示计算机的描述信息，如图 5-6 所示。

单击 更改(C)... 按钮，在弹出的【计算机名/域更改】对话框中填写计算机名，在【隶属于】选项组中点选【工作组】单选项，设置工作组名称，如图 5-7 所示。

图 5-6　计算机的描述信息

图 5-7　设置计算机和工作组名称

　　说明：两台计算机的工作组名必须相同，计算机名必须不同，否则连机后会出现冲突。计算机名和工作组名的长度都不能超过 15 个英文字符或者 7 个中文字符，而且输入的计算机名不能有空格。

（5）设置完成后，单击 [确定] 按钮，弹出提示对话框，如图 5-8 所示。

（6）单击 [确定] 按钮，在出现需要重新启动的提示信息后，回到【系统属性】对话框，显示设置后的计算机信息，如图 5-9 所示。需要注意的是，必须重新启动计算机后，这些设置才能够生效。

图 5-8　提示信息　　　　　　　　图 5-9　新的计算机信息

（7）设置两台计算机的 IP 地址，其中一台设置为"192.168.0.100"，子网掩码为"255.255.255.0"；另一台设置为"192.168.0.101"，子网掩码相同。不需要设置网关和 DNS。设置方法在前面已经介绍过，这里不再赘述。

（8）检测是否连通。在 IP 为"192.168.0.100"的计算机上，打开【命令提示符】窗口，输入命令"ping 192.168.0.101"。若显示信息如图 5-10 所示，说明两台计算机已经正常连通；若显示信息如图 5-11 所示，则说明不能正常连通，需要检查硬件的问题，例如网卡和网线是否完好、网线是否插好等。

图 5-10　两台计算机正常连通　　　　　图 5-11　两台计算机无法连通

　　说明：使用 ping 命令来测试网络的连通时，在图 5-10 所示情况下，一般常说"能够 ping 通"；在图 5-11 所示情况下，常说"无法 ping 通"。

如果网线连接没有问题，请检查是否是防火墙的限制。很多防火墙软件都禁止其他计算机 ping 本机。因此，在对等网中，最好将防火墙软件关闭。另外，Windows 7 系统本身也带有一个防火墙，在对等网连接和共享资源时，最好将其关闭，方法如下。

（1）在控制面板页面，单击【Windows 防火墙】选项按钮，出现 Windows 防火墙信息页面，如图 5-12 所示。

（2）单击【打开或关闭 Windows 防火墙】选项按钮，弹出 Windows 防火墙自定义设置对话框，选择关闭 Windows 系统自带的防火墙，如图 5-13 所示。

图 5-12 【Windows 防火墙】选项卡　　　　图 5-13 关闭 Windows 系统自带的防火墙

（二）组建多机对等网

若对等网中有多台计算机，则首选的组建方案就是使用交换机来连接。除使用设备略微不同外，基于交换机的对等网与双机对等网的设置方法基本一致。下面简单介绍一下其组建过程。

【任务要求】

组建基于交换机的对等网，其拓扑结构如图 5-14 所示。

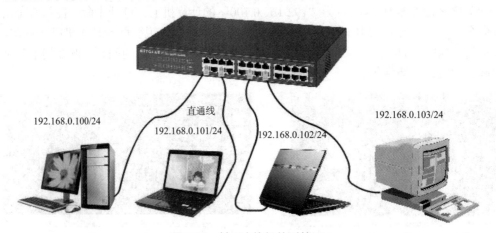

图 5-14　基于交换机的对等网

【操作步骤】

（1）制作直通网线。准备若干双绞线和 RJ45 接头，制作几根直通网线，并测试以保证连通良好。

（2）网线连接。把网线两端的 RJ45 接头分别插入计算机网卡和交换机的 RJ45 端口上。

（3）设置各计算机的主机名称、工作组和 IP 地址，其中，工作组的名称应当相同。

（4）检测是否连通。从任意一台计算机上都能够顺利 ping 通其他计算机。

说明：这里为什么不用集线器，而用价格相对较高的交换机呢？原因非常简单，现在的交换机价格与集线器价格差距越来越小。而集线器因为它天生的种种局限性（如共享带宽、单工操作和广播传输等）正逐步被淘汰，现在通常都建议采用交换机来构建网络。

对等网不使用专用服务器，各站点既是网络服务提供者，又是网络服务申请者。每台计算机不但有单机的所有自主权限，而且可共享网络中各计算机的处理能力和存储容量，并能进行信息交换。不过，对等网中的文件存放分散，安全性差，各种网络服务功能（如 WWW 服务、FTP 服务等）都无法应用。

（三）组建小型 C/S 局域网

小型 C/S 局域网与基于交换机的对等网在拓扑结构上基本一致，都是采用星形结构网络，使用交换机作为中央节点，只是前者的结构更为复杂一些。

C/S 局域网主要是指网络中至少有一台服务器管理和控制网络的运行，通常网络中的服务器采用 Windows Server 2008/2012 等作为网络操作系统，以实现 DHCP、DNS、IIS 和域控等各种网络服务。

1．C/S 局域网的特点

- 网络中至少有一台服务器为客户机提供网络服务。
- 网络中客户机比较多，一般地点比较分散，不在同一房间或不在同一楼宇中。
- 网络中资源比较多，适用于集中存储，通常包括大量共享数据资源。
- 网络管理集中，安全性高，访问资源受权限限制，保证了数据的可靠性。

2．C/S 局域网的类型

（1）工作组方式。服务器在整个局域网中，根据工作组类型提供各种网络服务和网络控制。将客户机分成不同的工作组，对于功能基本相同的客户机应归属到同一个工作组中，因为在同一个工作组中数据交换比较频繁。在服务器中为不同工作组成员建立不同权限的用户账号，服务器根据账号类型决定用户访问数据的权限。相同工作组成员之间的数据访问基本不受限制，而对于不同工作组成员之间的数据访问，服务器根据用户访问规则加以限制，从而实现服务器数据资源的分类共享。拓扑结构如图 5-15 所示。

（2）域控制方式。域控制方式局域网是指，在网络中至少有一台服务器为网络域控制器，域控制服务器的作用是负责整个网络中客户机登录网络域的用户验证，保证网络中所有计算机用户均为合法用户，从而保证服务器资源的安全访问。

在工作组方式的局域网中，尽管需要通过输入共享访问密码来访问服务器资源，但是网络中的共享访问密码是很容易被破解的，造成了网络中数据资源的不安全性。在域控制方式的局域网中，访问域的用户账号、密码、计算机信息，构成一个数据信息库，当计算机连入网络中，域控制器通过输入的用户登录信息与数据库中验证信息比对，确定是否属于域成员，完成网络访问控制。主要拓扑结构如图 5-16 所示。

说明：客户机用户账号主要由域控制器建立，对于域控制方式局域网需要分别设置域控制服务器和客户机，一般域控制服务器采用 Windows Server 网络操作系统。

（3）独立服务器方式。这种方式下，网络中的各个服务器都是独立提供网络服务，根据自身的访问规则和用户设置来决定用户的访问，而不会根据用户的工作组或域来进行访问控制。各服务器之间在用户管理和访问控制方面没有什么关联，如 FTP 服务器上的合法用户"zhangming"，与数据库服务器上的用户"zhangming"可能就不是同一个物理用户。

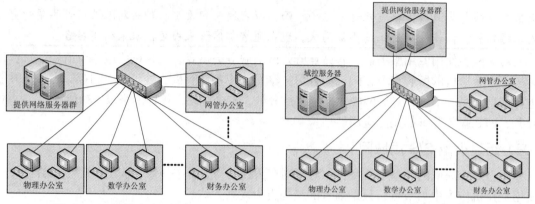

图 5-15　工作组方式局域网　　　　　　图 5-16　域控制方式局域网

独立服务器方式的网络无法实现统一身份认证和单点登录，为用户的使用带来不便。但这种网络结构的逻辑关系比较单纯，服务器配置比较灵活，更利于网络的管理和维护，在实际网络建设中也得到了广泛应用。

例如，某外贸公司拥有职员 8 人和办公室两间，共享资源有文件服务器、网络打印机、数据库服务器等。其独立服务器方式的 C/S 局域网拓扑结构如图 5-17 所示，这种网络方式能够很好地兼顾网络安全性和易用性。

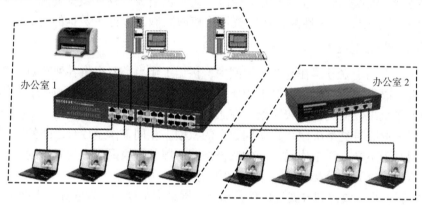

图 5-17　小型 C/S 局域网拓扑结构

任务三　资源的共享与发布

网络的一个重要应用就是各种资源的共享。不管是对等网，还是小型 C/S 网络，由于使用者基本上都是本地、本部门的可信用户，而且用户数量少，因此，一般要设立公用账号和私有账号，将必要的本机资源直接用共享的方式发布，通过设置用户访问权限来控制访问。

在对等网中，用户对自己的计算机拥有管理权限，可以决定将哪些资源共享给哪些用户；在小型 C/S 网络中，一般是在服务器上设置共享资源空间，每个用户根据权限来发布和访问这些共享资源。

（一）实训：用户管理

【任务要求】

以 Windows 7 系统为例，说明如何添加管理用户。

【操作步骤】

如果允许别人访问自己的共享资源，可以使用内置的"everyone"账户来对所有用户开放，也可以设置个人用户账户来限制对某些资源的访问。下面，首先来添加两个个人账户"zhang"和"wang"。

（1）在计算机桌面上，使用鼠标右键单击【计算机】图标，从弹出的快捷菜单上选择【管理】命令，打开【计算机管理】窗口，如图 5-18 所示。

图 5-18 【计算机管理】窗口

（2）在窗口左侧面板中展开【系统工具】/【本地用户和组】/【用户】选项，在右侧面板中显示当前计算机所具有的用户情况。

（3）在【用户】选项上单击鼠标右键，弹出图 5-19 所示的快捷菜单。

（4）选择【新用户】命令，弹出【新用户】对话框，如图 5-20 所示。

图 5-19 用户快捷菜单　　图 5-20 【新用户】对话框

（5）在该对话框的【用户名】中填写个人账户的名称，并设置密码，注意，这里要勾选【用户不能更改密码】和【密码永不过期】两个复选项，如图 5-21 所示。

（6）单击 创建(E) 按钮，创建新用户。

（7）全部创建完成后，单击 关闭(O) 按钮，关闭对话框。

这时，在用户窗口中，可以看到刚才新建的几个用户账户，如图 5-22 所示。下面就可以发布共享资源，并利用用户账户限制访问了。

图 5-21　创建新用户

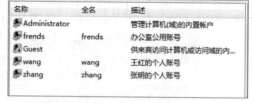

图 5-22　新建的几个用户

说明：在计算机中，有一个特殊的账户"Guest"，一般处于停用状态，也可以将其启用作为公用账户。Guest 用户不需要设置密码，虽然能够很方便地实现共享访问，但是安全性很差，尽量不要使用这个账户登录。

（二）实训：发布共享资源

【任务要求】

将本机的"电影"文件夹发布为只读的公用共享资源；将"素材"文件夹发布为只有用户"wang"能够访问，具有只读权限；将"软件"文件夹发布为只有用户"zhang"能够访问，具有读写权限。

【操作步骤】

（1）在"电影"文件夹上单击鼠标右键，弹出图 5-23 所示的快捷菜单。

（2）选择【共享】/【特定用户】命令，弹出【文件共享】对话框，如图 5-24 所示。

图 5-23　快捷菜单

图 5-24　设置文件夹共享

（3）单击下拉框，会出现所有用户的列表，如图 5-25 所示。

（4）选择"Everyone"，单击 添加(A) 按钮，则将该用户添加到了当前文件夹授权用户的列表中，其默认的访问权限是"读取"，如图 5-26 所示。

（5）单击图 5-24 所示对话框中的 共享(H) 按钮，则出现【文件共享】对话框，如图 5-27 所示，说明对当前文件夹的共享已经设置完毕。

图 5-25　所有用户列表

图 5-26　设置文件夹共享

图 5-27　【文件共享】对话框

（6）最后，单击 完成(D) 按钮，完成该文件夹的共享发布。

说明：Administrator 是本机的管理员或超级用户，一般拥有对所有资源的所有权和管理权。Everyone 是通用账户，是系统自动创建的，代表本机所有合法的用户。

根据上述设置，访问计算机的每个合法用户（Everyone）都能够读取当前共享资源"电影"，但无法更改内容。

下面设置只有指定的用户能够访问资源，将"素材"文件夹发布为只有用户"wang"能够访问，具有只读权限；将"软件"文件夹发布为只有用户"zhang"能够访问，具有读写权限。

（7）选择"素材"文件夹，利用鼠标右键菜单打开【文件共享】对话框，从用户列表中选择用户"wang"，设置其访问权限为"读取"。

（8）同理，选择"软件"文件夹，设置用户"zhang"能够访问，并具有"读取/写入"权限，如图 5-28 所示。

至此，共享资源设置已经完成。为了控制同时访问共享资源的用户数，我们还可以通过文件夹的属性来限制。下面以"电影"文件夹为例来说明。

（9）选择"电影"文件夹，单击鼠标右键，从快捷菜单中选择【属性】命令，打开文件夹的【属性】对话框。

（10）进入【共享】选项卡，可以查看当前文件夹的共享情况，如图 5-29 所示。

（11）单击 高级共享 (D)... 按钮，打开【高级共享】对话框，如图 5-30 所示，可查看文件夹的共享名及用户数量限制，我们可以根据需要修改这些参数。

（12）单击 添加(A) 按钮，出现【新建共享】对话框；为当前文件夹设置一个新的共享名称"精彩大片"，并限制用户访问数量为 8，如图 5-31 所示。

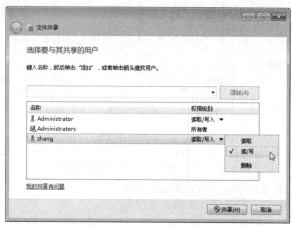

图 5-28　设置用户"zhang"对文件夹有读写权限

图 5-29　文件夹的【共享】属性

图 5-30　【高级共享】对话框

图 5-31　设置新的共享名

（13）单击 确定 按钮，返回【高级共享】对话框。可见这时【共享名】下拉列表中有 2 个名称。为避免混淆，我们要删除一个。选择"电影"名称，单击 删除(R) 按钮，则共享名只剩下"精彩大片"一个了，如图 5-32 所示。

同样，单击 权限(P) 按钮，我们还能够对用户和权限进行修改，如图 5-33 所示。

图 5-32　保留一个共享名

图 5-33　能够对用户和权限进行修改

（三）实训：访问共享资源

在对等网和小型 C/S 网络中，没有域的设置，用户要访问网络共享资源，必须知道该资源在哪台计算机上，然后登录到该计算机上进行访问。一般常用的是通过 IP 地址或计算机名称查找。

【任务要求】

查找同一局域网网段内的计算机"\\192.168.0.101"，访问其共享资源。

【操作步骤】

（1）打开计算机，在地址栏输入目标主机地址"\\192.168.0.101"，如图 5-34 所示。注意，一定要包含双斜杠，否则会默认以 http 访问目标主机。

图 5-34　在地址栏输入目标主机地址

说明：还有另外一种查找计算机的方法：单击起始图标，在出现的搜索框中，输入目标主机地址。注意，也一定要包含双斜杠，否则，只能在本机内搜索内容。

（2）按下键盘上的 Enter 按键，开始查找目标主机。如果找到该计算机，就会出现如图 5-35 所示的对话框，要求输入合法的用户名和密码。

（3）输入能够访问该计算机的用户名和密码，单击 确定 按钮，则显示该目标计算机上所有的共享资源，如图 5-36 所示。

图 5-35　要求输入合法的用户名和密码

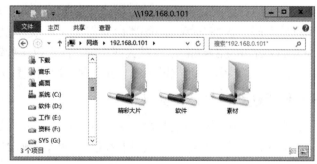

图 5-36　显示共享资源

（4）根据不同的权限，用户可以读取或者修改该计算机上的共享文件。例如，用户"zhang"具有对"精彩大片"文件夹的访问权限，所以，能够打开该文件夹并浏览文件，如图 5-37 所示。

图 5-37　访问共享文件夹

（5）对于文件夹"软件"具有读写权限，所以，可以在该文件夹中创建新文件、上传或删除当前文件。

（6）对于没有访问权限的文件夹，如当其试图打开"素材"文件夹时，会弹出对话框，显示错误提示，如图 5-38 所示。

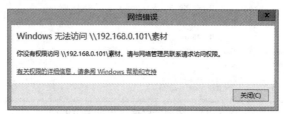

图 5-38　没有访问权限的文件夹

项目实训　配置交换机

在局域网中，核心的网络设备就是交换机，因此，对局域网的配置主要就是对交换机进行配置。在一些简单应用情况下，如宿舍、办公室等小型局域网环境中，交换机被作为一种透明的集中设备来使用，不需要进行任何设置就可以使用。但在很多情况下，需要对交换机进行适当的配置，如设置地址、划分 VLAN 等，以使其满足用户更高的需要。

交换机的详细配置过程比较复杂，而且具体的配置方法会因不同品牌、不同系列的交换机而有所不同。锐捷交换机的配置命令与 Cisco 交换机基本相同，都是基于 Cisco 的 IOS（Internet Operating System），设置大同小异。这里以学校教学中常见的锐捷 RG-2352G 交换机为例来简单介绍交换机的配置方法。有了这些通用配置方法，大家就能举一反三，融会贯通。

（一）使用超级终端连接交换机

通常，交换机可以通过两种方法进行配置，一种就是本地配置，另一种就是远程网络配置两种方式，但后一种配置方法只有在前一种配置成功后才可进行。

1．连接交换机

要进行交换机的本地配置，首先就要正确连线。

因为笔记本电脑的便携性能，所以配置交换机通常是采用笔记本电脑进行，在实在无笔记本的情况下，当然也可以采用台式机，但移动起来麻烦些。交换机的本地配置方式是通过计算机与交换机的 Console 端口直接连接的方式进行通信的，它的连接图如图 5-39 所示。

交换机
Console 端口

计算机串口

图 5-39　本地配置的物理连接方式

　　交换机上一般都有一个"Console"端口，它是专门用于对交换机进行配置和管理的。通过 Console 端口连接并配置交换机，是配置和管理交换机必须经过的步骤。虽然除此之外还有其他若干种配置和管理交换机的方式（如 Web 方式、Telnet 方式等），但是，这些方式必须首先通过 Console 端口进行基本配置后才能进行。因为其他方式往往需要借助于 IP 地址、域名或设备名称才可以实现，而新购买的交换机显然不可能内置有这些参数，所以通过 Console 端口连接并配置交换机是最常用、最基本，也是网络管理员必须掌握的管理和配置方式。

　　不同类型的交换机 Console 端口所处的位置并不相同，有的位于前面板，而有的则位于后面板。通常是模块化交换机大多位于前面板，而固定配置交换机则大多位于后面板。

　　无论交换机采用 DB9 或 DB25 串行接口，还是采用 RJ45 接口，都需要通过专门的 Console 线连接至配置用计算机（通常称作终端）的串行口。与交换机不同的 Console 端口相对应，Console 线也分为两种：一种是串行线，即两端均为串行接口（两端均为母头），两端可以分别插入至计算机的串口和交换机的 Console 端口；另一种是两端均为 RJ45 接头（RJ45/RJ45）的扁平线。由于扁平线两端均为 RJ45 接口，无法直接与计算机串口进行连接，因此，还必须同时使用一个图 5-40 所示的 RJ45/DB9（或 RJ45/DB25）的适配器。

图 5-40　RJ45/DB9 配置线缆

　　说明：通常情况下，在交换机的包装箱中都会随机赠送这么一条 Console 线和相应的 DB9 或 DB25 适配器。

2.　通过超级终端连接交换机

RG-2352G 交换机在配置前的所有默认配置如下。

● 所有端口均无端口名；所有端口的优先级均为 Normal 方式。
● 所有 10/100Mbit/s 以太网端口均设为 Auto 方式。
● 所有 10/100Mbit/s 以太网端口均设为半双工方式。
● 未配置虚拟子网。

物理连接好了我们就要打开计算机和交换机电源进行软件配置了。

　　Windows XP 操作系统自带的【超级终端】工具能够方便地配置交换机等网络设备，但是 Windows 7（64 位）操作系统取消了这个工具。用户可以使用第三方的工具软件（如 SecureCRT

等），也可以尝试使用 Windows XP 操作系统中的超级终端。这里，我们选择使用 Windows XP 系统中的超级终端工具 hypertrm。

　　Windows XP 操作系统中的超级终端工具的程序文件，可以从 Windows XP 操作系统中提取，也可以从网上下载，要确保动态链文件的完整性，否则打开会出错。

　　【操作步骤】

　　（1）在当前计算机（Windows 7 系统）中，创建一个文件夹，命名为"Win7 超级终端"。将 Windows XP 的超级终端工具的程序文件复制进来，一般要有 3 个文件，如图 5-41 所示。

图 5-41　超级终端工具的程序文件

　　（2）双击运行"hypertrm.exe"程序文件，出现图 5-42 所示的对话框，说明要将该程序作为默认的 telnet（远程登录）程序。

　　（3）单击 ▌是(Y)▐ 按钮，出现【位置信息】对话框，如图 5-43 所示，要求输入用户当前的位置信息。

图 5-42　将该程序作为默认的 telnet（远程登录）程序

　　（4）指定一个区号，然后单击 ▌确定▐ 按钮，出现图 5-44 所示的【电话和调制解调器】对话框，说明可以在当前位置新建调制解调器拨号连接了。

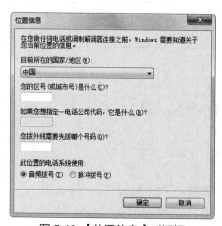

图 5-43　【位置信息】对话框

图 5-44　【电话和调制解调器】对话框

（5）单击 新建(N)... 按钮，弹出如图 5-45 所示的界面，可以创建一个远程连接。

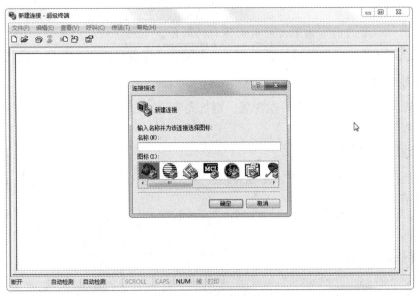

图 5-45　新建远程连接

（6）在【名称】文本框中键入需新建超级终端的连接项名称，这主要是为了便于识别，没有什么特殊要求，如键入"Cisco"，再选择一个自己喜欢的图标，单击 确定 按钮，进入下一个设置对话框。

（7）在【连接到】下拉列表框中选择与交换机相连的计算机的串口，一般都是"COM1"口，如图 5-46 所示。

（8）单击 确定 按钮，在【端口设置】选项卡中，设置【位/秒】（波特率）为"9600"，这是串口的最高通信速率，其他各选项统统采用默认值，如图 5-47 所示。

图 5-46　选择连接端口

图 5-47　设置通信端口属性

（9）单击 确定 按钮，如果通信正常，就会在超级终端程序窗口中出现类似于如下所示的交换机的初始配置情况。

```
User Interface Menu
  [M] Menus                   //主配置菜单
  [I] IP Configuration //IP 地址等配置
```

```
〔P〕 Console Password  //控制密码配置
Enter Selection:           //在此输入要选择项的快捷字母，然后按 Enter 键确认
```

说明："//" 后面的内容为笔者对前面语句的解释，下同。

至此，就正式进入了交换机配置界面了，下面的工作就可以正式配置交换机了。

（二）交换机的基本配置

进入配置界面后，如果是第一次配置，则首先要进行的就是 IP 地址配置，这主要是为后面进行远程配置而准备。

1. IP 地址配置方法

在前面所出现的配置界面 "Enter Selection:" 后输入 "I" 字母，然后按 Enter 键，则出现如下配置信息：

```
----------------------------Settings----------------------------
〔I〕 IP address
〔S〕 Subnet mask
〔G〕 Default gateway
〔B〕 Management Bridge Group
〔M〕 IP address of DNS server 1
〔N〕 IP address of DNS server 2
〔D〕 Domain name
〔R〕 Use Routing Information Protocol
----------------------------Actions----------------------------
〔P〕 Ping
〔C〕 Clear cached DNS entries
〔X〕 Exit to previous menu
Enter Selection:
```

在以上配置界面最后的 "Enter Selection:" 后再次输入 "I" 字母，选择以上配置菜单中的 "IP address" 选项，配置交换机的 IP 地址，按 Enter 键后即出现如下配置信息：

```
Enter administrative IP address in dotted quad format (nnn.nnn.nnn.nnn):
        //按 "nnn.nnn.nnn.nnn" 格式输入 IP 地址
Current setting = = => 0.0.0.0
        //交换机没有配置前的 IP 地址为 "0.0.0.0"，代表任何 IP 地址
New setting = = = >            //在此处键入新的 IP 地址
```

说明：若需配置交换机的子网掩码和默认网关，在以上 IP 配置界面里面分别选择 "S" 和 "G" 项即可。

在以上 IP 配置菜单中，选择 "X" 项退回到前面所介绍的交换机配置界面。

2. 交换机配置的常见命令

交换机的几种配置模式如图 5-48 所示。在用户模式下输入 "enable" 进入特权模式，在特权模式下输入 "disable" 回到用户模式，在特权模式下输入 "configure terminal" 进入全局模式。在特权模式下输入 "disable" 回到用户模式。

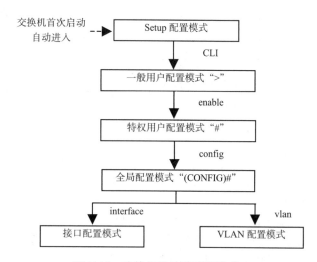

图 5-48　交换机的几种配置模式

IOS 命令需要在各自的命令模式下才能执行，因此，如果想执行某个命令，必须先进入相应的配置模式。

在交换机 CLI 命令中，有一个最基本的命令，那就是帮助命令"?"，在任何命令模式下，只需键入"?"，即显示该命令模式下所有可用到的命令及其用途，这就是交换机的帮助命令。另外，还可以在一个命令和参数后面加"?"，以寻求相关的帮助。

说明：锐捷的 IOS 命令支持缩写，也就是说，一般没有必要键入完整的命令和关键字，只要键入的命令所包含的字符长到足以与其他命令区别就足够了。例如，可将"show configure"命令缩写为"sh conf"。用 TAB 键把命令自动补全，如输入 switch>en：，按 TAB 键后自动补全为"switch>enable"。

刚进入交换机的时候，我们处于用户模式，如"switch>"。在用户模式可以查询交换机配置以及一些简单测试命令。

对于一个默认未配置的交换机来说，我们必须对一些命名、密码和远程连接等进行设置，这样可以方便以后维护。

```
hostname [hostname]                                    //设置交换机名
如：switch(config)#hostname tsg
ip address [ip address ][netmask]                      //设置 IP 地址
如：switch(config)#ip address 192.168.0.1 255.255.255.0
ip default-gateway [ip address]                        //设置交换机的缺省网关
如：switch(config)#ip default-gateway 192.168.0.1
enable password level [1-15] [password]                //设置密码
如：switch(config)#enable password level 1 ruijie
```

说明：在设计拓扑图的时候要对相关交换机设定容易管理人员识别的交换机名称，设置的密码是区分大小写的。level 1 代表登录密码，level 15 代表全局模式。

在完成一些基本设置后，可以用 show 命令查看交换机的信息：

```
show version                    //查看系统硬件的配置、软件版本号等
show running-config             //查看当前正在运行的配置信息
show interfaces                 //查看所有端口的配置信息
```

```
show interfaces [端口号]              //查看具体某个端口号的配置信息
show interfaces status               //查看所有端口的状态信息
show interfaces [端口号] switchport   //显示二层端口的状态，可以用来决定此口是否为
二层或三层口
show ip                              //查看交换机的IP信息
```

说明：交换机重新启动命令：Switch#reload。

（三）交换机端口配置

1. 配置 enable 口令以及主机名字

交换机可以配置以下两种口令。

● 使能口令（enable password），口令以明文显示。

● 使能密码（enbale secret），口令以密文显示。

两者一般只需要配置其中一个，如果两者同时配置时，只有使能密码生效。

```
Switch.>                                  //用户直行模式提示符
Switch.>enable                            //进入特权模式
Switch.#                                  //特权模式提示符
Switch.# config terminal                  //进入配置模式
Switch.(config)#                          //配置模式提示符
Switch.(config)# hostname tsg             //设置主机名 Tsg
Tsg(config)# enable password tsg          //设置使能口令为tsg
Tsg(config)# enable secret network        //设置使能密码为network
Tsg(config)# line vty 0 15                //设置虚拟终端线
Tsg(config-line)# login                   //设置登录验证
Tsg(config-line)# password skill          //设置虚拟终端登录密码
```

说明：默认情况下如果没有设置虚拟终端密码是无法从远端进行 telnet 的，远端进行 telnet 时会提示设置 login 密码。许多新手会认为 no login 是无法从远端登录，其实 no login 是代表不需要验证密码就可以从远端 telnet 到交换机，任何人都能 telnet 到交换机这样是很危险的，千万要注意。

2. 配置交换机 IP 地址、默认网关、域名、域名服务器

应该注意的是在交换机设置的 IP 地址、网关、域名等信息是为用于管理交换机而设置，与连接在该交换机上的网络设备无关，也就是说你就算不配置 IP 信息，把网线缆插进端口，照样可以工作。

```
Tsg(config)# ip address 192.169.1.1 255.255.255.0   //设置交换机 IP 地址
Tsg(config)# ip default-gateway 192.169.1.254       //设置默认网关
Tsg(config)# ip domain-name tsg.com                 //设置域名
Tsg(config)# ip name-server 200.0.0.1               //设置域名服务器
```

3. 配置交换机端口属性

交换机默认端口设置自动检测端口速度和双工状态，也就是 Auto-speed 和 Auto-duplex，一般情况下不需要对每个端口进行设置。但根据锐捷的技术白皮书，建议直接对端口的速度、双工信息等进行适当配置。

speed 命令可以选择搭配 10、100 和 auto，分别代表 10Mbit/s、100Mbit/s 和自动协商速度。duplex 命令也可以选择 full、half 和 auto，分别代表全双工、半双工和自动协商双工状态。

description 命令用于描述特定端口名字，建议对特殊端口进行描述。假设现在接入端口 1 的设备速度为 100Mbit/s，双工状态为全双工：

```
Tsg(config)# interface fastethernet 0/1      //进入接口 0/1 的配置模式
Tsg(config-if)# speed 100                    //设置该端口的速率为 100Mbit/s
Tsg(config-if)# duplex full                  //设置该端口为全双工
Tsg(config-if)# description up_to_mis         //设置该端口描述为 up_to_mis
Tsg(config-if)# end                          //退回到特权模式
Tsg# show interface fastethernet 0/1          //查询端口 0/1 的配置结果
```

4. 配置交换机端口模式

交换机的端口工作模式一般可以分为 3 种：access、multi、trunk。trunk 模式的端口用于交换机与交换机，交换机与路由器，大多用于级联网络设备所以也叫干道模式。access 多用于接入层也叫接入模式。

interface range 可以对一组端口进行统一配置，如果已知端口是直接与 PC 连接，不会接路由交换机和集线器的情况下，可以用 spanning-tree portfast 命令设置快速端口，快速端口不再经历生成树的 4 个状态，直接进入转发状态，提高接入速度。

```
Tsg1(config)# interface range fastethernet 0/1-20   //对 1-20 端口进行配置
Tsg1(config-if-range)# switchport mode access        //设置端口为接入模式
Tsg1(config-if-range)# spanning-tree portfast        //设置 1-20 端口为快速端口
```

交换机可以通过自动协商工作在干道模式，但是按照要求如果该端口属于主干道应该明确标明该端口属于 Trunk 模式：

```
Tsg1(config)# interface fastethernet 0/24            //对端口 24 进行配置
Tsg1(config-if)# switchport mode trunk               //端口为干道模式
```

（四）交换机的远程管理

上面就已经介绍过，交换机除了可以通过 Console 端口与计算机直接连接外，还可以通过交换机的普通端口进行连接。如果是堆栈型的，也可以把几台交换机堆在一起进行配置，因为这时实际上它们是一个整体，一般只有一台具有网管能力，通过普通端口对交换机进行管理时，就不再使用超级终端了，而是以 Telnet 或 Web 浏览器的方式，实现与被管理交换机的通信。因为我们在前面的本地配置方式中，已为交换机配置好了 IP 地址，现在就可以通过 IP 地址与交换机进行通信，不过要注意，同样只有是网管型的交换机才具有这种管理功能。这种远程配置的方式，又可以通过两种不同的方式来进行，分别介绍如下。

1. Telnet 方式

Telnet 协议是一种远程访问协议，可以用它登录到远程计算机、网络设备或专用 TCP/IP 网络。Windows 系统、UNIX/Linux 等系统中都内置有 Telnet 客户端程序。

在使用 Telnet 连接至交换机前，应当确认已经做好以下准备工作。

- 在用于管理的计算机中安装有 TCP/IP，并配置好了 IP 地址信息。
- 在被管理的交换机上已经配置好 IP 地址信息。如果尚未配置 IP 地址信息，则必须通过 Console 端口进行设置。

- 在被管理的交换机上建立了具有管理权限的用户账户。如果没有建立新的账户，则锐捷交换机默认的管理员账户为"Admin"。

在计算机上运行 Telnet 客户端程序（这个程序在 Windows 系统中与 UNIX、Linux 系统中都有，而且用法基本是相同的，特别是在 Windows 2000 系统中的 Telnet 程序），并登录至远程交换机。如果我们前面已经设置交换机的 IP 地址为 61.159.62.182，下面只介绍进入配置界面的方法，至于如何配置那是比较多的，要视具体情况而定，不做具体介绍。

进入配置界面步骤很简单，只需简单的两步。

（1）单击【开始】/【运行】项，然后在对话框中输入"telnet 61.159.62.182"，如图 5-49 所示。如果为交换机配置了名称，则也可以直接在"Telnet"命令后面空一个空格后输入交换机的名称。

图 5-49　运行 Telnet 程序

（2）单击 确定 按钮，建立与远程交换机的连接。

Telnet 命令的一般格式如下：

```
telnet 〔Hostname/port〕
```

这里要注意的是"Hostname"包括了交换机的名称，但更多的是我们在前面是为交换机配置了 IP 地址，所以在这里更多的是指交换机的 IP 地址。格式后面的"port"一般是不需要输入的，它是用来设定 Telnet 通信所用的端口的，一般来说 Telnet 通信端口，在 TCP/IP 中有规定，为 23 号端口，最好不用改它，也就是说，我们可以不输入这个参数。

2. Web 浏览器的方式

当利用 Console 端口为交换机设置好 IP 地址信息并启用 HTTP 服务后，即可通过支持 Java 的 Web 浏览器访问交换机，并可通过 Web 浏览器修改交换机的各种参数并对交换机进行管理。事实上，通过 Web 界面，可以对交换机的许多重要参数进行修改和设置，并可实时查看交换机的运行状态。不过在利用 Web 浏览器访问交换机之前，应当确认已经做好以下准备工作。

- 在用于管理的计算机中安装 TCP/IP，且在计算机和被管理的交换机上都已经配置好 IP 地址信息。
- 用于管理的计算机中安装有支持 Java 的 Web 浏览器，如 Internet Explorer 4.0 及以上版本、Netscape 4.0 及以上版本，以及 Oprea with Java。
- 在被管理的交换机上建立了拥有管理权限的用户账户和密码。
- 被管理交换机的 IOS 支持 HTTP 服务，并且已经启用了该服务。否则，应通过 Console 端口升级 IOS 或启用 HTTP 服务。

通过 Web 浏览器的方式进行配置的方法如下。

（1）把计算机连接在交换机的一个普通端口上，在计算机上运行 Web 浏览器。在浏览器的"地址"栏中键入被管理交换机的 IP 地址（如 61.159.62.182）或为其指定的名称。按下 Enter 键，弹出一个要求输入网络密码的对话框。

（2）分别在【用户名】和【密码】框中，键入拥有管理权限的用户名和密码，如图 5-50 所示。用户名和密码应当事先通过 Console 端口进行设置。

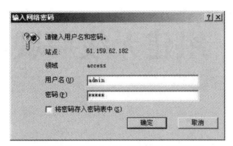

图 5-50　Web 方式需要网络密码

（3）单击 确定 按钮，即可建立与被管理交换机的连接，在 Web 浏览器中显示交换机的管理界面。

接下来，就可以通过 Web 界面中的提示，一步步查看交换机的各种参数和运行状态，并可根据需要对交换机的某些参数做必要的修改。

思考与练习

一、填空题

1．局域网按照其规模可以分为_____、_____和_____3 种。

2．计算机网络工作模式主要有_____模式和_____模式两种。

3．对等网也称_____网，它不像企业专业网络中那样通过域来控制，而是通过_____来组织。

4．两台计算机通过_____直接相连，就构成了双机对等网。

5．交叉双绞线的一个 RJ45 接头要采用_____线序，另一个 RJ45 接头要采用_____线序。

6．对等网中，各计算机的_____和_____不能相同，_____应当相同。

7．对等网不使用专用服务器，各站点既是网络服务_____，又是网络服务_____。

8．若允许别人访问自己的共享资源，首先要为该用户设置一个_____。

9．网络用户对共享资源的权限包括_____、_____和_____3 种。

10．默认情况下，访问计算机的_____都能够_____当前共享资源，但无法更改内容。

11．在交换机上，用于在本地进行网络管理的端口是_____端口，计算机管理交换机所使用的程序是_____。

12．交换机的端口工作模式一般可以分为_____、_____、_____3 种。

二、简答题

1．简述对等网的特点和优缺点。

2．简述双机对等网的组建过程。

3．简述多机对等网与小型 C/S 局域网的主要异同。

项目六　组建无线局域网

无线局域网（Wireless Local Area Networks，WLAN）是利用射频技术取代双绞线所构成的局域网络，提供移动的计算机组网方式。通过无线接入功能，使用户得以在没有线缆的环境下上网。

虽然目前大多数局域网仍然以有线方式架构，但无线网络技术作为传统有线局域网络的补充和扩展，因其具有灵活性、可移动性及较低的投资成本等优势，获得了家庭网络用户、中小型办公室用户、广大企业用户及电信运营商的青睐。现在无线局域网的应用越来越广泛，相关技术也一直在进步，组建无线局域网变得非常容易和简单。

本项目主要通过以下几个任务完成。

- 任务一　了解无线局域网
- 任务二　组建无线局域网
- 任务三　关注无线局域网的安全

学习目标

- 了解无线局域网的协议、结构和硬件设备
- 组建无线对等网、AP 网和混合型无线局域网
- 了解无线网络的安全问题和技术
- 掌握在图书馆中架设无线局域网的分析方法

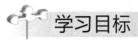

了解无线局域网

无线局域网（WLAN）是利用无线通信技术在一定的局部范围内建立的网络，是计算机网络与无线通信技术相结合的产物，它以无线多址信道作为传输媒介，提供传统有线局域网（LAN）的功能，使用户能够实现随时、随地、随意的宽带网络接入。WLAN 具有易安装、易扩展、易管理、易维护、高移动性等优点，但是也存在保密性差、易受干扰等缺点。

说明：WLAN 与我们常见的通过 3G/4G 信号无线上网是两个概念，两者采用的通信协议不同，网络技术与设备也完全不同。

（一）无线局域网的协议标准

由于 WLAN 是基于计算机网络与无线通信技术，在计算机网络结构中，逻辑链路控制（LLC）层及其之上的应用层对不同的物理层的要求可以是相同的，也可以是不同的，因此，WLAN 标准主要是针对物理层和媒质访问控制层（MAC），涉及所使用的无线频率范围、空中接口通信协议等技术规范与技术标准。

1. 802.11 标准

IEEE 802.11 是 IEEE 最初制定的一个无线局域网标准，主要用于解决办公室局域网和校园网中用户与用户终端的无线接入，业务主要限于数据存取，速率最高只能达到 2Mbit/s。

（1）网络结构与通信服务

IEEE 802.11 是一个相当复杂的标准，它采用星形拓扑结构的无线以太网，其中心叫作接入点 AP（Access Point）。WLAN 的最小构件是基本服务集（Basic Service Set，BSS）。一个 BSS 包括一个基站和若干个移动站（用户移动设备），所有的站在本 BSS 内部都可以直接通信，但是与非本 BSS 的站通信就需要通过基站转发（前面提到的 AP 就是一种基站）。一个 BSS 所覆盖的地理范围叫作一个基本服务区（Basic Service Area，BSA），范围直径一般不超过 100 米。

一个 BSS 可以是孤立的，也可以通过基站（或 AP）连接到一个分配系统，然后再连接到另一个 BSS，这样就构成了一个扩展的服务集（Extended Service Set，ESS）。分配系统的作用就是使扩展的服务集（ESS）对外的表现就像一个基本服务集（BSS）一样。分配系统可以是以太网（这是最常用的）、点对点链路或其他无线网络。如果移动站 A 要和另一个基本服务集中的移动站 B 通信，就必须经过至少两个接入点 AP$_1$ 和 AP$_2$，即 A→AP$_1$→AP$_2$→B，如图 6-1 所示。

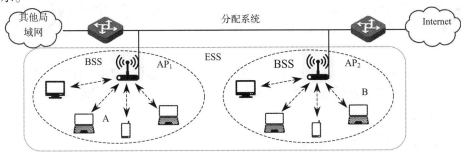

图 6-1 IEEE 802.11 的基本服务集与扩展服务集

一个移动站要在基本服务集（BSS）中实现通信，首先必须选择一个接入点（AP），并与此接入点建立关联和注册。若移动站漫游到另一个 BSS 中，则需要重新选择 AP 并建立关联。建立关联的方法有两种。一种是被动扫描，即移动站等待接入点周期性发出的信标帧（例如每秒 10 次或 100 次），信标帧中包含有若干系统参数，如服务集标识符（SSID）及支持的速率等；另一种是主动扫描，即移动站主动发出探测请求帧，然后等待接入点发回的探测响应帧。

基本服务集（BSS）的服务范围是由 AP 所发射的电磁波的辐射范围确定的，理论上应该是圆形，但在实际上受地形地貌或建筑物的遮挡，大都是不规则的几何形状。

（2）标准的扩展

由于 802.11 在速率和传输距离上都不能满足人们的需要，因此，IEEE 随后又相继推出了 802.11a、802.11b 和 802.11g 等标准。尽管 802.11a 和 802.11g 也受到业界广泛关注，但从实际的应用上来讲，802.11b 已成为无线局域网（WLAN）的主流标准，被多数厂商采用，并且已经有成熟的无线产品推向市场。这些产品包括：集成支持 802.11b 无线功能的 PC、支持网络接入的 802.11b 无线网络适配器及相对应的网络桥接器等。

IEEE 802.11b 载波的频率为 2.4GHz，传送速度为 11Mbit/s。目前，802.11b 无线局域网技术已经在生产生活中得到了广泛的应用，它已经进入了写字间、饭店、咖啡厅和候机室等场所。没有集成无线网卡的笔记本电脑用户只需插进一张 PCMCIA 或 USB 网卡，便可通过无线局域网连到因特网上。在国内，支持 802.11b 无线局域网协议的产品也已经得到了广泛应用。

说明：IEEE 802.11b 是所有无线局域网标准中最著名，也是普及最广的标准。它有时也被错误地标为 Wi-Fi。实际上 Wi-Fi 是无线局域网联盟（WLANA）的一个商标，该商标仅保障使用该商标的商品互相之间可以合作，与标准本身没有关系。

2. CSMA/CA 协议

我们知道有线的局域网在 MAC 层的标准协议是 CSMA/CD，即载波侦听多点接入/冲突检测（Carrier Sense Multiple Access with Collision Detection）。但由于无线通信设备不易检测信道是否存在冲突，因此 802.11 全新定义了一种新的协议，即载波侦听多点接入/避免冲撞 CSMA/CA（with Collision Avoidance）。其工作流程分为以下两个阶段。

（1）送出数据前，监听信道状态，等没有设备使用信道，维持一段时间后，才送出数据。由于每个设备采用的随机时间不同，所以可以减少发生冲突的概率。

（2）送出数据前，先送一段小小的请求传送报文（Request to Send，RTS）给目标端，等待目标端回应确认报文（Clear to Send，CTS）后，才开始传送。利用 RTS-CTS 握手程序，确保接下来传送资料时，不会被碰撞。同时，由于 RTS-CTS 封包都很小，让传送的无效开销变小。

CSMA/CA 通过这两种方式来提供无线的共享访问，这种显式的 ACK 机制，在处理无线问题时非常有效。然而这种方式增加了额外的负担，所以，802.11 网络和类似的以太网比较，总是在性能上稍逊一筹。

（二）无线局域网的拓扑结构

无线局域网和有线网络虽然在形式上有所区别，但对于用户来说，其使用效果和有线网络没有什么分别。无线局域网一般分为两大类，第一类是有固定基础设施的，第二类是无固定基础设施的。所谓"固定基础设施"是指预先建立起来的、能够覆盖一定地理范围的一批固定基站。目前使用的无线局域网，主要还是有固定基础设施的无线网络。

无线网络的拓扑结构就是网络连接和通信方式，它分为无中心拓扑结构和有中心拓扑结构两种。在实际应用中，通常将两种结构混合使用。

1. 无中心拓扑结构

无中心拓扑结构（Peer to Peer）又称为移动自组网络，就是网络中的任意两个站点都可以直接通信，每个站点都可以竞争公用信道，信道的接入控制协议（MAC）采用载波监测多址接入（CSMA）类型的多址接入协议。无中心拓扑结构的优点是抗毁性强、建网容易、费用低。但是从它的结构可以看出，当网络中的站点过多时，竞争公用信道会变得非常激烈，这将会严重影响系统的性能，而且为了满足任意两个站点的直接通信，公用信道的布局也将受到环境的限制，因此，这种结构主要应用于用户较少的网络。图 6-2 所示为无中心拓扑结构的无线网络。

【知识拓展】

近年来，移动自组网络中的一个子集——无线传感器网络（Wireless Sensor Network，WSN）引起了人们的广泛关注。WSN 是由部署在监测区域内大量的廉价微型传感器节点组成，通过无线通信方式形成的一个多跳的自组织的网络系统，其目的是协作地、整体地感知、采集和处理网络覆盖区域中被感知对象的信息，并发送给观察者，如图 6-3 所示。

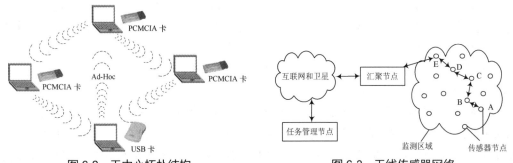

图 6-2　无中心拓扑结构　　　　　　图 6-3　无线传感器网络

WSN 并不需要很高的带宽，但必须具有低功耗的特点，以保持较长的工作时间。此外，WSN 对网络安全性、节点自动配置、网络动态重组等方面都有一定的要求。WSN 在军事、航空、防爆、救灾、环境、医疗、保健、家居、工业、商业等领域都具有极大的应用前景。据统计，全球 98%的处理器并不在传统的计算机中，而是处在各种家电设备、运输工具及工厂的机器中。如果在这些设备上能够嵌入合适的传感器和无线通信功能，就可能把数量惊人的节点连接成分布式的无线传感器网络，进而实现联网的计算和处理。

2. 有中心拓扑结构

有中心拓扑结构（Hub—Based）就是网络中有一个无线站点作为中心站，控制所有站点对网络的访问。这种结构解决了无中心拓扑结构中，当用户增多时，竞争公用信道所带来的性能恶化，同时，也没有了如何布局公用信道的烦恼。当无线局域网需要接入有线网络（比如 Internet）时，有中心拓扑结构就显得非常方便，它只需要将中心站点接入有线网络就可以了。这种结构的缺点就是抗毁性差，只要中心站点出现故障，就会导致整个网络的通信中断，而且中心站点的设立也增加了网络成本。图 6-4 所示为有中心拓扑结构的无线网络。

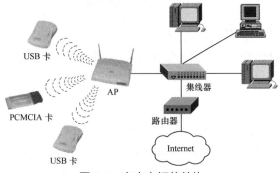

图 6-4　有中心拓扑结构

3. 网状网拓扑结构

网状网拓扑结构是无线局域网技术的最新发展成果。网状网的特点主要是无线 AP 之间无须通过有线网络连接，仅通过纯无线链路即可以建立一个大规模的类似"渔网"的网状无线网络，从而大大扩展了无线局域网的应用范围。无线网状网能够适应快速部署无线网络，能够支持网络结构的动态变化，在网状网无线网络中，任何一个无线 AP 或无线路由器都有可能是网络边界节点，每个节点都可以与一个或者多个对等节点进行直接通信，通常这种网络也称为无线 Mesh 网络。"Mesh"的意思就是指所有的节点都互相连接。由于网状网成网状结构，所以对于某个无线终端来说，要想访问网状网的外部信息，可供选择的路径也有多条。与路由选择类似，在无线网络中，通常把无线终端访问外部节点所需的路径数称为"跳数"。

在传统的无线局域网（WLAN）中，多台客户机通过到一个接入点（AP）的直接无线连接访问网络，这就是所说的"单跳"网络。通常把网状网络称为"多跳"网络，这是一种灵活的体系结构，用来在设备间高效地移动数据。

对网状网络与单跳网络进行比较，将有助于了解网状网络的优势。在多跳网络中，任何一种采用无线连接的设备都可以作为路由器或接入点。如果最近的接入点比较拥挤，还可以将数据路由到最近的低流量节点。数据以这种方式不断地从一个节点"跳"到另一个节点，直到到达最终的目的地。

图 6-5 所示为网状网拓扑结构。

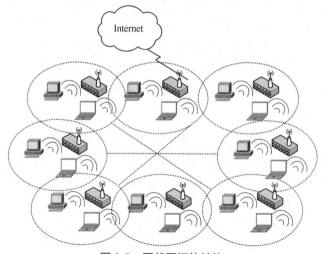

图 6-5　网状网拓扑结构

（三）无线局域网的硬件设备

无线局域网的主要硬件设备包括无线网卡、无线 AP、无线路由、无线网关和无线天线等几种。

1. 无线网卡

无线网卡的功能与传统的网卡功能相同，只不过采用无线方式进行数据传输。无线网卡根据接口类型的不同，通常分为 PCMCIA、PCI 和 USB 3 种无线网卡。其中 PCMCIA 无线网卡仅适用于笔记本电脑，支持热插拔，可以方便地实现移动式无线接入，同时可以使用外部天线来加强 PCMCIA 无线网卡。PCI 接口的无线网卡主要适于普通的台式机使用，USB 接口的无线网卡同时适用于笔记本电脑和台式机。图 6-6 所示为 PCMCIA 无线笔记本电脑网卡，图 6-7 所示为 PCI 无线台式机网卡。

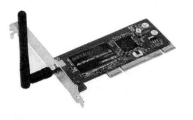

图 6-6　PCMCIA 无线笔记本电脑网卡　　　图 6-7　PCI 无线台式机网卡

2. 无线 AP

无线 AP 称为无线接入点，用作无线网络的无线 Hub，是无线网络的核心，其作用相当于以太网中的集线器。当网络中增加一个无线 AP 之后，AP 负责频段管理及漫游等指挥工作，理论上，一个无线 AP 可以支持多达 80 台计算机的接入，但实际上，数量为 25 台左右时信号最佳。目前，多数无线 AP 都有多个以太网口，实现无线与有线的连接，既可以无线上网又可以连入有线网络中。无线 AP 可以简便地安装在天花板或墙壁上，它在开放空间中最大覆盖范围可达 300 m，传输速率可以高达 11 Mbit/s。图 6-8 所示为无线 AP。

图 6-8　无线 AP

3. 无线路由器

无线路由器是无线 AP 与宽带路由器的一种结合体，它借助于路由器功能，可实现家庭无线网络中的 Internet 连接共享，实现 ADSL 和小区宽带的无线共享接入。另外，无线路由器可以把通过它进行无线和有线连接的终端都分配到一个子网，这样子网内的各种设备交换数据就非常方便。无线路由器一般包括了网络地址转换（NAT）协议，以支持无线局域网用户的网络连接共享，它们也可能有基本的防火墙或者信息包过滤器来防止端口扫描软件和其他针对宽带连接的攻击。图 6-9 所示为无线路由器。

图 6-9　无线路由器

4．无线天线

无线天线的主要功能是用于无线信号的放大，以接收或发送更远距离的无线信号，从而扩展无线网络的覆盖范围。如果计算机与无线 AP 或其他计算机相距较远，随着信号的减弱，传输速率会明显下降，或者根本就无法通信，此时，可以利用无线天线对接收或发送的信号进行增强。常见的有室内无线天线（见图 6-10）和室外无线天线（见图 6-11）两种。

图 6-10　室内无线天线　　　　　图 6-11　室外无线天线

（四）短距离无线通信技术

无线网络应用广泛，而在需要低耗电、较少量资料传输的家电控制、物件辨识，大多会采用短距离无线技术，例如 Wi-Fi、紫蜂（ZigBee）、蓝牙技术（Bluetooth）、超宽带技术（UWB）、射频识别技术（RFID）及近场通信（NFC）等。随着物联网的兴起，各技术的竞争也越来越激烈。

1．Wi-Fi

Wi-Fi（Wireless Fidelity，无线保真）原本是一个无线网络通信技术的品牌，由 Wi-Fi 联盟所持有，目的是改善基于 IEEE 802.11 标准的无线网络产品之间的互通性，使用的是 IEEE 802.11b 标准。由于 Wi-Fi 得到了广泛使用，因此人们逐渐习惯用 Wi-Fi 来称呼 802.11b 协议和 WLAN。实际上，Wi-Fi 是 WLAN 的一个标准，Wi-Fi 包含于 WLAN 中。

关于"Wi-Fi"的书写，因为 Wi-Fi 这个单词是两个单词组成的，所以书写形式最好为 Wi-Fi。现实中我们经常书写为 WIFI 或 WiFi，也都是同一个概念。

2．蓝牙

蓝牙技术是一种用于替代便携或固定电子设备上使用的电缆或连线的短距离无线连接技术。其设备使用全球通行的、无需申请许可的 2.45GHz 频段，可实时进行数据和语音传输，其传输速率可达到 10Mbit/s，在支持 3 个话音频道的同时，还支持高达 723.2kbit/s 的数据传输速率。也就是说，在办公室、家庭和旅途中，无需在任何电子设备间布设专用线缆和连接器，通过蓝牙遥控装置都可以形成一点到多点的连接，即在该装置周围组成一个"微网"，网内任何蓝牙收发器都可与该装置互通信号。而且这种连接无需复杂的软件支持。蓝牙收发器的一般有效通信范围为 10m，有些信号强的蓝牙收发器可以使有效访问距离达到 100m 左右。

由于蓝牙在无线传输距离上的限定，它和个人网络通信用品有着不解之缘。因此，生产蓝牙产品的除了网络集成厂商和传统 PC 厂商以外，还包括很多移动电话厂商。随着全球无线市场的不断扩大，蓝牙手机成为移动电话用户的新宠。实际上，依据目前的无线技术水平，一台蓝牙笔记本电脑加上一部蓝牙手机就可以实现无线登录互联网。

说明：蓝牙的名字来源于 10 世纪丹麦国王哈洛德（Harald Blatand）。据说，因为他非常爱吃蓝梅，牙齿经常被染蓝，所以得了"蓝牙"这个外号。在给这项短距离无线连接技术命名时，由于两个主导企业（爱立信和诺基亚）都是来自北欧国家，他们最终决定以"蓝牙（Bluetooth）"为这项技术命名。蓝牙图标就是由北欧古字母符号 H 和 B 组合而成。

3．RFID

RFID（Radio Frequency Identification）是一种无线射频识别技术，可通过无线电信号识别特定目标并读写相关数据。从概念上来讲，RFID 类似于条码扫描，但它不需要在识别系统和识别目标之间建立机械或光学接触。RFID 电子标签的阅读器通过天线与 RFID 电子标签进行无线通信，可以实现对标签识别码和内存数据的读出或写入操作。

RFID 技术可识别高速运动物体并可同时识别多个标签，在物联网领域具有极大的应用前景，目前，RFID 在物流管理、图书馆、安全门禁等方面均获得了广泛应用。

4．NFC

NFC（Near Field Communication，近距离无线传输）是由 Philips、NOKIA 和 Sony 主推的一种类似于 RFID 的短距离无线通信技术标准。和 RFID 不同，NFC 采用了双向的识别和连接，最初仅仅是遥控识别和网络技术的合并，但现在已发展成无线连接技术。它能快速自动地建立无线网络，为蜂窝设备、蓝牙设备、Wi-Fi 设备提供一个"虚拟连接"，使电子设备可以在短距离范围进行通信。NFC 的短距离交互，大大简化了整个认证识别过程，使电子设备间互相访问更直接、更安全和更清楚。与蓝牙技术不同的是，NFC 的作用距离进一步缩短且不像蓝牙那样需要有对应的加密设备，只要将两个 NFC 设备靠近就可以实现交流。

5．ZigBee

ZigBee 主要应用在短距离范围之内并且数据传输速率不高的各种电子设备之间，与蓝牙相比，更简单、速率更慢、功耗及费用也更低。它的基本速率只有 10kbit/s ～ 250kbit/s，有效覆盖范围 10m ～ 75m，两节普通 5 号干电池可使用 6 个月以上，可与 254 个节点联网。ZigBee 可以比蓝牙更好地支持游戏、消费电子、仪器和家庭自动化应用。

说明：ZigBee 名字来源于蜂群使用的赖以生存和发展的通信方式，蜜蜂通过跳 ZigZag 形状的舞蹈来分享新发现的食物源的位置、距离和方向等信息。

6．UWB

超宽带技术（Ultra Wideband，UWB）是一种无线载波通信技术，它不采用正弦载波，而是利用纳秒级的非正弦波窄脉冲传输数据，具有系统复杂度低，发射信号功率低，定位精度高等优点，非常适于建立一个高速的无线局域网。

UWB 最具特色的应用将是视频消费娱乐方面的无线个人局域网。现有的无线通信方式，802.11b 和蓝牙的速率太慢，不适合传输视频数据；54 Mbit/s 速率的 802.11a 标准可以处理视频数据，但费用昂贵。而 UWB 有可能在 10 m 范围内，支持高达 110 Mbit/s 的数据传输速率，而且可以穿透障碍物。UWB 的这种优点，让很多商业公司将其看作是一种很有前途的无线通信技术。

任务二　组建无线局域网

常见的无线局域网组建，分为独立无线网络和混合无线网络两种类型，其中独立无线网络是指所有网络都使用无线通信。独立无线网络的组建方式通常采用无线对等网络和借助无线 AP 构建无线网络两种方式，在使用无线 AP 时，所有客户端的通信都要通过 AP 来转接。所谓混合无线网络是指在网络中同时存在着无线和有线两种模式，基本结构方式是通过 AP 或无线路由器将有线网络扩展到无线网络。

（一）组建无线对等网络

无线对等网络的组建结构为无中心拓扑结构，各主机之间没有中心点，不分服务器和客户机，故称为对等网络。它主要适用于只有无线网卡，而没有无线 AP 或无线路由器的场合，这是最简单的无线网络组建方式，可以实现多台计算机的资源共享。

【任务要求】

下面以实例说明如何组建无线对等网络。网络的拓扑结构和 IP 地址如图 6-12 所示。

【操作步骤】

（1）将无线网卡插入计算机，系统会发现新硬件，并弹出【找到新的硬件向导】对话框，如图 6-13 所示。

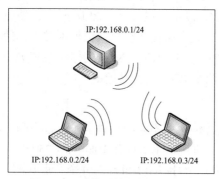

图 6-12　无线对等网络拓扑结构　　　　图 6-13　【找到新的硬件向导】对话框

（2）点选【自动安装软件（推荐）】单选项，单击 下一步(N) 按钮，进入【从下列表中选择与您的硬件的最佳匹配】向导页，选择合适的无线网卡驱动进行安装，如图 6-14 所示。

（3）单击 下一步(N) 按钮，进入【向导正在安装软件，请稍候...】向导页，系统自动完成驱动程序的安装，如图 6-15 所示。

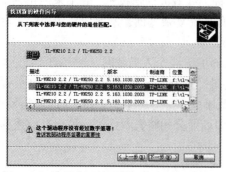

图 6-14　选择合适的无线网卡驱动进行安装　　　　图 6-15　完成驱动程序的安装

　　说明：如果在系统中找不到网卡驱动程序，请插入无线网卡驱动光盘，在【找到新的硬件向导】对话框中点选【从列表或指定位置安装（高级）】单选项，选择光盘驱动路径，完成无线网卡驱动的加载。

　　（4）主机网络设置。右键单击计算机桌面上的"网上邻居"图标，在弹出的快捷菜单中选择【属性】命令，打开【网络连接】窗口，如图6-16所示。

图6-16　打开【网络连接】窗口

　　（5）在【网络连接】窗口，右键单击"无线网络连接"图标，在弹出的快捷菜单中选择【属性】命令，弹出【无线网络连接 属性】对话框，切换到【无线网络配置】选项卡，单击 高级(V) 按钮，在弹出的【高级】对话框中点选【仅计算机到计算机（特定）】单选项，完成无线网络配置，如图6-17所示。

　　（6）在【无线网络连接 属性】对话框中，单击 添加(A)... 按钮，弹出【无线网络属性】对话框，在其中的【网络名（SSID）】文本框中设置网络名称，这里输入"test"，如图6-18所示。

　　（7）在【无线网络连接 属性】对话框中，切换到【常规】选项卡；选择 Internet 协议 (TCP/IP) 项，单击 属性(R) 按

图6-17　无线网络配置

钮，出现该协议的属性对话框；设置本地连接的IP地址和子网掩码分别为"192.168.0.1"和"255.255.255.0"，完成网络IP地址设置，如图6-19所示。

图6-18　设置网络名称　　　　图6-19　设置本地连接的IP地址

（8）在其他计算机中，按照同样的步骤进行设置，只要将其 IP 地址设置在同一地址段（192.168.0.2 ~ 192.168.0.255）即可。

说明：如果在客户机上没有搜索到可用的无线网络（无线网络连接显示断开状态），可以在【无线网络配置】选项卡中的【可用网络】栏中进行刷新，这样就可以搜索并连接到可用网络。

（9）在一台计算机上使用 ping 命令进行连通测试，若能够顺利 ping 通，如图 6-20 所示，则说明网络连通。

说明：ping 命令为网络检测常用命令，具体使用方法为，选择【开始】/【运行】命令，在弹出的【运行】对话框中输入要 ping 的主机 IP 地址即可，在 IP 地址后加上参数"-t"为持续 ping，否则，在 3 次 ping 之后，自动停止运行此命令，如图 6-21 所示。

图 6-20　使用 ping 命令查看网络连接状态

图 6-21　如何使用 ping 命令

无线网卡对等网络使用起来简单方便，各主机既是服务器，又是客户机，主要用于几台主机之间共享资源，在简单的局域网中进行数据传输和访问。如果要使几台主机同时访问局域网外部的数据，必须在某一台主机上设置网间代理或者路由，使其他主机能通过其共享上网，这样的弊端是这台主机不能断电，否则，其他主机就无法共享上网。

（二）组建无线路由器网络

接入点无线网络组建结构为有中心拓扑结构，无线局域网中心由无线接入点（AP）（无线路由器或其他无线汇聚设备）组成。对于接入点无线网络的配置，主要是针对无线 AP 或无线路由器的配置，各主机与中心接入点之间使用同一网络名称。

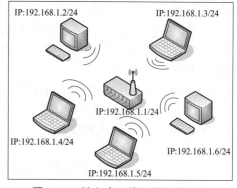

图 6-22　接入点无线网络拓扑结构

【任务要求】

组建接入点无线网络，其拓扑结构和 IP 地址如图 6-22 所示。

【操作步骤】

（1）将无线 AP 或无线路由器置于工作空间中心位置，如图 6-22 所示。

说明：由于无线信号传输是以无线 AP 或无线路由器为中心，向四周发射，所以各主机最好围绕无线 AP 或无线路由器以圆形摆放。这里的管理计算机是指要用 Web 方式登录无线 AP 或路由器的计算机主机，对于配置路由器的管理主机，可以通过无线网卡进行网络配置，如果无线 AP 或无线路由器具有以太网接口，也可通过以太网网卡接口进行网络配置。

（2）设置管理计算机 IP 地址。在【无线网络连接 属性】对话框中，切换到【常规】选项卡；选择【Internet 协议（TCP/IP）】项，单击 属性(R) 按钮，出现该协议的属性对话框；设置本地连接的 IP 地址和子网掩码分别为 "192.168.1.2" 和 "255.255.255.0"，完成网络 IP 地址设置，如图 6-23 所示。

说明：由于不同的无线 AP 或无线路由器的出厂 IP 地址不同，所以无线网卡的 IP 地址设置也不同，本无线 AP 出厂 IP 地址为 "192.168.1.1"，故无线网卡的 IP 地址设置为 "192.168.1.2"，只要与无线 AP 的地址设置在同一个网段中即可。另外，有些无线 AP 或无线路由器出厂设置中，DHCP 服务默认是开启的，因此不用设置管理主机的无线网卡 IP 地址，通过无线 AP 或无线路由器的 DHCP 服务即可自动获取到 IP 地址。

（3）使用 ping 命令测试管理主机与无线 AP 或无线路由器之间是否连通，如图 6-24 所示。

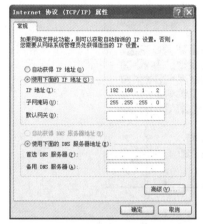
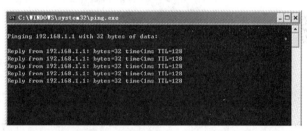

图 6-23 设置无线网卡的 IP 地址　　图 6-24 测试管理主机和无线 AP 或无线路由器是否连通

（4）登录无线 AP 或无线路由器，打开 IE 浏览器，在地址栏中输入无线 AP 或无线路由器的 IP 地址 "http://192.168.1.1/"，显示登录界面，如图 6-25 所示。

说明：无线 AP 或无线路由器的默认用户名和密码，请查阅设备说明书，此无线 AP 登录用户名和密码皆为 "admin"。

（5）单击 确定 按钮，进入无线 AP 或路由器的设置主界面，如图 6-26 所示。

说明：进入系统主界面，无线 AP 或无线路由器会提示使用设置向导进行快速设置。如果要进行快速设置，在主界面单击 下一步 按钮，根据提示完成无线 AP 或无线路由器的配置。

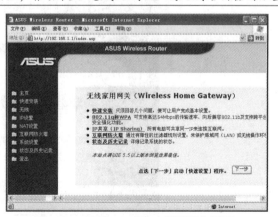

图 6-25 登录无线 AP 或路由器　　图 6-26 无线 AP 或路由器设置主界面

（6）登录到无线 AP 或无线路由器，打开设置管理窗口，选择【无线】/【界面】选项，设置 SSID 网络名称为"test"，频道号为"10"，无线模式为"Auto"，认证方式为"Open System"，单击 保存 按钮，完成无线参数设置，如图 6-27 所示。

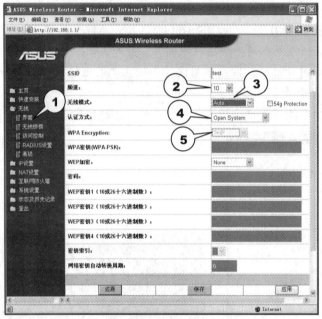

图 6-27　设置无线参数

说明：频道号取值范围为 1～13，当无线网络中存在多个 AP 时，可以设置不同的频道号，防止无线信号叠加；无线模式支持 802.11b 协议、54G 标准和 Auto 等 3 种选项；认证方式和 Wep 加密是为保证无线网络的安全设置；加密密钥的使用，对网络速率影响很大，因此对于无安全级别的访问，可以不设。

（7）无线局域网用户可以更改无线 AP 或无线路由器的 IP 地址和用户地址范围。方法是选择【IP 设置】/【广域网&局域网】选项，更改局域网 IP 地址设置，如图 6-28 所示。

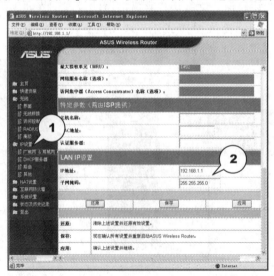

图 6-28　设置无线 AP 或无线路由器 IP 地址

说明：为了避免在局域网中的多个 AP 都采用默认地址时网络发生冲突，可以选择其他私有地址网段作为无线 AP 或无线路由器的管理地址。用户采用 DHCP 服务方式，由无线 AP 设备自动分配 IP 地址，防止 IP 设置重复而产生 IP 冲突，如图 6-29 所示。

（8）设置 DHCP 地址池。选择【IP 设置】/【DHCP 服务器】选项，分别设置 IP 地址池首地址和 IP 地址池末地址为"192.168.1.2"和"192.168.1.254"，如图 6-29 所示。

图 6-29　设置 DHCP 地址池

说明：IP 地址池是无线 AP 或无线路由器为客户主机提供的可自动获取的 IP 地址范围，可以根据实际入网主机数量设置范围。租约时间为此 IP 地址分配给用户主机的使用时间，根据需要确定租约时间以释放 IP 地址资源，保证其他用户使用。

（9）设置无线 AP 或无线路由器密码。选择【系统设置】/【修改密码】选项，设置要更改的密码，如图 6-30 所示。

（10）对于其他计算机，分别设置其 IP 地址为"192.168.1.3"～"192.168.1.6"。在【无线网络连接 属性】对话框中，单击 添加(A)... 按钮，弹出【无线网络属性】对话框，在【网络名（SSID）】文本框中设置网络名称为"test"，如图 6-31 所示。

图 6-30　设置无线 AP 或无线路由器密码

图 6-31　设置其他主机网络名

　　说明：如果无线 AP 或无线路由器启动了 DHCP 服务，则其他计算机将自动获取 IP，无须设置固定 IP 地址，如果设置了 IP 地址，对于整个网络也不会造成影响。对于网络名（SSID）既可以在【无线网络属性】对话框中设置，也可以通过搜索无线网络来自动完成无线网络连接。

　　（11）使用网络中某个主机测试无线网络连接。右键单击【无线网络连接】图标，在弹出的图 6-32 所示快捷菜单中选择【查看可用的无线连接】命令，弹出【无线网络连接】对话框。

　　（12）无线网卡将自动搜索可用无线网络，在窗口右侧面板会列出所有无线网络列表，如图 6-33 所示。

图 6-32　查看可用的无线网络

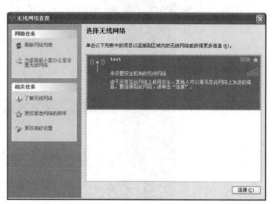

图 6-33　无线网络列表

　　（13）选择名称为"test"的无线网络，单击 连接(C) 按钮，连接此无线网络，弹出【无线网络连接】对话框，如图 6-34 所示。

　　（14）登录到"test"无线网络，显示网络已正常连接，如图 6-35 所示。

图 6-34　【无线网络连接】对话框

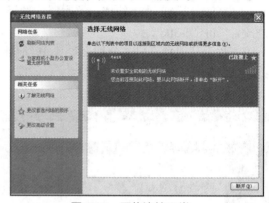

图 6-35　网络连接正常

　　说明：当登录到无线网络后，按钮上面的文字就变成了"断开"。单击 断开(D) 按钮，就能够断开无线网络。

　　（15）在一台计算机上使用 ping 命令进行连通测试，若能够顺利 ping 通其他计算机，如图 6-36 所示，则说明网络可以正常连通。

```
C:\WINDOWS\system32\ping.exe

Pinging 192.168.1.3 with 32 bytes of data:

Reply from 192.168.1.3: bytes=32 time<1ms TTL=128
Reply from 192.168.1.3: bytes=32 time<1ms TTL=128
Reply from 192.168.1.3: bytes=32 time<1ms TTL=128
Reply from 192.168.1.3: bytes=32 time<1ms TTL=128
```

```
C:\WINDOWS\system32\ping.exe

Pinging 192.168.1.5 with 32 bytes of data:

Reply from 192.168.1.5: bytes=32 time<1ms TTL=128
Reply from 192.168.1.5: bytes=32 time<1ms TTL=128
Reply from 192.168.1.5: bytes=32 time<1ms TTL=128
Reply from 192.168.1.5: bytes=32 time<1ms TTL=128
Reply from 192.168.1.5: bytes=32 time<1ms TTL=128
```

图 6-36　无线网络主机间连通测试

由上面介绍可知，接入点无线网络主要以无线 AP 或无线路由器为中心，多台无线终端共享网络资源；如果网络中还有另一个无线 AP，这个无线 AP 也必须设置相同的网络名（SSID），LAN 端口也必须设置为同一 IP 地址段的 IP 地址，并且禁用动态 IP 地址分配。另外，无线 AP 之间不得采用同一信道，以避免互相干扰。

（三）组建混合型无线网络

如果在实现客户端彼此无线互连和无线客户与传统以太网客户互连的同时，还想实现局域网络的 Internet 连接共享，就必须使用无线路由器来实现。只需将 WAN 连接至 ADSL Modem、Cable Modem 或小区宽带，并将 LAN 连接至局域网交换机或计算机，同时进行相关配置，即可实现 Internet 连接共享。

【任务要求】

组建混合型无线网络，其拓扑结构和 IP 地址如图 6-37 所示。

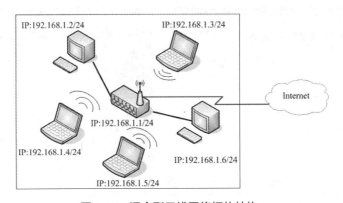

图 6-37　混合型无线网络拓扑结构

【操作步骤】

（1）设置管理计算机 IP 地址。在【无线网络连接 属性】对话框中，切换到【常规】选项卡，设置本地连接的 IP 地址和子网掩码分别为"192.168.1.2"和"255.255.255.0"，完成网络 IP 地址设置。

（2）使用 ping 命令测试管理主机与无线路由器之间是否连通。

（3）打开 IE 浏览器，在地址栏中输入无线路由器 IP 地址"http://192.168.1.1/"，打开无线路由器登录界面，输入用户名和密码，登录到无线路由器设置主界面，如图 6-38 所示。

（4）由于无线路由器为出厂默认配置，系统会自动弹出对话框，提示用户根据向导快速配置无线路由器，单击 [确定] 按钮，进入【选择时区】向导页，如图 6-39 所示。

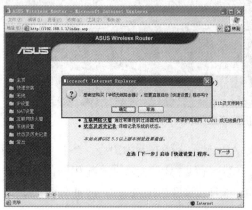

图 6-38　无线路由器初始配置界面　　　　　　图 6-39　【选择时区】向导页

（5）设置相应的时区，单击 [下一步] 按钮，进入【选择互联网（Internet）连接类型】向导页，如图 6-40 所示。根据连接 Internet 方式，选择不同的连接类型，这里点选【使用静态 IP 地址的 ADSL 或其他连接类型】单选项。

说明：如果用户上网类型为 ADSL 连接，需点选【ADSL 连接，需要账号和密码，比如：PPPoE】单选项，设置用户名和密码。

（6）单击 [下一步] 按钮，进入【广域网（WAN）IP 设置】向导页，设置 WAN 接口 IP 地址、子网掩码、默认网关、DNS 等，如图 6-41 所示。

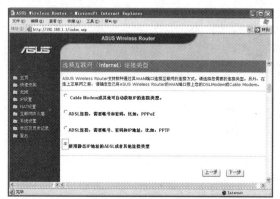
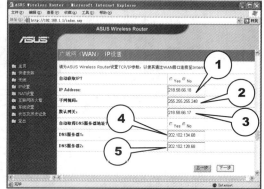

图 6-40　【选择互联网（Internet）连接类型】向导页　　图 6-41　【广域网（WAN）IP 设置】向导页

（7）单击 [下一步] 按钮，进入【设置无线界面】向导页，设置无线网络参数。设置 SSID 网络名称为 "test"，安全级别为 "Low（None）"，单击 [保存] 按钮，完成快速无线网络向导设置，如图 6-42 所示。

（8）进入【保存并重新启动】向导页，单击 [保存并重新启用] 按钮，重启路由器，完成无线网络基本设置，如图 6-43 所示。

说明：根据快速设置向导来完成路由器配置时，只能完成无线上网的基本配置。如果需要高级配置，可以在导航菜单中选择相关选项进行设置。

图 6-42 【设置无线界面】向导页　　　　　　图 6-43 【保存并重新启动】向导页

（9）无线路由器的配置完成后，在【Internet 协议（TCP/IP）属性】对话框中，设置本地连接的 IP 地址为自动获取，如图 6-44 所示。

（10）右键单击【无线网络连接】图标，在弹出的图 6-45 所示快捷菜单中，选择【查看可用的无线连接】命令，弹出【无线网络连接】对话框。

（11）无线网卡将自动搜索可用的无线网络，在窗口右侧面板会列出所有无线网络列表，如图 6-46 所示。

（12）选择名称为"test"的无线网络，单击 连接(C) 按钮，将主机连接到无线网络中，如图 6-47 所示。

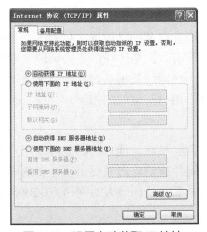

图 6-44　设置自动获取 IP 地址　　　　　　图 6-45　获取无线网络连接信息

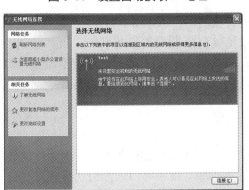

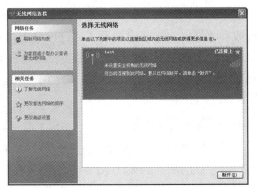

图 6-46　显示所有无线网络　　　　　　　　图 6-47　无线网络连接状态

（13）用同样的方法设置其他主机无线网络连接，实现混合型无线网络共享上网。

　　说明：由于路由器中没有设置登录认证方式和 WEP 密钥，所以此网络为不安全网络，任何具有无线设备的用户都可以登录访问网络，如果要提高网络安全性，请设置登录认证方式和 WEP 密钥，这样，在连接网络时会提示输入网络中的密钥信息，如图 6-48 所示。

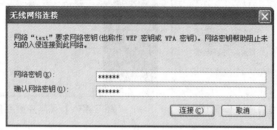

图 6-48　带密钥无线网络连接

任务三　关注无线局域网的安全

　　无线网络带来的巨大便利和庞大的商业价值，已经无须证明。政府及通信部门对无线网络技术的推动，也使得无线技术开始成为发展最快的高新技术之一。但是，作为以红外、无线电波进行数据传输的网络，在发射机覆盖范围内数据可以被任何无线局域网终端所接收，因此，如何确保无线网络的安全，这一直是专家研究的课题。

（一）了解无线网络的安全问题

　　由于无线网络具有网络非隐蔽性、服务性能局限性以及网络设置简单性等自身特点，使无线网络的安全性保障比较复杂，人们不可能提供像有线网络一样的安全限制和管理策略，有线网络的安全可以限制到用户的连接端口，但是无线网络就很难做到，只能通过加密和认证的方式来解决网络安全问题，但无法阻止无线网络用户对电波的控制。

1．网络非隐蔽性

　　因为无线网络的传输特点，所以无线局域网非常容易被发现，为了能够使用户发现无线网络的存在，网络必须发送有特定参数的信标帧，这样就给攻击者提供了必要的网络信息。入侵者可以通过高灵敏度天线从公路边、楼宇中以及其他任何地方对网络发起攻击而不需要任何物理方式的侵入。

2．服务性能局限性

　　由于无线网络的传输速率是有限的，再加上传输时的巨大消耗，使无线局域网的实际最高有效吞吐量仅为标准的一半，并且该带宽是被无线 AP 所有用户共享的。如果用户从快速以太网发送大量的 ICMP 报文，就会轻易地吞噬 AP 有限的带宽；如果发送广播流量，就会同时阻塞多个 AP；当多个用户同时发送信号时，网络就会通过 CSMA/CA 机制进行自动适应，同样影响无线网络的传输。

3．网络设置简单性

　　无线局域网具有易于访问和配置简单的特性，使网络管理员非常头痛。因为任何计算机都可以通过自己购买的无线 AP，不经过授权而连入网络。很多部门未经公司授权就自建无线局域网，用户通过非法 AP 接入无线网络，给网络带来很大安全隐患。另外，很多用户在使用 AP 时只是在其默认的配置基础上进行很少的修改。几乎所有的 AP 都按照默认配置来开启 WEP 密钥进行加密，密钥加密和认证的保密措施根本不能起到应有的效果。

（二）认识无线网络安全技术

无线局域网的发展速度越来越快，无线网络安全技术越来越多，安全性也会越来越高。就无线网络来说，其安全技术主要有禁止 SSID 广播，物理地址（MAC）过滤，采用连线对等加密技术（WEP）设置密钥，使用虚拟专用网络（VPN）和端口访问控制技术（802.1x）等。

1. 禁止 SSID 广播

无线工作站必须出示正确的 SSID 才能访问 AP，因此，可以认为 SSID 是一个简单的口令，从而提供一定的安全保障。如果 SSID 向外广播，那么网络的安全程度将下降。一般情况下，SSID 很容易共享给非法用户。目前有的厂家支持“任何”SSID 方式，只要无线设备处于某个 AP 范围内，设备就会自动连接到该 AP，这将跳过 SSID 安全功能。为了避免网络安全隐患，通常在设置 AP 时，通过禁止 SSID 广播来增强无线网络的安全性。

2. 物理地址（MAC）过滤

每个无线工作站网卡都由唯一的物理地址来标示，因此可以在 AP 中手工维护一组允许访问的 MAC 地址列表，实现物理地址过滤。物理地址过滤属于硬件认证，而不是用户认证。这种方式要求 AP 中的 MAC 地址列表必须随时更新（目前都只能手工操作），因此不适合用户不断变化的场合。其扩展能力差，只适合于小型的网络。

3. 采用连线对等加密技术（WEP）设置密钥

在链路层采用 RC4 对称加密技术，密钥长 40 位，能够防止非授权用户的监听以及非法用户的访问。用户的密钥必须与 AP 的密钥相同，并且一个服务区内的所有用户都共享同一个密钥。WEP 虽然通过加密增强了网络的安全性，但也存在许多缺陷，如一个用户丢失钥匙将使整个网络不安全；40 位的密钥在今天也很容易被破解；密钥是静态的，并且要手工维护，扩展能力差等。为了提供更高的安全性，802.11i 标准提供了 WEP2 技术，该技术与 WEP 类似。WEP2 采用 128 位加密钥匙，从而提供了更高的安全性。

4. 使用虚拟专用网络（VPN）

虚拟专用网络是指在一个公共 IP 网络平台上通过隧道以及加密技术保证专用数据的网络安全，目前许多企业以及运营商已经采用 VPN 技术。VPN 可以替代 WEP 解决方案以及物理地址过滤解决方案。采用 VPN 技术的另外一个好处是可以提供基于距离的用户认证以及计费。VPN 技术不属于 802.11 标准定义，因此它是一种增强性的网络解决方案。

5. 端口访问控制技术（802.1x）

该技术也是用于无线局域网的一种增强性的网络安全解决方案。当无线工作站（STA）与无线接入点（AP）关联后，是否可以使用 AP 的服务要取决于 802.1x 的认证结果。如果认证通过，则 AP 为 STA 打开这个逻辑端口，否则不允许用户访问网络。802.1x 要求无线工作站安装 802.1x 客户端软件，无线访问点要内嵌 802.1x 认证代理，将用户的认证信息转发给距离认证服务器。802.1x 除提供端口访问控制能力之外，还提供基于用户的认证系统及计费，特别适合于公共无线接入解决方案。

项目实训　图书馆无线网

高校校园网已经成为教师和学生获取资源和信息的主要途径之一，它在高校教育中的作用与地位日益显著。教师和学生对高校校园网的依赖性相当高，"随时随地获取信息"已成为广大师生的新需求。但是，像图书馆这样的场所，传统的有线校园网无法预先规划出足够的网络信息节点，导致上网受到限制。有线网络与无线网络相结合，可以成功弥补有线校园网的不足，与校园有线网络相得益彰，共同构建一个无处不在的高校校园网络。

案例中图书馆平面图如图6-49所示。

1．需求分析

（1）解决信息点流动问题

图书馆作为公共集会场所，人员流动大，一般不可能布设很多有线信息节点，但是随着笔记本电脑的普及和现代化教学的需要，往往要求这些场所能够使大量计算机同时上网，以进行网上教学和活动，但目前的有线校园网不能满足这些条件。采用无线方式，在有限的信息点上连接无线接入器，就可以从一个信息点扩展到成百上千个信息点，实现多台计算机同时上网。

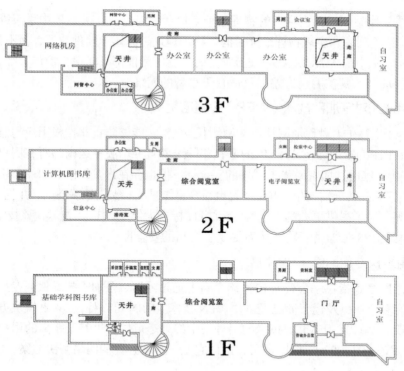

图6-49　图书馆平面图

（2）提高教学效率

教师和学生在上课的时候不必再往返于图书馆、办公室、教室、宿舍，采用无线方案可以在上述地方随意检索图书馆的网上资料、查阅教案及完成布置的作业。同时，为用户对校园网其他资源的应用提供了更便利的条件，提高了资源的利用率。

（3）有效降低建网成本

一般来说，无线AP（接入点）可以使原来的一个信息点同时接入数十乃至数百个用户，可以大大降低设备和布线的投资及维护成本。

2．解决方案

针对图书馆房间用途，采取有线和无线相结合的方式，合理架设无线 AP，使多个 AP 覆盖全部无线场所，对于固定信息点位置，采用有线铺设方式，使图书馆内的信息点能够充分满足所有用户的要求。

（1）对于办公室、借书处等办公场所，由于网络信息节点数量固定，采用有线方式铺设。

（2）网络机房采用交换机级联，通过服务器代理方式连接主干网络，或者通过路由器连接主干网络，机房内部为有线小型局域网，统一管理。

（3）对于各个阅览室和学生自习室，为了方便学生上网查询资料和图书，采用无线 AP 接入有线网络方式铺设。

具体拓扑结构如图 6-50 所示。

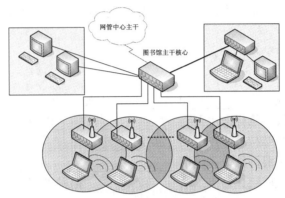

图 6-50　图书馆无线网络拓扑结构

通过以上方案分析，具体网络布线结构如图 6-51 所示。

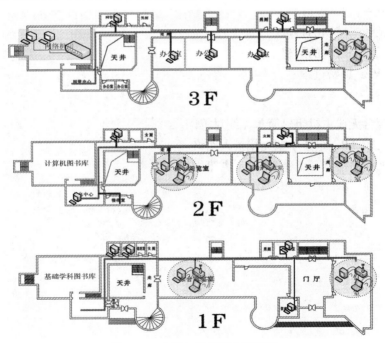

图 6-51　有线与无线混合布线图

　　该方案的特点是可以充分利用无线 AP 的性能，使整个网络可以支持数百用户同时安全、稳定地使用。根据不同区域的网络应用，按照蜂窝状布设多个无线接入点（AP），每个 AP 可以承担上百个用户同时上网，如图 6-51 所示。从无线网络 11 Mbit/s 速率考虑，推荐布设稍微密集的 AP，可以承受较多用户同时上网的要求，而不会导致网络堵塞，各个 AP 的间距为 50 ~ 200 m。AP 可以放在天花板、墙壁等地方，遵从的原则是摆放在视线范围内，并尽可能处于无线用户的中心位置。这样，用户接收到的信号强，无线连接的质量高。AP 之间可以做到负载均衡，相互冗余，并且通过自动适应频道或动态调整功率，避免密集的 AP 之间相互干扰。

　　AP 通过普通的超五类双绞线与交换机相连，再将交换机的另一端与校园网网管中心主干连通。每个 AP 可以有一个固定的 IP 地址做网络管理使用，与用户的 IP 地址无关。校园网服务器端如果启用 DHCP 服务，那么用户就可以通过 DHCP 服务器自动获取 IP 地址，无须任何配置就可以连接校园网，从而避免了烦琐的网络属性设置。若校园网使用固定 IP 地址，则图书馆内部应设 DHCP 服务器，以实现无线用户的动态 IP 到校园网合法 IP 地址的转换。

思考与练习

一、选择题

1. 无线局域网一般分为_____和_____两大类。
2. 目前常用的无线网络标准主要有_____、_____以及_____等。
3. 无线网络的拓扑结构分为_____和_____。
4. 无线局域网的主要硬件设备包括_____、_____、_____、_____等。
5. 常见的无线局域网组建分为_____和_____两种类型。
6. 无线局域网的无线网络安全技术主要有_____、_____、_____、_____等技术。

二、简答题

1. 简述无线局域网的特点。
2. 简述无线局域网的组建结构。
3. 简述 WEP 加密过程。

三、实验题

1. 使用两台无线主机组建简单无线对等网。
2. 使用无线 AP，组建小型无线接入网络。
3. 使用无线路由器，组建 Internet 共享网络。

项目七　搭建网络服务

Internet 之所以受到了广泛的欢迎，就在于它提供了各种丰富的网络服务。同样，在构建了基本的局域网物理结构后，就需要利用其来实现各种网络服务，包括 DNS、WWW、FTP、电子邮件等。只有提供了这些服务，局域网才能够成为真正的网络，能够满足用户网页浏览、资料下载、交流通信等应用需求。网络服务需要通过服务器来实现。一台物理意义上的服务器平台（计算机）能够承载多种网络服务，也被称为这些服务的服务器，是一个逻辑上的概念。后面所讨论的服务器，就是指这种逻辑服务器。本项目以目前常用的 Windows Server 2012 操作系统为例，说明如何实现常用的网络服务。

本项目主要通过以下几个任务完成。

- 任务一　创建 Internet 信息服务
- 任务二　管理 Web 网站
- 任务三　实现 DHCP 服务
- 任务四　创建域名服务
- 任务五　FTP 服务

学习目标

- 掌握安装、配置 Internet 信息服务
- 掌握 DNS 服务
- 掌握 DHCP 服务
- 掌握配置 WWW 服务
- 掌握文件的传输
- 学会电子邮件的设置

任务一　创建 Internet 信息服务

Internet 信息服务（Internet Information Server，IIS）是与 Windows 操作系统配套使用的 Internet 信息服务平台。IIS 功能强大、使用简便，在局域网中得到了广泛使用。它对系统资源的消耗很少，安装、配置都非常简单。而且 IIS 能够直接使用 Windows 操作系统的安全管理工具，提高了安全性，简化了操作，是中小型网站理想的服务器工具。Windows Server 2003 中，IIS 的版本是 6.0，在 Windows Server 2008 中为 7.0，在 Windows Server 2012 中为 8.0。

（一）安装 IIS

在 Windows Server 2012 中，IIS 作为一个组件包含在服务器管理器中。Windows 服务管理器提供对当前操作系统中的所有系统服务进行统一管理功能，该工具不仅能够查找、编辑或删除计算机中的所有服务，另外，还提供创建新服务、查看系统核心层服务及查看其他计算机服务等功能。

【任务要求】

默认情况下，Windows Server 2012 没有安装 IIS。下面来说明如何安装 IIS。

【操作步骤】

（1）在展开桌面上单击【服务器管理器】图标，打开【服务器管理器】窗口，如图 7-1 所示。

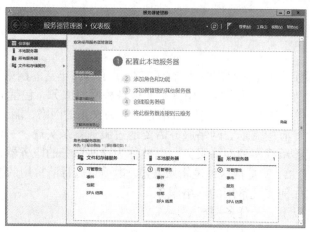

图 7-1 【服务器管理器】窗口

（2）单击【添加角色和功能】选项，打开【添加角色和功能向导】窗口，要求选择安装类型，如图 7-2 所示。

图 7-2 要求选择安装类型

（3）单击 下一步(N) 按钮，出现【服务器选择】页面，如图 7-3 所示，要求选择一个目标服务器。在虚拟化环境下，可能会有多个服务器，因此，此处需要用户确定安装在哪个服务器上。

图 7-3 【服务器选择】页面

（4）单击 下一步(N)> 按钮，出现【服务器角色】页面，如图 7-4 所示。允许用户选择一个或多个角色或功能来安装。

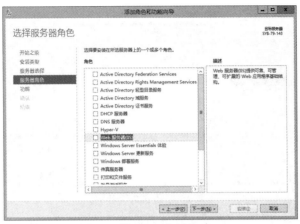

图7-4 【服务器角色】页面

从列表框中可以看到操作系统目前已经安装的角色（组件前面的复选框中打勾）和没有安装的角色。可以看到"Web 服务器（IIS）"目前还没有安装。

（5）勾选"Web 服务器（IIS）"角色，弹出一个说明对话框，如图 7-5 所示，说明在添加 Web 服务器的时候，需要安装 IIS 管理控制台来对服务器进行管理。IIS 管理控制台可以安装在不同的服务器上，但是我们一般都会在本地安装。

（6）单击 添加功能 按钮，回到向导页面，可见此时"Web 服务器（IIS）"项已经被选中。

（7）持续单击 下一步(N)> 按钮，会出现不同的页面，说明当前选项和安装情况。在【角色服务】页面，显示了 Web 服务器中的各项功能和服务。在【安全性】选项目中，勾选"IP 和域限制"，如图 7-6 所示，以便在网站安全性方面可以进行访问地址限制。

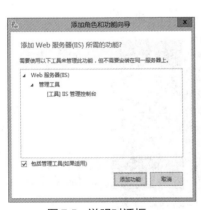

图7-5 说明对话框

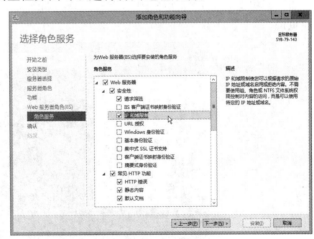

图7-6 勾选"IP 和域限制"

（8）单击 下一步(N)> 按钮，出现安装确认页面，显示当前选定的服务器功能。

（9）再单击 安装(I) 按钮，则出现【安装进度】页面，开始安装选定的功能。安装完毕，会有一个安装情况说明，如图 7-7 所示。

图 7-7 功能安装完毕

（10）单击 关闭 按钮，回到服务器管理器页面，此时，左侧列表栏出现了一个新的栏目
"IIS"，如图 7-8 所示。

图 7-8 服务器管理器页面出现了"IIS"栏目

（11）打开 IE 浏览器，并在浏览器的地址栏中输入地址"http://localhost"，然后按 Enter
键。如果成功安装了 IIS，则在浏览器中会显示如图 7-9 所示的内容。这是 IIS 8.5 自带的一个
欢迎页面。

图 7-9 测试 IIS 是否安装成功

说明：localhost 是 WWW 地址中的一个特定名词，指代计算机自身的地址。所以浏览器
不需要去寻找其他网络，而是直接打开自身的 Web 网站页面。同样，在地址栏中输入 IP 地址
"127.0.0.1"也可以实现上述效果，这是一个保留给计算机自身进行测试的特殊 IP 地址。

（二）设置网站主目录和默认文档

主目录是访问 Web 网站时首先出现的页面。每个 Web 网站都应该有一个对应的主目录，该网站的入口网页就存放在主目录下。在创建一个 Web 网站时，对应的主目录已经创建了。但如果需要，可以重新进行设置。网站的物理路径，可以设置为本地目录，也可以设置为另外计算机上的共享目录，还可以重定向到已有的一个网站的地址 URL（Uniform Resource Locator）处。实际应用中，一般都是使用本机的一个实际物理位置。

每当网站启动时，都会自动开启一个页面，该页面是网站的默认文档。如果没有为网站设置默认文档，当用户不指定网页文件而直接打开 Web 网站时，会出现错误信息。

【任务要求】

为系统自动创建的默认网站"Default Web Site"设置网站主目录，并定义默认文档。

【操作步骤】

（1）在【服务器管理器】窗口中，单击右上方菜单栏区的【工具】菜单，从其下拉菜单中选择【Internet Information Services（IIS）管理器】命令，打开管理器窗口，如图 7-10 所示。

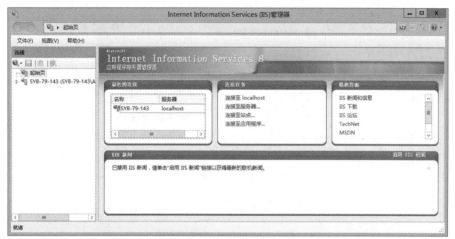

图 7-10　Internet Information Services（IIS）管理器

（2）双击左侧【连接】窗格中的计算机名称（此处为"SYB-79-143"），出现一个对话框，如图 7-11 所示，询问用户是否将当前的系统与互联网上的 Web 组件平台连接以获取最新的组件信息。实际上，为了保持服务器的安全，一般都不选择连接。

图 7-11　询问是否连接网络 Web 平台

（3）单击 取消 按钮，则展开一个树状列表，如图 7-12 所示，网站下会出现一个自动创建的"Default Web Site"网站，其图标为一个小地球仪。

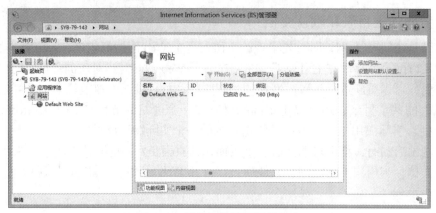

图 7-12　当前服务器下网站信息

（4）选择"Default Web Site"网站，则管理器中显示了该网站的各种设置项，如图 7-13 所示。

图 7-13　网站的各种设置项

（5）在右侧【操作】窗格中，单击【编辑网站】中的【基本设置】选项，打开【编辑网站】对话框，其中有当前网站的名称、应用程序池、物理路径等基本属性。利用 按钮，为网站选择一个适当的目录，这样就修改了网站的主目录，如图 7-14 所示。

图 7-14　修改网站主目录

（6）单击 确定 按钮，返回 IIS 管理器，在中间窗格的底部，单击打开【内容视图】页面，可见其中显示了"Default Web Site"网站具体的内容，也就是前面选择的物理目录中的文件，如图 7-15 所示。

图 7-15 网站内容视图

（7）回到【功能视图】页面，双击【默认文档】选项，打开【默认文档】页面，如图 7-16 所示，其中有若干文档名称。这些文档名称是系统自动设置的，用户可以根据自己的需要进行删除、添加或调整顺序操作。

图 7-16 【默认文档】页面

（8）选择文档名称，利用右侧【操作】窗格中的编辑命令，可以对默认文档进行修改，最终形成适合网站需要的默认文档列表。这里我们修改网站默认文档为"index.html"，如图 7-17 所示。系统在读取网站默认文档时，会顺序从上向下读取。若列表中的文档都不存在，则对网站的访问失败。

（9）在左侧【连接】窗格中重新单击网站名称"Default Web Site"，回到网站配置主页面。

（10）在右侧【操作】窗格中，单击【浏览*:80（http）】选项，就能够打开网站进行浏览，如图 7-18 所示，当前显示的页面就是网站的默认文档。

图 7-17 修改网站默认文档为"index.html"　　　　图 7-18 浏览网站

155

（三）创建新的 Web 网站

WWW 服务是目前应用最广的一种基本互联网应用，我们每天上网都要用到这种服务。由于 WWW 服务使用的是超文本链接（HTML），所以可以很方便地从一个信息页转换到另一个信息页，不仅能查看文字，还可以欣赏图片、音乐、动画。最常用的 WWW 服务程序就是浏览器，包括微软、360、百度、腾讯、谷歌等，都有自己的浏览器软件。

简单地说，WWW 是一种信息服务方式，而 Web 网站是信息存放的载体。要实现 Web 网站的 WWW 服务，就需要在 IIS 中对网站进行适当的配置。

【任务要求】

在安装 IIS 的过程中，系统创建了一个默认的 Web 网站，但很多时候用户需要创建自己新的 Web 网站。IIS 支持在一台计算机上同时建立多个网站，下面我们就来练习创建一个名为 "NewWeb" 的网站。

【操作步骤】

（1）打开【IIS 管理器】窗口。

（2）在左侧的【网站】选项上单击鼠标右键，从弹出的快捷菜单中选择【添加网站】命令，弹出【添加网站】对话框，如图 7-19 所示。

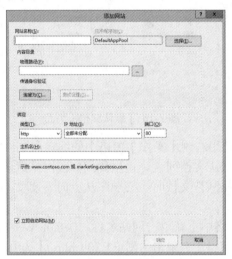

图 7-19 【添加网站】对话框

（3）【网站名称】栏设置的是该 Web 网站的名称，该名称将显示在 IIS 管理器窗口左侧的树状列表中。这里输入 "NewWeb"，后面的【应用程序池】栏会出现与网站名称相同的内容。

（4）单击  按钮，打开【选择应用程序池】对话框，选择 "DefaultAppPool"，这是系统默认的通用应用程序池，如图 7-20 所示。

图 7-20 设置网站名称及应用程序池

说明：应用程序池的目的是将一个或多个应用程序链接到一个或多个工作进程集合。因为应用程序池中的应用程序与其他应用程序被工作进程边界分隔，所以某个应用程序池中的应用程序不会受到其他应用程序池中应用程序所产生问题的影响。

（5）在【内容目录】区，设置网站的文件位置。单击 ┄ 按钮，从弹出的【浏览文件夹】对话框中选择目录位置，确定后，该路径就显示在【物理路径】栏中，如图 7-21 所示。

图 7-21　设置网站的文件位置

（6）在【绑定】区，设置该 Web 网站所使用的网络协议类型、IP 地址、TCP 端口及该网站的主机名，如图 7-22 所示。

图 7-22　设置网站的 IP 地址、TCP 端口及主机名

说明：

● 类型：包括 http 和 https 两个选项，https 是以安全为目标的 http 通道，在 http 下加入 SSL 层，提供了身份验证与加密通信方法。一般均应选择 http。

● IP 地址：可以选择"全部未分配"或本机绑定的 IP 地址（可能不止一个）。若选择"全部未分配"，则该网站将响应所有指定到该计算机并且没有指定到其他网站的 IP 地址，这将使得该网站成为默认网站。

● 端口：指定用于该网站服务的端口，默认为"80"，这是 HTTP 服务的默认设置。该端口可以根据需要更改，但是必须告知用户，浏览器访问此网站时就需要指明端口号，否则，将无法访问该 Web 网站，所以，端口号最好不要随意改变。

● 主机名：该网站所对应的主机域名，可以根据需要自行设定。

【知识链接】

这里需要说明一下主机名的概念。

当在服务器上安装了 IIS 后，系统会自动创建一个默认的 Web 网站。但是在实际工作中，有时需要用一台服务器承担多个网站的信息服务业务，这时就需要在服务器上创建新的网站，这样可以节省硬件资源、节省空间和降低能源成本。

要确保用户的请求能到达正确的网站，必须为服务器上的每个网站配置唯一的标识，也就是说，必须至少使用 3 个唯一标识符（主机名、IP 地址和 TCP 端口号）中的一个来区分每个网站。

主机名实际上是一个网络域名到一个 IP 地址的静态映射，一般需要在域名服务（DNS）中提供解析。DNS 将多个域名都映射为同一个 IP 地址，然后在网站管理中通过主机名（域名）来区分各个网站。例如，在一台 IP 地址为"192.168.1.10"的服务器上可以有两个网站，其主机名分别为"www.newweb.com"和"movie.myweb.com"。为了让别人能够访问到这两个网站，必须在 DNS 中设置这两个域名都指向"192.168.1.10"。当用户访问某个域名时，就会在 DNS 的解析下通过 IP 地址找到这台服务器，然后在主机名的引导下找到对应的网站。

说明：HTTP 使用的 TCP 端口默认为"80"。在同一台计算机上，不同网站的 IP 地址、端口和主机名至少要有一项是不同的。

（7）全部设置完成后，单击 确定 按钮，返回 IIS 管理器，可见此时在【连接】窗格中，出现了我们刚才创建的"网站建设示例"网站，如图 7-23 所示。

图 7-23　新的网站已经创建

说明：虽然也可以使用多个 IP 地址或不同的 TCP 端口号来标识同一个服务器上的不同网站，但最好还是使用主机名来标识。另外，如果同时使用几种方式来区分网站，如将主机名、IP 地址或 TCP 端口号任意组合来标识，反而会降低服务器上所有网站的性能。

（四）创建虚拟目录

【任务要求】

从前面创建和管理 Web 网站的实例中可以看到，建立一个 Web 网站后，该网站就和一个主目录相对应。例如，前面建立的网站"NewWeb"所对应的目录就是"F:\网站示例\手机网站"。也就是说，所有与该网站有关的网页文件都放在了该目录及其子目录下。但有时，与该网站有关的内容不一定要放在该目录下，也可能存放在其他文件夹下。为了管理方便，IIS 提出了虚拟目录的方法。

所谓虚拟目录就是指某文件夹并不在该网站主目录下，但在 Internet 信息管理器和浏览器中却将其看作是在该网站的主目录中。虚拟目录是一个与实际的物理目录相对应的概念，该虚拟目录的真实物理目录可以在本地计算机中，也可以在远程计算机上。

虚拟目录必须挂靠在某一个创建好的网站下。下面来为默认网站"Default Web Site"添加一个虚拟目录。

【操作步骤】

（1）在【IIS 管理器】窗口，在需要创建虚拟目录的网站上单击鼠标右键，其快捷菜单中有一个"添加虚拟目录"的命令项，如图 7-24 所示。

（2）选择该命令项，弹出【添加虚拟目录】对话框，如图 7-25 所示。其中【别名】将代替实际的物理目录的名字出现在虚拟目录列表中。

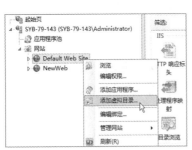

图 7-24　"添加虚拟目录"命令　　图 7-25　【添加虚拟目录】对话框

（3）为虚拟目录设置合适的别名，例如"virtualDir"；再选择其实际的物理路径，如图 7-26 所示。

（4）单击【确定】按钮，则创建的虚拟目录"virtualDir"会出现在选定网站的目录树中，如图 7-27 所示。虚拟目录的图标和实际目录的图标有所不同，可以像对待网站中的实际目录一样来对其进行操作。

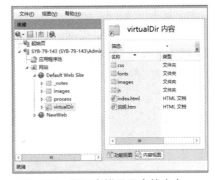

图 7-26　设置虚拟目录别名及物理路径　　图 7-27　显示虚拟目录中的内容

（5）打开浏览器，在地址栏中输入"http://localhost/virtualDir/index.html"，就可以浏览虚拟目录中的网页，如图 7-28 所示。

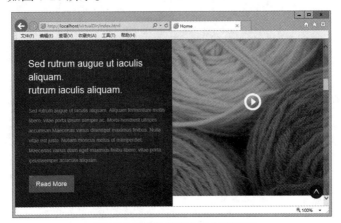

图 7-28　浏览虚拟目录中的网页

　　虚拟目录是把服务器上不在当前 Web 网站目录下的一个文件夹，映射为 Web 网站下的一个逻辑目录，这样，外部浏览者就能够通过 URL 地址来访问该文件夹下的资源。虚拟目录不仅可以将 Web 网站文件分散到不同的磁盘或计算机上，提高了创建网站的灵活性，而且由于外部浏览者不能看到 Web 网站的真实目录结构，也提高了网站的安全性。

任务二　管理 Web 网站

　　Web 网站创建后，该网站就具备了一些基本属性和功能且可以使用。在使用过程中，如果发现有需要调整的地方，可以对 Web 网站进行配置，以便更好地使用该网站的功能。

（一）利用 TCP 端口来标识网站

【任务要求】

　　在 IIS 内可以搭建多个网站，但是一般一台计算机只有一个 IP 地址。要区分各网站，除了利用主机名之外，还可以利用不同的 TCP 端口号来达到这个目的。这也是一种常用的标识网站的方法。

　　下面再创建一个网站，为其设置不同的 TCP 端口号，以便用户能够访问该网站。

【操作步骤】

　　（1）在【IIS 管理器】窗口中，选择【添加网站】命令，创建一个新的网站"TestWeb"，设置其端口号为"801"，如图 7-29 所示。

　　（2）单击 确定 按钮，完成网站的创建。

　　（3）观察一下新网站的【内容视图】，知道其中都有哪些文件，然后设置新网站的默认文档为"index1.html"，如图 7-30 所示。

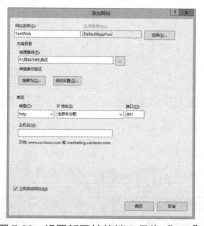

图 7-29　设置新网站的端口号为"801"

图 7-30　设置新网站的默认文档

（4）打开浏览器，输入"http://127.0.0.1/"，会发现浏览器打开的是默认网站"Default Web Site"的内容，而不是新网站"TestWeb"的页面。

（5）为地址加上一个端口号，修改访问地址为"http://127.0.0.1:801/"，则浏览器能够顺利打开新网站的页面了，如图 7-31 所示。

图 7-31　为访问地址加上端口号

说明：地址端口号添加的标准格式为"IP 地址+冒号+端口号"。注意，这个冒号一定要是英文状态下的冒号。

（二）添加或删除服务器角色

【任务要求】

Windows Server 2012 的 IIS 采用模块化设计，默认只会安装少数功能与角色，其他功能可以由系统管理员自行添加或删除。

下面我们来添加几个常用的 IIS 网站角色，以利于网站的管理。

【操作步骤】

（1）打开【服务器管理器】，单击【仪表板】，在中间功能区有配置本地服务器的多个功能项，如图 7-32 所示。

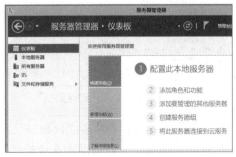

图 7-32　打开仪表板

（2）单击【添加角色和功能】选项，在出现的【选择服务器角色】界面，先在左侧选择

"服务器角色"，则【服务器角色】选项就有效了。如图 7-33 所示，这时很多服务器功能角色还没有安装，其中 Web 服务器的角色总共有 43 个，已经安装了 9 个功能。

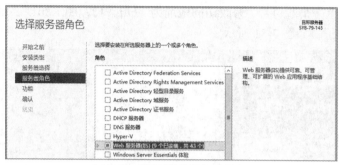

图 7-33　查看当前服务器角色

（3）单击【Web 服务器（IIS）】选项左侧的小三角，展开该项，其中主要包括【Web 服务器】和【FTP 服务器】。后者将在本章后面讨论，下面主要介绍前者。如图 7-34 所示，Web 服务器功能角色中包含了 5 个方面的角色，每个方面又包含了若干项。

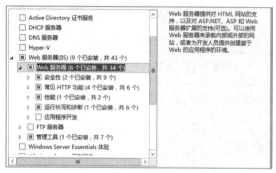

图 7-34　Web 服务器功能角色

（4）展开【安全性】选项，选择安装其中的"IP 和域限制"，这是一种常用的网站安全控制，如图 7-35 所示，其他身份验证的角色一般不需要选。

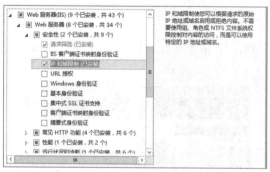

图 7-35　选择安装"IP 和域限制"

　　说明：网站用来验证用户身份的方法主要有匿名身份验证、基本身份验证、摘要式身份验证与 Windows 身份验证等几种。系统默认只启用匿名身份验证，其他方式则需单独安装。一般情况下，网站都会支持匿名访问。

　　浏览器在访问网站时，网站会首先使用匿名身份验证的方式来建立连接，如果失败就会依次采用 Windows 身份验证、摘要式身份验证、基本身份验证等方式来验证用户身份。

- 匿名身份验证：这种方式允许任何用户直接匿名连接网站，不需要输入用户名和密码。系统内置了一个名称为 IUSR 的特殊用户账号。当用户匿名连接网站时，网站利用 IUSR 来代表这个用户，并支持多次调用。
- 基本身份验证：要求用户输入用户名和密码，但浏览器发给网站的用户名和密码并没有被加密，安全性不高。
- 摘要式身份验证：要求用户输入用户名和密码，浏览器的用户名和密码经过 MD5 算法加密和哈希处理后发送到网站。
- Windows 身份验证：要求输入用户名和密码，然后经过加密和哈希处理后发送到网站；支持安全通信协议，适合在内部网络通过统一身份认证来连接网站。

（5）展开"常见 HTTP 功能"，选择安装其中的"HTTP 重定向"，如图 7-36 所示。这个功能支持将用户访问请求转向另一个 URL 地址的操作，是一个很有用的功能。

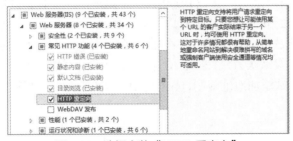

图 7-36 选择安装"HTTP 重定向"

（6）展开"应用程序开发"，选择安装其中 ASP、ASP.NET 4.5、CGI、服务器端包含等项，如图 7-37 所示，这些功能支持动态网页功能。

需要说明的是，在勾选 ASP、ASP.NET 4.5 等项时，会出现图 7-38 所示的对话框，说明要安装该功能项需要同时安装其他关联功能项，一般直接选择 添加功能 按钮继续安装就可以了。

图 7-37 安装应用程序开发功能项

图 7-38 关联功能项安装说明

另外，由于 ASP.NET 3.5 并未包含在基本操作系统映像文件内，所以，若要安装该功能项，则需要从 Windows Server 2012 安装光盘的 sources\sxs 文件夹或微软网站来获取相关支持文件，否则，安装会失败。

（7）确认后，系统开始安装选中的角色或功能，如图 7-39 所示。

（8）安装完毕，重新查看服务器角色，可见前面选定的功能均已经安装成功，如图 7-40 所示。若有个别功能没有顺利安装，请重复上面的操作，确保功能安装。

图 7-39　安装选中的角色或功能

图 7-40　查看安装的功能

（三）通过 IP 地址限制访问

【任务要求】

通过合理的设置，可以限制特定 IP 地址用户对网站的访问，以提高网站的安全性。一般有两种情况：一种是所有的联网计算机都可以访问本网站，但是在地址列表框中列出地址的计算机不能访问；另一种是所有的计算机都不能访问本网站，但是地址列表框中列出地址的计算机可以访问。系统一般默认为允许所有的计算机访问本网站。

下面我们为默认网站添加地址限制，不允许 192.168.79.0~192.168.79.255 这个地址段的计算机访问。

【操作步骤】

（1）在 IIS 管理器窗口中，选择网站 "Default Web Site"，在中间【功能视图】区域找到【IP 地址和域限制】功能项，如图 7-41 所示。

图 7-41　【IP 地址和域限制】功能项

（2）双击该功能项，打开【IP 地址和域限制】操作页面，如图 7-42 所示。初始状态下，网站是对所有用户开放的，没有任何限制。

图 7-42　【IP 地址和域限制】操作页面

（3）单击【添加拒绝条目】按钮，弹出【添加拒绝限制规则】对话框。在其中添加对地址段 192.168.79.0 的限制，如图 7-43 所示。

（4）单击 确定 按钮，则该地址被添加到限制列表中，如图 7-44 所示。这样，所有地址在"192.168.79.1"～"192.168.79.254"之间的计算机都被拒绝访问本网站。

图 7-43 添加对地址段的限制

图 7-44 地址被添加到了限制列表中

说明：这里使用的网络标识是 IP 地址，其最后一个字节为 0，表示这是一个网段。

（5）选择一台包含在该限制范围内的计算机，浏览这个网站的网页，则出现地址受限而无权查看页面的错误提示，如图 7-45 所示。

图 7-45 地址受限，无法访问网站

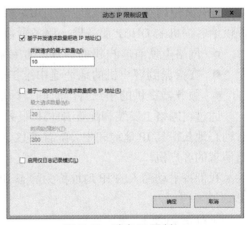

图 7-46 动态 IP 限制

【IP 地址和域限制】中还有一个功能"编辑动态限制设置"，可以通过动态 IP 限制来决定是否允许客户机对网站的连接，如图 7-46 所示。例如"基于并发请求数量拒绝 IP 地址"能够限制一个客户机同时连接网站的数量（打开该网站的网页数），这样可以防止恶意过度访问，降低网站的负载。

任务三 实现 DHCP 服务

互联网使用的是 TCP/IP，它要求网络上的每台计算机都必须有唯一的计算机名称、IP 地址和与之相关的子网掩码。IP 地址和子网掩码标识了该计算机及其连接的子网，将该计算机移动到不同的子网时，必须更改 IP 地址和子网掩码。这对于大的局域网，特别是包含千万个用户的广域网来说，是一个十分复杂而繁重的任务。为了简化网络配置操作，可以通过 DHCP

来自动获取 IP 地址并完成配置工作。

DHCP（Dynamic Host Configuration Protocol）称为动态主机配置协议，是一种简化主机 IP 配置管理的 TCP/IP 标准。如果一台计算机设置成动态获取 IP 地址的 DHCP 方式，那么，当该计算机连接到互联网时，该计算机将首先寻找本地网络上的 DHCP 服务器，然后服务器从 IP 地址数据库中获取一个 IP 地址及其他相关的配置信息，动态指派给该计算机，如图 7-47 所示。

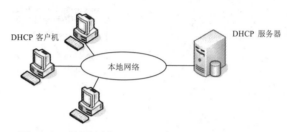

图 7-47　使用本地 DHCP 服务器和 IP 地址数据库

对于基于 TCP/IP 的网络，使用 DHCP 服务器减少了重新配置计算机 IP 地址的操作，避免了因误操作而引起的配置错误，有助于防止 IP 地址冲突，减轻了管理员的工作量和管理难度。目前，普通的宽带网络和较大的局域网都采用 DHCP 服务器。

（一）了解 DHCP 的工作原理

DHCP 使用客户/服务器模型。网络管理员建立一个或多个维护 TCP/IP 配置信息，并将其提供给客户机的 DHCP 服务器，服务器数据库包含以下信息。

● 网络上所有客户机的有效配置参数。
● 在指派到客户机的地址池中维护的有效 IP 地址，以及用于手动指派的保留地址。
● 服务器提供的租约持续时间，即所分配 IP 地址的有效时间。

通过在网络上安装和配置 DHCP 服务器，启用 DHCP 的客户机可在每次启动并接入网络时动态地获得其 IP 地址和相关配置参数。DHCP 服务器以地址租约的形式将该配置提供给发出请求的客户机。

我们将手动输入的 IP 地址称为静态 IP 地址，而向 DHCP 服务器租用的 IP 地址称为动态 IP 地址。

【任务要求】

当 DHCP 客户机首先启动并尝试连入网络时，会自动执行初始化过程以便从 DHCP 服务器获得租约。下面演示说明 DHCP 客户机启动并尝试连入网络时的初始化过程。整个初始化过程如图 7-48 所示。

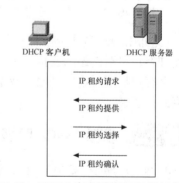

图 7-48　DHCP 客户机获取 IP 地址的过程

【操作步骤】

（1）DHCP 客户机在本地子网上广播 DHCP 探索消息（IP 租约请求）。

（2）如果网络中有 DHCP 服务器，该服务器会使用 DHCP 提供消息进行响应，提供信息中包含为客户机提供的 IP 地址（IP 租约提供）。

（3）如果没有 DHCP 服务器对客户机探索请求进行响应，则客户机可以按以下方式继续进行。

● 如果客户机在 Windows Server 网络操作系统下运行，并且未禁用 IP 自动配置，则客户机自行配置 IP 地址。

● 如果客户机未在 Windows Server 网络操作系统下运行，或 IP 自动配置已被禁用，则客户机初始化失败。如果保持运行，它会在后台继续重发 DHCP 探索消息（每 5分钟 4 次），直至接收到服务器所提供的 DHCP 消息。

（4）一旦收到 DHCP 提供的消息，客户机就使用 DHCP 请求信息回复 DHCP 服务器，来选择服务器提供的地址（IP 租约选择）。

（5）DHCP 服务器发出 DHCP 确认消息，表示租约已批准。同时，其他的 DHCP 选项信息也包含在确认消息中（IP 租约确认）。

（6）客户机一旦接收到确认消息，就使用回复消息来配置其 TCP/IP 属性并加入网络。

下面对几个重要的概念进行说明。

（1）作用域

DHCP 作用域是对使用 DHCP 服务器的子网进行的分组，由给定子网上 DHCP 服务器可以租用给客户机的 IP 地址池组成，如"192.168.0.1"～"192.168.0.254"。管理员首先为每个物理子网创建作用域，然后定义该作用域的参数。通常，作用域有下列属性。

● IP 地址的范围，可在其中加入或排除用于 DHCP 服务器租约的地址。

● 唯一的子网掩码，用于确定给定 IP 地址的子网。

● 作用域创建时指派的名称。

● 租约期限，它将指派给动态接收分配 IP 地址的 DHCP 客户机。

每个子网只能有一个具有连续 IP 地址范围的单个 DHCP 作用域，如果需要使用多个地址范围，可以通过设置排除范围实现。DHCP 服务器不为客户机提供这些排除范围内的地址租用。排除的 IP 地址可能是网络上的有效地址，但这些地址只能通过手动配置使用。

（2）租约

租约是 DHCP 服务器为客户机指派的可使用 IP 地址的时间期限。租用给客户时，租约是活动的。在租约过期之前，客户机一般需要通过服务器更新其地址租约指派。当租约期满或在服务器上删除时，租约是非活动的。租约期限决定租约何时期满，以及客户需要用服务器更新它的次数。

（3）地址池

地址池就是 DHCP 客户机能够使用的 IP 地址范围。在定义了 DHCP 作用域并应用排除范围之后，剩余的地址在作用域内形成可用的"地址池"。服务器可以将池内的地址动态地指派给网络上的 DHCP 客户机。

（二）安装 DHCP 服务器

要想利用 DHCP 为网络中的计算机提供动态地址分配服务，首先必须在网络中安装和配置一台 DHCP 服务器，而用户也需要采用自动获取 IP 地址的方式，这些客户机被称为 DHCP客户机。

说明：DHCP 服务器必须有静态 IP 地址。
由于网络环境的不同，读者的设置可能会与本书略有不同，请根据实际情况进行调整。

【任务要求】

要想使一台计算机成为 DHCP 服务器，必须对该计算机进行必要的配置，才能具有为网络上的计算机动态分配 IP 地址的功能。DHCP 服务器的配置一般是从定义作用域开始，包括定义作用域、租约期限、WINS 服务器地址等。

在 Windows Server 2012 上，安装 DHCP 服务器的方法与安装 DNS 的方法一样，只需要在安装网络服务组件时，在【网络服务】对话框中将【动态主机配置协议（DHCP）】复选框选中即可。下面我们来安装 DHCP 服务器功能。

【操作步骤】

（1）打开【服务器管理器】，从【仪表板】处添加角色和功能，选择添加【DHCP 服务器】功能，弹出【添加角色和功能向导】窗口，说明需要同时安装 DHCP 服务器工具，如图 7-49 所示。

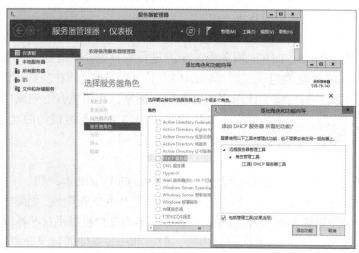

图 7-49 安装【DHCP 服务器】功能

（2）单击 添加功能 按钮，回到向导页面，然后持续单击 下一步(N) > 按钮，直到出现确认安装选项页面时，单击 安装(I) 按钮，完成安装，如图 7-50 所示。

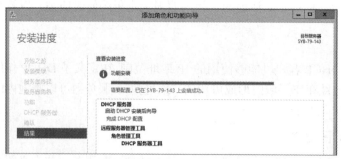

图 7-50 【DHCP 服务器】安装完成

（3）单击页面上的【完成 DHCP 配置】选项，根据向导，能够很方便地完成 DHCP 服务器的配置，如图 7-51 所示。

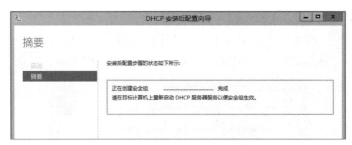

图 7-51　完成 DHCP 服务器的配置

（三）配置 DHCP 服务器

DHCP 服务器安装完成后，就可以在【服务器管理器】中通过【工具】菜单中的 DHCP 管理控制台来管理服务器。

【任务要求】

DHCP 服务器内必须至少建立一个 IP 作用域，当 DHCP 客户机向 DHCP 服务器租用 IP 地址时，服务器就可以从这些作用域内选择一个尚未出租的适当的 IP 地址，然后将其分配给客户机。在一台 DHCP 服务器内，一个子网只能够有一个作用域。

下面我们要在图 7-52 所示的环境中配置 DHCP 服务器和客户机，其中服务器的地址是 192.168.1.100，计划出租（或分配）给客户机计算机的 IP 地址范围（IP 作用域）为 192.168.1.101~192.168.1.199。

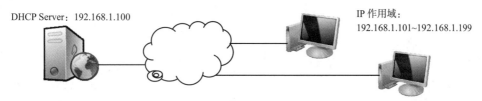

图 7-52　DHCP 服务器和客户机环境

【操作步骤】

（1）在【服务器管理器】界面，选择【工具】菜单中的【DHCP】命令，打开【DHCP】窗口，如图 7-53 所示。

（2）在 IPv4 上单击鼠标右键，出现一个快捷菜单，如图 7-54 所示，其中有进行各种配置操作的选项。

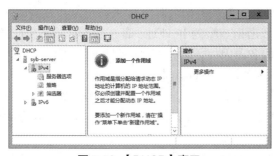

图 7-53　【DHCP】窗口

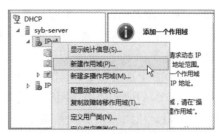

图 7-54　配置操作快捷菜单

（3）选择【新建作用域】菜单项，出现【新建作用域向导】对话框，通过该向导就能够很好地完成作用域的设置。

（4）单击 下一步(N) > 按钮，进入【作用域名称】向导页，在此需要为作用域定义一个名称，并添加适当描述，以便在有多个作用域的情况下正确识别该作用域，如图7-55所示。

图 7-55　设置作用域的名称和描述

（5）单击 下一步(N) > 按钮，进入【IP 地址范围】向导页，设置该作用域要分配的 IP 地址范围（起始 IP 地址和结束 IP 地址）和子网掩码，如图7-56所示。

（6）单击 下一步(N) > 按钮，进入【添加排除和延迟】向导页，设置该作用域中要排除的 IP 地址范围。某些 IP 地址可能已经通过静态方式分配给非 DHCP 客户机或服务器，因此，需要从 IP 作用域中排除。设置起始 IP 地址和结束 IP 地址后，单击 添加(D) 按钮，将其添加到下面的【排除的地址范围】列表中，如图7-57所示。

图 7-56　设置 IP 地址范围

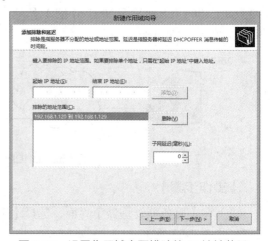

图 7-57　设置作用域中要排除的 IP 地址范围

下面简单介绍一下【子网延迟】选项的功能。

在一个网络中，可以有多台 DHCP 服务器，例如有两台服务器 Server-A 和 Server-B，采用 80/20 规则，即 Server-A 为主服务器，可以出租 80%的 IP 地址，而 Server-B 是备份服务器，可以出租 20%的 IP 地址。备份服务器在主服务器因故暂时无法提供服务时，可以接手继续为客户机提供服务。因此一般希望正常时由主服务器 Server-A 来出租 IP 地址给客户机。可是客户机在申请 DHCP 服务时，会同时向两个服务器发出请求，如果 Server-B 也及时响应的话，其所拥有的 20%的地址会很快用完。此时若 Server-A 发生故障，则 Server-B 也会因为没有了 IP 地址可出租，从而失去了服务能力。

子网延迟功能可以预防这种情况的发生。当备份服务器 Server-B 收到客户机的 DHCP 请求时，它会延迟一小段时间，以便让主服务器 Server-A 先响应并出租 IP 地址给客户机，从而真正起到备份服务器的作用。

若网络上只有一台 DHCP 服务器，则该项功能没有意义。

（7）单击 下一步(N) > 按钮，进入【租约期限】向导页，设置服务器分配的 IP 地址的租用期限，默认值为 8 天，如图 7-58 所示。

（8）单击 下一步(N) > 按钮，进入【配置 DHCP 选项】向导页。对于新建的作用域，必须在配置最常用的 DHCP 选项之后，客户才能使用该作用域。这里选择【是，我想现在配置这些选项】单选按钮，如图 7-59 所示。

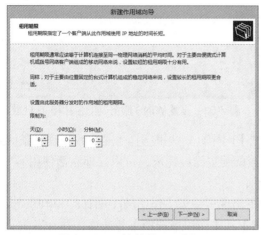

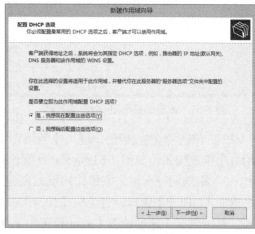

图 7-58　IP 地址的租用期限　　　　　　　　图 7-59　配置 DHCP 选项

（9）单击 下一步(N) > 按钮，进入【路由器（默认网关）】向导页。输入客户使用的默认网关的 IP 地址，然后单击 添加(D) 按钮，如图 7-60 所示。如此，DHCP 就能够为客户机自动配置网关地址。

图 7-60　添加默认网关的 IP 地址

（10）单击 下一步(N) > 按钮，进入【域名称和 DNS 服务器】向导页。设置客户机进行 DNS 解析时使用的父域、DNS 服务器的名称和 IP 地址，然后单击 添加(D) 按钮，将其添加到【IP 地址】列表中，如图 7-61 所示。

　　说明：如果服务器名称已经在 WINS 中进行了注册，则单击 解析(E) 按钮就能够自动得到该服务器的 IP 地址。

（11）单击 下一步(N) > 按钮，进入【WINS 服务器】向导页，可以设置 WINS 服务器的名称和 IP 地址，如图 7-62 所示。实际上，现在基于计算机名称解析的 WINS 服务器使用得比较少，很多局域网上都没有架设该服务器。所以，这里我们也不添加 WINS 服务器。

图 7-61　设置域名称和 DNS 服务器

图 7-62　设置 WINS 服务器的名称和 IP 地址

（12）单击 下一步(N) > 按钮，进入【激活作用域】向导页。这里选择【是，我想现在激活此作用域】单选按钮，如图 7-63 所示。此时作用域的配置已经完成，可以立即激活使用。

（13）跟随向导提示，完成作用域的创建激活。

返回【DHCP】窗口，可见在【IPv4】选项下出现了一个【作用域[192.168.1.0]IPScope】选项，其中包括【地址池】、【地址租用】、【保留】和【作用域选项】等选项，并且当前处于激活状态，如图 7-64 所示。

图 7-63　激活作用域

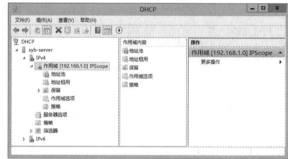

图 7-64　完成作用域的创建

为了使某台计算机能够动态获取 IP 地址及相关的网络配置，必须将该计算机配置成DHCP 客户机，也就是说，在其设置 IP 地址时，选中【自动获得 IP 地址】和【自动获得 DNS服务器地址】复选框即可。

任务四　创建域名服务

Internet 使用 DNS 来实现域名与 IP 地址的一一对应，从而大大简化了用户对于网络主机的理解和记忆。同样，在内部网络上也需要设置类似的域名服务。那么，DNS 如何架设呢？

（一）安装 DNS 服务

Windows Server 2012 提供了 DNS 服务功能，但是系统默认安装时是不安装 DNS 组件的。因此，要想实现 DNS 服务，用户首先需要在服务器上安装 DNS 服务，然后配置 DNS 服务，最后还需要在客户机上指明 DNS 服务器的地址，以便实现客户机与服务器之间的通信。

用户在访问网络时，首先会查找网络上的 DNS 服务器，然后通过 DNS 上记录的各个服务器的 IP 地址来访问具体的应用，这就是所谓的 DNS 映射。为了实现这种地址映射，用户需要首先规划网络的域名、服务器的 IP 地址等，如图 7-65 所示。

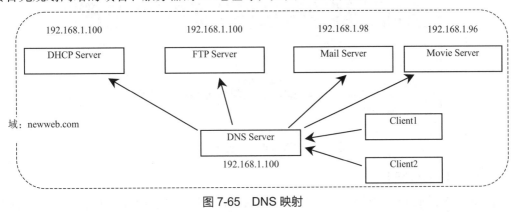

图 7-65 DNS 映射

说明：可以将多个功能服务器安装在一台物理服务器上，也就是说，这些服务器在逻辑上是独立的，但是在物理上是共用一台服务器的。这种模式在小型局域网中经常采用。

【任务要求】

安装 DNS 服务。

【操作步骤】

（1）打开【服务器管理器】，从【仪表盘】界面，选择【添加角色和功能】选项，打开【添加角色和功能向导】窗口。

（2）单击 下一步(N) > 按钮，直至出现【服务器角色】选项，找到【DNS 服务器】选项，如图 7-66 所示。

（3）勾选【DNS 服务器】选项，弹出一个对话框，说明需要同时安装【DNS 服务器工具】，如图 7-67 所示。

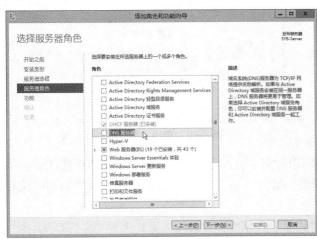

图 7-66 找到【DNS 服务器】选项

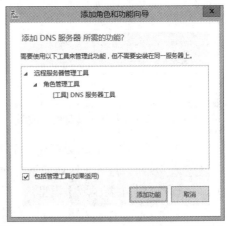

图 7-67 需要同时安装【DNS 服务器工具】

（4）单击 添加功能 按钮，然后继续单击 下一步(N) > 按钮，直至安装完成。这时在【服务器管理器】界面会出现一个【DNS】选项，显示当前 DNS 服务器的基本信息，如图 7-68 所示。

图 7-68　当前 DNS 服务器的基本信息

（二）建立 DNS 区域

DNS 区域是域名空间树状结构的一部分，通过它来将域名空间分割为容易管理的小区域。一台 DNS 服务器内可以存储一个或多个区域的数据。DNS 区域分为两种类型：

● 正向查找区域：利用主机域名查询主机的 IP 地址。
● 反向查询区域：利用 IP 地址来查询主机名。

【任务要求】

创建一个与主机地址 192.168.1.100 对应的 "www.newweb.com" 的 DNS 记录。

【操作步骤】

（1）在【服务器管理器】中，选择【工具】菜单中的【DNS】菜单项，弹出【DNS 管理器】窗口，如图 7-69 所示，利用这个管理工具可以完成 DNS 服务器的配置。

（2）选择【正向查找区域】，单击鼠标右键，在弹出的快捷菜单中选择【新建区域】命令，如图 7-70 所示。

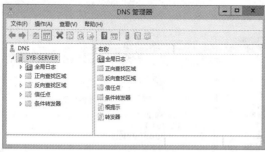

图 7-69　【DNS 管理器】窗口

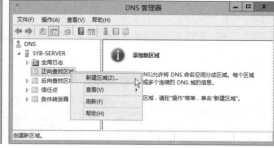

图 7-70　选择【新建区域】命令

（3）选择该命令后，会打开一个【新建区域向导】对话框，引导用户逐步创建区域。单击 下一步(N) > 按钮，进入【区域类型】向导页，如图 7-71 所示。这里列出了几种常用的区域类型，一般采用【主要区域】类型。

（4）单击 下一步(N) > 按钮，进入【区域名称】向导页，要求输入需管理的 DNS 区域名称，这里输入 "newweb.com"，如图 7-72 所示。

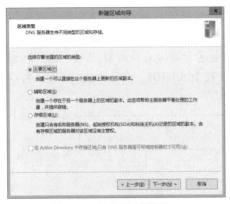
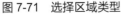

图 7-71 选择区域类型　　　　　　　　图 7-72 确定区域名称

（5）单击 下一步(N) 按钮，进入【区域文件】向导页，如图 7-73 所示。将设置的 DNS 信息保存在系统文件中，一般保持默认设置即可。

（6）单击 下一步(N) 按钮，进入【动态更新】向导页，如图 7-74 所示。如果允许动态更新，可使 DNS 客户机计算机在此 DNS 服务器的区域中添加、修改和删除资源记录，这会使系统的安全风险增大。一般选中【不允许动态更新】单选按钮。

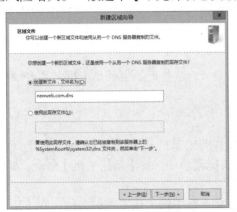
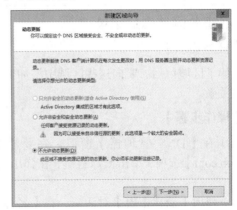

图 7-73 【区域文件】向导页　　　　　图 7-74 【动态更新】向导页

（7）单击 下一步(N) 按钮，在弹出的对话框中显示了前面设置的 DNS 信息，如图 7-75 所示。

（8）单击 完成 按钮，完成新区域的创建。此时，新区域的名称显示在 DNS 管理窗口的右侧面板中，如图 7-76 所示。

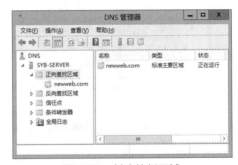

图 7-75 显示设置的 DNS 信息　　　　图 7-76 创建的新区域

在 DNS 中，还可以设置反向搜索区域。所谓正向搜索区域就是 DNS 服务器提供的从域名到 IP 地址映射的区域，而反向搜索区域就是从 IP 地址到域名映射的区域。反向搜索允许客户机在名称查询期间使用已知的 IP 地址，并根据这个地址查找计算机名，这个过程一般采取问答形式进行，例如，"您能告诉我 IP 地址为 '192.168.1.104' 的计算机的 DNS 名称吗？"，查询的原理如图 7-77 所示。

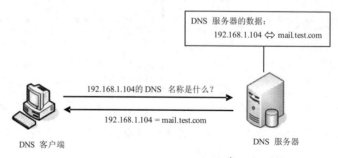

图 7-77　反向搜索区域

说明：在大部分的 DNS 查找中，客户机一般采用正向查找的方式。反向查询是一种过时的方法，目前很少使用。

（三）在正向区域添加记录

【任务要求】

创建了区域以后，要向这些区域中添加资源记录，这些记录也就是主机名和 IP 地址之间的映射关系。

【操作步骤】

（1）在【DNS 管理器】窗口，在要添加主机记录的正向搜索区域名称上（这里指【newweb.com】选项）单击鼠标右键，在弹出的快捷菜单中选择【新建主机】命令，如图 7-78 所示。

（2）弹出【新建主机】对话框，在【名称】文本框中输入该主机的名称，在【IP 地址】文本框中输入对应该主机的 IP 地址。这里要为 "www.newweb.com" 添加 DNS 记录，则输入的名称为 "www"，如图 7-79 所示。

图 7-78　选择【新建主机】命令

图 7-79　输入主机名称和地址

（3）单击 [添加主机(H)] 按钮，系统显示成功创建主机记录的信息，如图 7-80 所示。

（4）单击 [确定] 按钮，返回【新建主机】对话框，单击 [完成] 按钮，主机记录创建完毕。此时，在 DNS 管理窗口的右侧面板中会显示已经成功添加的主机记录，如图 7-81 所示。

图 7-80 成功创建主机记录

图 7-81 成功添加的主机记录

（5）在该区域名称上单击鼠标右键，在弹出的快捷菜单中选择【新建别名】命令，弹出【新建资源记录】对话框。

（6）在【别名】文本框中输入该主机记录的别名，在【目标主机的完全合格的域名】文本框中用 浏览(B)... 按钮选择已有的 DNS 域名，如图 7-82 所示。

图 7-82 选择已有的 DNS 域名

说明：别名（CNAME）资源记录有时也称为"规范名称"。这些记录允许多个名称指向单个主机，使得某些任务更容易执行，例如，一台计算机既可称为"www.my.net"主机，也可称为"ftp.my.net"主机。

（7）单击 确定 按钮，回到【新建资源记录】窗口，这时新建别名的各项信息已经填写完毕，如图 7-83 所示。

（8）单击 确定 按钮，即成功创建了该主机记录的别名，如图 7-84 所示。

图 7-83 定义别名

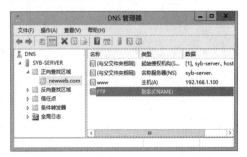

图 7-84 成功创建主机记录的别名

（9）要测试添加的主机记录和别名记录是否已经生效，可以使用 ping 命令。打开【命令提示符】窗口，输入以下命令。

```
Ping www.newweb.com
```

该命令用于测试 "www.newweb.com" 主机的情况，若反馈信息如图 7-85 所示，则说明 DNS 主机定义有效，能够将域名翻译为 IP 地址，并且目标主机能够返回正确的响应和 IP 地址等。

（10）同理，测试 "ftp.newweb.com" 主机的情况，可以使用以下命令：

```
Ping ftp.newweb.com
```

测试结果如图 7-86 所示。可见，DNS 认为域名 "ftp.newweb.com" 等同于 "www.newweb.com"。

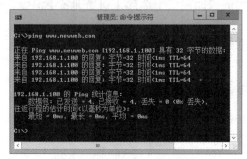
图 7-85　成功定义主机记录

图 7-86　成功定义别名记录

一般情况下，用户都会使用一个规范的域名来命名主机，例如 www.newweb.com 等。但有时候，用户希望能够让别人可以直接用主域来访问主机，如能够用 http://newweb.com 访问。那么这该如何设置呢？

其实也很简单，可以在 newweb.com 区域内建立一条映射到服务器地址的主机（A）记录，将名称处保留空白即可，这样创建的记录名称就会自动被设置为 "（与父文件夹相同）"，如图 7-87 所示。

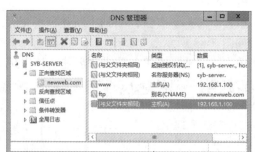

图 7-87　创建空白名称的主机记录

使用 ping 命令测试 newweb.com 时，可见域名能够顺利解析，如图 7-88 所示。

图 7-88 解析域名

DNS 中还可以建立邮件交换服务器资源记录（MX 记录）、辅助区域、反向查找区域、子域与委派域等，能够有效实现网络中的域名解析任务，限于篇幅，这里不再赘述。

任务五 FTP 服务

FTP（File Transfer Protocol，文件传输协议）在众多的网络应用中有着非常重要的地位，其主要功能是传输文件，也就是将文件从一台计算机发送到另一台计算机，传输的文件可以包括图片、声音、程序、视频及文档等各种类型。用户将一个文件从自己的计算机发送到 FTP 服务器的过程，叫作上传（Upload）；用户将文件从 FTP 服务器复制到自己计算机的过程，叫作下载（Download）。

（一）FTP 的工作原理

使用 FTP 时，用户无须关心对应计算机的位置及其所使用的文件系统。FTP 使用 TCP 连接。在进行通信时，FTP 需要建立两个 TCP 连接，一个用于控制信息（如命令和响应，TCP 端口号的默认值为 21），叫作控制通道；另一个用于数据信息（端口号的默认值为 20）的传输，叫作数据通道。

以下载文件为例，当用户启动 FTP 从远程计算机下载文件时，事实上启动了两个程序：一个本地机上的 FTP 客户机程序，它向 FTP 服务器提出下载文件的请求；另一个是在远程计算机上的 FTP 服务器程序，它响应客户的请求，把指定的文件传送到客户的计算机中。FTP 采用 "客户机/服务器" 工作方式，用户要在自己的本地计算机上安装 FTP 客户程序。FTP 客户程序有字符界面和图形界面两种，字符界面客户程序的 FTP 命令复杂、繁多，图形界面的 FTP 客户程序在操作上要简洁方便得多。目前，使用的客户程序主要有 IE 浏览器、CuteFTP 等。

FTP 的工作流程如下。

① FTP 服务器运行 FTP 的守护进程，等待用户的 FTP 请求。

② 用户运行 FTP 命令，请求 FTP 服务器为其服务。例如："FTP　192.168.0.12"。

③ FTP 守护进程收到用户的 FTP 请求后，派生出子进程 FTP 与用户进程 FTP 交互，建立文件传输控制连接，使用 TCP 端口 21。

④ 用户输入 FTP 子命令，服务器接收子命令，如果命令正确，双方各派生一个数据传输进程 FTP-DATA，建立数据连接，使用 TCP 端口 20 进行数据传输。

⑤ 本次子命令的数据传输完毕，拆除数据连接，结束 FTP-DATA 进程。

⑥ 用户继续输入 FTP 子命令，重复步骤④、步骤⑤的过程，直至用户输入 quit 命令，双方拆除控制连接，结束文件传输，结束 FTP 进程。

整个 FTP 的工作流程如图 7-89 所示。

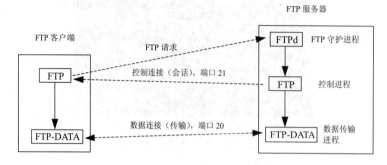

图 7-89　FTP 工作原理示意图

（二）安装 FTP 服务

创建一个 FTP 网站需要设置它所使用的 IP 地址和 TCP 端口号。FTP 服务的默认端口号是 21，Web 服务的默认端口号是 80，所以一个 FTP 网站可以与一个 Web 网站共用同一个 IP 地址。

可以在一台服务器计算机上维护多个 FTP 网站。每个 FTP 网站都有自己的标识参数，可以进行独立配置，单独启动、停止和暂停。FTP 服务不支持主机名，FTP 网站的标识参数包括 IP 地址和 TCP 端口两项，只能使用 IP 地址或 TCP 端口来标识不同的 FTP 网站。

默认情况下，Windows Server 2012 没有安装 FTP 服务。该服务也需要通过【服务器管理器】界面添加服务器角色，如图 7-90 所示。注意，"FTP 服务器"是"Web 服务器（IIS）"下的一个子项。

图 7-90　添加 FTP 服务

安装完成后，系统不会在【服务器管理器】中创建一个 FTP 管理项，而仅仅是将其作为一个功能放在【IIS 管理器】中。

（三）建立 FTP 站点

【任务要求】

在【IIS 管理器】中建立一个 FTP 站点，并适当配置，以便用户合理访问并下载资源，设置用户可以读取，但不允许写入和删除操作。

【操作步骤】

（1）在【IIS 管理器】窗口，选择【网站】，从右侧的操作窗格中选择【添加 FTP 站点】命令，如图 7-91 所示。也可以利用【网站】的右键快捷菜单来操作。

图 7-91　添加 FTP 站点

图 7-92　输入站点信息

（2）在出现的【添加 FTP 站点】操作向导中，首先输入站点信息，包括站点名称和主目录的物理路径，如图 7-92 所示。

（3）单击页面中的 下一步(N) 按钮，出现【绑定和 SSL 设置】页面，将【SSL】选项设置为 "无 SSL"，【IP 地址】为 "全部未分配"，默认端口号为 21，不需要修改，如图 7-93 所示。

（4）单击 下一步(N) 按钮，进行用户的身份验证和授权信息设置。选择 "匿名" 与 "基本" 身份验证方式，开放 "所有用户" 拥有 "读取" 权限，如图 7-94 所示。

图 7-93　设置 IP 地址和 SSL

图 7-94　身份验证和授权信息设置

说明：SSL（Secure Sockets Layer，安全套接层）是一个以 PKI（Public Key Infrastructure，公钥基础架构）为基础的安全通信协议。网站使用 SSL 需要向证书颁发机构（CA）申请 SSL 证书。一般网站不考虑这种高安全性的话，不需要使用 SSL。

（5）单击 完成(F) 按钮，回到 IIS 管理器界面，在【网站】下面出现了一个【FTP Site】站点，如图 7-95 所示，这就是我们创建的 FTP 站点。通过中间的主页窗格可以浏览主目录内的文件，通过右侧的操作窗格可以启动、停止 FTP 站点的服务。

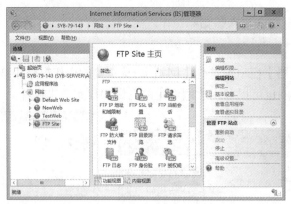

图 7-95　创建的 FTP 站点

除了上述创建 FTP 站点方法外，还可以建立一个集成到 Web 网站的 FTP 站点，这个站点的主目录就是 Web 网站的主目录，此时，可以通过同一个站点来同时管理 Web 网站与 FTP 站点。在 Web 网站上单击鼠标右键，从其快捷菜单中选择【添加 FTP 发布】命令，就可以创建这种集成的 FTP 站点，具体方法与前文类似，不再赘述。

说明：需要注意的是，一台服务器上的多个 FTP 站点，其 IP 地址、端口号和虚拟主机名这 3 个属性中，至少要有一个是相互不同的。

（四）用户连接 FTP 站点

【任务要求】

FTP 站点建立完成后，其服务会自动开启，用户可以用几种不同的方式来连接 FTP 站点并下载文件。

- 方式一：使用系统内置的 FTP 客户机连接命令，其格式为"ftp 主机名"。
- 方式二：利用文件资源管理器。
- 方式三：使用浏览器。

【操作步骤】

（1）打开命令提示符窗口，输入命令：ftp ftp.newweb.com。

（2）按 Enter 键确定后，要求输入用户名和密码。由于此 FTP 站点支持匿名访问，所以用户名为 anonymous，密码为空。

（3）按 Enter 键确定后，进入 FTP 站点，出现 FTP 提示字符（ftp>）后，输入 dir 命令，就能够查看到站点主目录内的文件列表，如图 7-96 所示。

图 7-96　利用 ftp 命令查看站点内容

　　说明：在 ftp 提示符下，可以利用"？"命令或"help"来查看可供使用的命令及含义；若要中断操作，则可以使用"bye"或"quit"命令。

　　（4）打开文件资源管理器，在位置栏输入 FTP 站点地址"ftp://ftp.newweb.com"，它会自动利用匿名来连接站点，并显示站点中的文件，如图 7-97 所示。

　　（5）打开 IE 浏览器，在地址栏中输入"ftp://ftp.newweb.com"，按 Enter 键，则浏览器能够打开指定的 FTP 网站，列出其中的文件，如图 7-98 所示。

图 7-97　利用文件资源管理器访问 FTP 站点

图 7-98　利用浏览器打开 FTP 站点

　　（6）单击其中的一个文件，出现图 7-99 所示的对话框，用户可以选择打开文件还是将文件保存下来。

图 7-99　下载文件

　　（7）在服务器端，我们可以查看当前连接到 FTP 站点的用户。在 IIS 管理器中，选择 FTP 站点，则在中间主页窗格中，可以看到一个【FTP 当前会话】功能项，双击打开，可见其中列出了当前连接的情况，如图 7-100 所示。若要将某个连接强制中断，则只要选中该连接后，使用鼠标右键菜单中的【断开会话】命令即可。

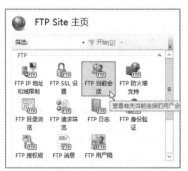

图 7-100　FTP 当前会话

　　相对于其他专业 FTP 服务器软件而言，IIS 的 FTP 功能是比较弱的。但是对于小型办公网络而言，IIS 的 FTP 还是完全能够满足需要的。在配置 FTP 网站的过程中，一般不会允许用户向网站根目录写入内容，因为这样的操作会对服务器的安全带来很大风险。可以通过开设虚拟目录并定义用户的读写权限的方法来限制用户使用。一般要为每个授权用户设置一个账号和密码，以及相对应的虚拟目录。这样，每个用户都可以在自己的虚拟目录中创建和修改文件，对其他的虚拟目录则没有修改权限，从而避免交叉破坏现象的发生。当然，为了使普通匿名用户能够访问网站资源，应将所有目录都对普通用户开放浏览权限。

【知识链接】

除 IIS 外，专业 FTP 服务器软件还有很多类型，常用的就是 Serv-U；而在客户机方面，也很少直接使用 IE 浏览器，因为它不支持断点续传，而且速率较慢，比较常用的是 CuteFTP。

（1）Serv-U

Serv-U 是一款比较成熟的 FTP 服务器软件，如图 7-101 所示。它操作简便，支持 Windows 操作系统，可以设置多个 FTP 服务器、限定登录用户的权限、定义登录主目录及空间配额、显示活动用户信息等，功能比较完善，在中小型网站上得到了广泛应用。

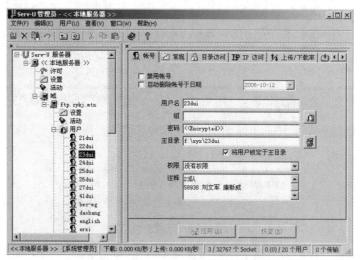

图 7-101　Serv-U 软件操作界面

（2）CuteFTP

CuteFTP 是一款老牌的 FTP 客户机软件，如图 7-102 所示。它功能强大，使用简便，支持断点续传功能，深受广大用户青睐。目前，已经有很多汉化版本投入使用。

图 7-102　CuteFTP 4.0 软件的操作界面

项目实训 校园网 DNS 服务器的设置

校园网的物理环境建设完成后，就需要架设各种网络服务器，其中首要的就是 DNS 服务器。为保证域名解析的安全可靠，本方案拟设置两个 DNS 服务器，两者配置相同。

● 主 DNS 服务器（IP：192.168.0.100）。
● 备用 DNS 服务器（IP：192.168.0.101）。

根据校园网服务器的设置情况，配置 DNS 信息如图 7-103 所示。

用户在访问本校园网服务器时，直接从 DNS 服务器上得到目标服务器的 IP 地址，进而实现通信。但用户在访问 Internet 时，无法从本校园网的 DNS 上得到目标的域名解析，因而必须向上一级 DNS 查询。所以，需要为校园网 DNS 服务器设置转发地址，如图 7-104 所示。

图 7-103 校园网 DNS 服务器的配置

图 7-104 校园网 DNS 服务器的转发地址

思考与练习

一、填空题

1. 在 Windows Server 2003 中，系统自带的 IIS 版本为_____，在 Windows Server 2008 中，其 IIS 版本为_____，在 Windows Server 2012 中，其 IIS 版本为_____。

2. DNS 域名最左边的标号一般标识为网络上的一个_____。

3. 用于教育，如公立和私立学校、学院和大学等的顶级域为_____。

4. 正向搜索区域就是从_____到_____的映射区域，而反向搜索区域就是从_____到_____的映射区域。

5. _____服务器能够为客户机动态分配 IP 地址。

6. _____就是 DHCP 客户机能够使用的 IP 地址范围。

7. WWW 也被称为_____，它起源于_____。

8. 用户将一个文件从自己的计算机发送到 FTP 服务器的过程，叫作_____，将文件从 FTP 服务器复制到自己计算机的过程，叫作_____。

9. 在进行通信时，FTP 需要建立两个 TCP 通道，一个叫作_____，另一个叫作_____。

10. FTP 服务器的默认端口号是_____，Web 服务器的默认端口号是_____。

二、简答题

1. 以 "mail.163.com" 为例，说明域名的结构和 DNS 的服务原理。
2. 简述 DHCP 的工作原理。
3. 什么是主机头？它有什么作用？
4. 为什么要为 Web 站点设置主目录？
5. 试分析 FTP 的工作流程。

项目八　局域网接入互联网

互联网又名因特网、Internet，它基于一些共同的网络协议和设备，将大量独立的、分散的计算机或相对独立的计算机局域网关联在一起，实现互连互通。互联网以相互交流信息资源为目的，是信息资源和资源共享的集合，Internet 上的任何一台计算机节点都可以访问其他节点的网络资源。

由于局域网网络资源有限，局域网用户需要从 Internet 中获得更多的共享资源，因此，将局域网接入 Internet 是局域网不可或缺的需求。

本项目主要通过以下几个任务完成。

- 任务一　认识互联网
- 任务二　了解互联网接入技术
- 任务三　局域网接入互联网

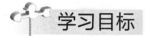 学习目标

了解互联网的发展过程

了解互联网接入技术

掌握 ADSL 上网的基本配置

熟悉无线路由器的安装配置方法

掌握 DDN 专线接入的基本概念

任务一　认识互联网

互联网已经深入到我们现实生活的各个方面，在网上可以聊天、玩游戏、查阅资料等，可以进行广告宣传和购物，可以在数字知识库里寻找自己学业上、事业上的所需，从而帮助我们的工作与学习。互联网应用广泛，结构复杂，不同用户有不同的接入方式。

（一）什么是互联网

互联网是由许多小的网络（子网）互连而成的一个逻辑网，每个子网中连接着若干台计算机（主机）。计算机网络只是传播信息的载体，而互联网的优越性和实用性则在于本身。1995年 10 月 24 日，联合网络委员会通过了一项决议，将"互联网"定义为全球性的信息系统，它是由一系列的通信子网和资源子网构成，如图 8-1 所示。

概括地说，互联网具有如下基本特征。

- 通过全球性唯一的地址逻辑地链接在一起。这个地址是建立在互联网协议（IP）或今后其他协议基础之上的。
- 可以通过传输控制协议和互联网协议（TCP/IP），或者今后其他接替的协议或与互联

网协议（IP）兼容的协议来进行通信。

● 可以让公共用户或者私人用户使用高水平的服务。这种服务是建立在上述通信及相关的基础设施之上的。

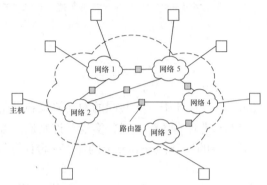

图 8-1　互联网由一系列的通信子网和资源子网构成

由于互联网不是为某一种具体需求而设计的系统，因此它实际上是划时代的，是一种可以接受任何新的需求的总的基础结构。

互联网是一项正在向纵深发展的技术，是人类进入网络文明阶段或信息社会的标志。对互联网将来的发展给以准确的描述是十分困难的，但目前的情形使互联网早已突破了技术的范畴，它正在成为人类向信息文明迈进的纽带和载体。

在许多方面，互联网就像是一个松散的"联邦"。加入联邦的各网络成员对于如何处理内部事务可以自己选择，实现自己的集中控制，但这与互联网的全局无关。一个网络如果接受互联网的规定，就可以同它连接，并把自己当作它的组成部分。如果不喜欢它的方式方法，或者违反它的规定，就可以脱离它或者被迫退出。互联网是一个"自由王国"。

互联网上有丰富的信息资源，通过互联网可以从人和计算机系统这两个来源方便地寻求各种信息。

1. 在互联网上通过不同的人寻求各种信息

在互联网上可以找到能够提供各种信息的人：教育家、科学家、工程技术专家、医生、营养学家、学生，以及有各种专长和爱好的人们。对于所有这些人，互联网提供了与处在同样情况下的其他人进行讨论和交流的渠道。事实上，几乎在所有可能想到的题目下，都能找到进行讨论与交流的小组。或者，当没有这样的讨论小组时用户还可以自己建立一个。

互联网上的计算机存储信息的载体包括文档、表格、图形、影像、声音及它们的合成体等。它的信息容量小到几行字符，大到一个图书馆。信息分布在世界各地的计算机上，以各种可能的形式存在，如文件、数据库、公告牌、目录文档和超文本文档等。而且这些信息还在不断地更新和变化中。可以说，这里是一个取之不尽用之不竭的大宝库。

2. 在互联网上通过计算机系统寻求各种信息

互联网上的另一种资源是计算机系统资源，包括连接在互联网的各种网络上的计算机的处理能力、存储空间（硬件资源）及软件工具和软件环境（软件资源）。一般地说，要求使用计算机系统的互联网用户，如科学家、工程师、设计师、教师、学生或每一个普通用户，都可以通过远程登录到达某台目标计算机，只要这台计算机允许用户使用并建立了用户的登录账号。用户可以像使用自己的计算机一样使用它们。

3. 网站是网络资源的平台

互联网上的各种活动，都是通过网站来实现的，也就是说，网站是互联网各种业务活动的基础。网站（Website）开始是指在互联网上根据一定的规则，使用 HTML 等工具制作的用于展示内容网页的集合。简单地说，网站是一种沟通工具，人们可以通过网站来发布自己想要公开的资讯，或者利用网站来提供相关的网络服务。人们可以通过网页浏览器来访问网站，获取自己需要的资讯或者享受网络服务。

在互联网早期，网站还只能保存单纯的文本。经过多年的发展，使得图像、声音、动画、视频，甚至 3D 技术可以通过因特网得到呈现。衡量一个网站的性能通常从网站空间大小、网站位置、网站连接速度、网站软件配置、网站提供服务等几方面考虑，最直接的衡量标准是网站的真实流量。

【任务要求】

通过打开互联网的门户网站和搜索引擎，说明互联网上的资源和服务，进而对互联网有一个直观的感性认识。

【操作步骤】

（1）双击计算机上的浏览器图标 ，打开浏览器窗口。

（2）在地址栏中输入一个网址"http://www.ryjiaoyu.com/"，然后按下键盘上的 Enter 键，则浏览器就会打开该网站的主页，如图 8-2 所示。

图 8-2　人邮教育社区的主页

从网页上可以看到，这是人邮教育社区的主页，其中提供了包括新书快递、热点新闻、教学科研、资源下载、教学视频等各种各样的信息和资源，单击感兴趣的内容，就能够进入到相应的栏目中，这种站点一般被称为门户网站。

互联网可以为用户提供丰富的信息资源，通过各种分类、搜索和链接，用户能够方便地查找到自己需要的资料。互联网包罗万象，能够查找到用户需要的几乎所有信息，为人们的学习、工作和生活带来极大的便利。

（3）在地址栏中输入网址"http://www.baidu.com"，然后按下键盘上的 Enter 键，则浏览器就会打开百度的主页，如图 8-3 所示。百度是一个国内常用的搜索引擎网站，利用它可以方便地搜索需要的信息和资料。

图8-3　百度网站主页

（4）在地址栏输入网址"http://www.haier.com/"，按下键盘上的 Enter 键，则浏览器就会打开海尔集团网站的主页，如图 8-4 所示。可见，网站包含了很多的内容，如产品展示、售后服务、用户论坛等，不仅宣传了企业，而且也为用户的交流提供了一个平台。

图8-4　海尔集团网站主页

说明：网站是在软硬件基础设施的支持下，由一系列网页、资源和后台数据库等构成，具有多种网络功能，能够实现诸如广告宣传、经销代理、金融服务、信息流通等商务应用。

【任务小结】

互联网上丰富的信息和强大的功能就是由这些网站提供和实现的。对于企业来讲，网站好像是"工厂""公司""经销商"；对于商家来讲，网站好像是"商店"；对于政府机构来讲，网站好像是"宣传栏""接待处"；对于个人来说，网站就是自己的"名片"。构建一个有吸引力的网站，对于任何单位和个人来说，都是一件很有意义的事情。这里所说的网站，就是常见的专业术语 Web。

按照构建网站的主体，可以将网站划分为个人网站、企业网站、行业网站、政府网站、服务机构电子商务网站等几个基本类型。

按照网站的功能，可以大概分为资讯网站和商务网站两种类型。前者以提供新闻、娱乐和信息资源为主，后者以实现电子商务为主。

（二）互联网在中国的发展

中国互联网是全球最大的网络，网民人数最多，连网区域最广。但中国互联网整体发展时间短，网络资费、可靠性、先进性等方面还需要更上一层楼。互联网在中国的发展，大致可分为两个阶段。

1. 第一个阶段：1987～1994 年

1986 年，北京市计算机应用技术研究所与德国卡尔斯鲁厄大学合作实施的国际联网项目——中国学术网（Chinese Academic Network，CANET）启动。

1987 年 9 月，CANET 在北京计算机应用技术研究所内正式建成中国第一个国际互联网电子邮件节点，并于 9 月 14 日向卡尔斯鲁厄大学发出了中国第一封电子邮件："Across the Great Wall we can reach every corner in the world.（越过长城，走向世界）"，揭开了中国人使用互联网的序幕。

1988 年，中国科学院高能物理研究所采用 X.25 协议使该单位的 DECnet 成为西欧中心 DECnet 的延伸，实现了计算机国际远程连网及与欧洲和北美地区的电子邮件通信。

1989 年 5 月，中国研究网（CRN）通过当时邮电部的 X.25 试验网实现了与德国研究网（DFN）的互连，并能够通过德国 DFN 的网关与互联网沟通。

1989 年 11 月，中关村地区教育与科研示范网络（NCFC）正式启动。NCFC 是由世界银行贷款的一个高技术信息基础设施项目，由中国科学院主持，联合北京大学、清华大学共同实施。

1990 年 11 月 28 日，钱天白教授代表中国正式在 SRI-NIC（Stanford Research Institute's Network Information Center）注册登记了中国的顶级域名 CN，并且从此开通了使用中国顶级域名 CN 的国际电子邮件服务，从此，中国的网络有了自己的身份标识。由于当时中国尚未实现与国际互联网的全功能连接，中国 CN 顶级域名服务器暂时建在了德国卡尔斯鲁厄大学。

1993 年 12 月，NCFC 主干网工程完工，采用高速光缆和路由器将三个院校网互连。

1994 年 4 月 20 日，NCFC 工程通过美国 Sprint 公司连入互联网的 64K 国际专线开通，实现了与互联网的全功能连接。从此，中国被国际上正式承认为真正拥有全功能互联网的国家。此事被中国新闻界评为 1994 年中国十大科技新闻之一，被国家统计公报列为中国 1994 年重大科技成就之一。

2. 第二阶段：1994 年至今

1994 年 5 月，中国科学院高能物理研究所设立了国内第一个 Web 服务器。

1994 年 5 月 21 日，在钱天白教授和德国卡尔斯鲁厄大学的协助下，中国科学院计算机网络信息中心完成了中国国家顶级域名（CN）服务器的设置，改变了中国的 CN 顶级域名服务器一直放在国外的历史。

1994 年 6 月 8 日，国务院办公厅向各部委、各省市明传发电《国务院办公厅关于"三金工程"有关问题的通知（国办发明电[1994]18 号）》，"三金工程"即金桥、金关、金卡工程。自此，金桥前期工程建设全面展开。

1994 年 7 月初，由清华大学等六所高校建设的"中国教育和科研计算机网"试验网开通，该网络采用 IP/x.25 技术，连接北京、上海、广州、南京、西安 5 座城市，并通过 NCFC 的国际出口与互联网互连。

1994 年 8 月，由当时的国家计委投资，当时的国家教委主持的中国教育和科研计算机网（CERNET）正式立项。该项目的目标是实现校园间的计算机联网和信息资源共享，并与国际学术计算机网络互连，建立功能齐全的网络管理系统。

1994 年 9 月，当时的邮电部电信总局与美国商务部签订中美双方关于国际互联网的协议，中国公用计算机互联网（CHINANET）的建设开始启动。

至此，互联网在中国生根发芽，得到了蓬勃的发展，无论是基础设施建设方面，还是在各种业务的开展和应用方面，都取得了可喜成就，对国民经济建设的发展和提高全民的生活质量起到了巨大的促进作用。

3．中国互联网发展现状

2017 年 8 月 4 日，中国互联网络信息中心（CNNIC）在京发布第 40 次《中国互联网络发展状况统计报告》，通过详细的数据分析了互联网在中国的发展情况，数据截止日期为 2017 年 6 月。

中国国际出口带宽为 7,974,779Mbit/s，半年增长率为 20.1%，如图 8-5 所示。

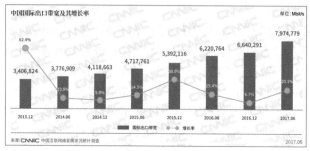

图 8-5　中国国际出口带宽及其增长率

我国网民规模达到 7.51 亿人，半年共计新增网民 1992 万人。互联网普及率为 54.3%，较 2016 年底提升 1.1%，如图 8-6 所示。

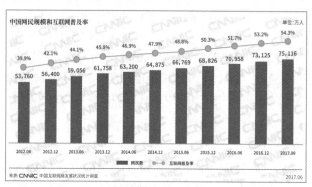

图 8-6　中国网民的规模和互联网普及率

我国手机网民规模达 7.24 亿人，较 2016 年底增加 2830 万人。网民使用手机上网的比例由 2016 年底的 95.1%提升至 96.3%，手机在上网设备中占据主导地位，如图 8-7 所示。

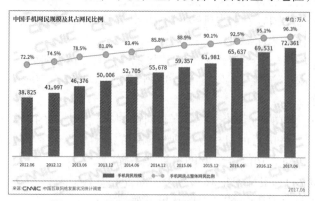

图 8-7　中国手机网民规模及其占网民比例

（三）骨干网络的建设和管理

早期建设的四大网络构成了我国的互联网骨干网，分别是中国科学院管理的科学技术网（CSTNET）、国家教育部管理的教育科研网（CERNET）、原邮电部管理的公用网（CHINANET）、工业和信息化部管理的金桥信息网（CHINAGBN）。

网络的建设、管理与运营是需要有人来维护的最初四大网络的建设和管理都是有国家相关部门或科研机构来负责，但是随着网络的发展，再由政府部门来管理就不合适了。为了保证我国互联网的健康发展，就引入了网络运营商来提供服务。

1. 借助运营商运营

在我国互联网方面有三大基础网络运营商，分别是中国电信、中国移动和中国联通。那么，它们与中国四大骨干网是什么关系呢？

- 中国电信：负责中国公用计算机互联网（CHINANET）的经营，该网络最初是由原邮电部负责建设并向社会提供服务；邮电部撤销后，改由中国电信经营。
- 中国移动：建设有独立的"中国移动互联网"（CMNET）并负责运营。
- 中国联通：建设有自己的"中国联通计算机互联网"（UNINET）并负责运营。

上述三大基础网络运营商不仅负责网络的建设与管理，也向全社会各部门和人员提供互联网接入服务，是我们日常打交道的主要服务商。

> 说明：我国最初有六大网络运营商，都建设有自己的专用骨干网络。后来，卫通并入中国电信，铁通并入中国移动，网通并入中国联通，其原有网络也归并到这三大运营商中。

2. 独立管理运营

相对于 CHINANET，其他的几个骨干网络和三大网络运营商没什么关系，基本上都是独立建设、管理和运营。

（1）科学技术网

CSTNET 是以中国科学院的 NCFC 及 CASNET 为基础，连接了中国科学院以外的一批中国科技单位而构成的网络，是非盈利、公益性的网络，主要为科技用户、科技管理部门及与科技有关的政府部门服务。其目前仍由中国科学院独立建设和管理。

（2）教育科研网

CERNET 是由国家投资建设，教育部负责管理，清华大学等高等学校承担建设和运行的全国性学术计算机互联网络，是全国最大的公益性计算机互联网网络。目前，全国主要的大学、教育机构、科研单位都通过 CERNET 接入互联网。2000 年 8 月，教育部组建赛尔网络有限公司，负责 CERNET 主干网的运营与维护，提高网络运行质量及服务水平，发展网络增值业务。

（3）中国金桥网

CHINAGBN 是由原电子工业部承建的互联网，以光纤、卫星、微波、无线移动等多种传播方式，形成天、地一体的网络结构，和传统的数据网、话音网相结合并与互联网相连，为国民经济信息化提供基础设施。金桥网同 CHINANET 一样是经营性的，对个人用户开放并收费。

> 说明：为保证网络的互通和可靠，各骨干网络之间都实现了互联互通，并且与国际主要互联网服务运营商实现了对等合作，与公用电话交换网（PSTN）等电信基础网络实现了互连，可以为客户提供多种不同的接入方式。所以，我们在上网时，并不需要考虑接入哪个骨干网。

任务二　了解互联网接入技术

有很多接入互联网的形式和方法。从用户入网形式来说，分为单用户接入和局域网接入两种方式。单用户接入通常是指用户根据上网方式直接连入互联网，局域网接入是指网络中有一台设备充当网际节点，实现局域网和广域网的连接。

（一）局域网的大门——网关

在计算机网络地址的设置中，总有一个"默认网关"的概念，这是什么意思呢？

DNS 为互联网定义了各个计算机的"门牌号码"，不同计算机组成了一个个相对独立的"社区"，例如我们前面学习的子网或 VLAN，就是这样的小"社区"。如何从一个网络"社区"中的计算机访问到另一个网络"社区"中的计算机呢？这就需要了解网关（Gateway）的概念。

大家都知道，从一个房间走到另一个房间，必然要经过一扇门。同样，从一个网络向另一个网络发送信息，也必须经过一道"关口"，这道关口就是网关。顾名思义，网关就是一个网络连接到另一个网络的"关口"。

按照不同的分类标准，网关也有很多种。TCP/IP 里的网关是最常用的，在这里所讲的"网关"均指 TCP/IP 下的网关。

那么网关到底是什么呢？网关实质上是一个网络通向其他网络的出口的 IP 地址。比如有网络 A 和网络 B，网络 A 的 IP 地址范围为"192.168.1.1 ~ 192.168.1.254"，子网掩码为255.255.255.0；网络 B 的 IP 地址范围为"192.168.2.1 ~ 192.168.2.254"，子网掩码为255.255.255.0。在没有路由器的情况下，两个网络之间是不能进行 TCP/IP 通信的，即使是两个网络连接在同一台交换机上，TCP/IP 也会通过子网计算而判定两个网络中的主机处在不同的网络里。要实现这两个网络之间的通信，则必须通过网关。如果网络 A 中的主机发现数据包的目的主机不在本地网络中，就把数据包转发给它自己的网关，再由网关转发给网络 B 的网关，网络 B 的网关再转发给网络 B 的某个主机，如图 8-8 所示。

所以说，必须设置好网关的 IP 地址，TCP/IP 才能实现不同网络之间的相互通信。那么这个 IP 地址是哪台机器的 IP 地址呢？网关的 IP 地址是具有路由功能的设备的 IP 地址，具有路由功能的设备有路由器、启用了路由协议的服务器（实质上相当于一台路由器）、代理服务器（也相当于一台路由器）或三层交换机。

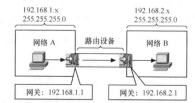

图8-8　网络A向网络B转发数据包的过程

下面我们用一个形象的故事来说明 DNS 和网关在计算机通信中的作用吧。

假设你的名字叫小华，你住在一个小区里，小区里有很多小伙伴。在门卫室还有个看大门的李叔叔，李叔叔就是你的网关。当你想跟小区里的某个小伙伴聊天时，只要你在小区里大喊一声他的名字，他听到了就会回应你，并且跑出来跟你聊天。

但是你不允许走出小区门，如果你想与外界发生联系，都必须由门口的李叔叔（网关）用电话帮助你联系。假如你想找你的同学小明聊天，小明家住在另外一个小区里，他家的小区里也有一个门卫王叔叔（小明的网关）。但是你不知道小明家的电话号码，不过你的班主任老师有一份你们班全体同学的名单和家庭住址及电话号码对照表，班主任老师就是你的 DNS服务器。于是你在家里拨通了门口李叔叔的电话，有了下面的对话。

小华：李叔叔，我想找小明通话，行吗？

李叔叔：好，你等着。（接着李叔叔给你的班主任挂了一个电话，问清楚了小明家的地址及电话）（接着，李叔叔给对方小区的门卫打电话）

李叔叔：老王，你好！我想找你们小区的小明，他家的号码是××××××××。

王叔叔：嗯，对，他是我们小区的。你等一下，我给接过去。（王叔叔接通了小明家的电话）

小明：王叔叔，小华我认识，这个电话就是找我的。

最后一步当然是小明与小华愉快地聊天了。

在这个故事里，你和小明是两台需要通信的主机。第一步，首先向你的网关发出"要与小明通信"的请求；第二步，你的网关（李叔叔）把请求发给 DNS 服务器（班主任老师），查到小明的地址；第三步，你的网关把你的请求转发给对方子网的网关（王叔叔）；第四步，对方网关检查你的通信对象确实是本网段的地址，就转发给该主机（小明）；第五步，该主机通过地址匹配，检测到请求是发给自己的，就发出回执，建立通信。

如果搞清了什么是网关，默认网关也就好理解了。如果一个院子有好几个大门，当你不知道从哪里出去能够找到某个朋友时，总是会选择到李叔叔这个门口。这个门口就是你的默认网关。

一台主机可以有多个网关。默认网关的意思是一台主机如果找不到可用的网关，就把数据包发给默认指定的网关，由这个网关来处理数据包。

（二）互联网接入

作为承载互联网应用的通信网，宏观上可划分为核心网和接入网两大部分。核心网就是运营商的骨干网络，而接入网又称为"用户环路"，主要用来完成用户接入核心网的任务。

1．接入网

接入网设备包括从骨干网到用户终端之间的所有设备，其长度一般为几百米到几公里，因而被形象地称为信息高速公路的"最后一公里"。由于骨干网一般采用光纤结构，传输速度快，因此，接入网便成为了整个网络系统的"瓶颈"，是信息高速公路中难度最高、耗资最大的一部分。

根据接入网框架和体制要求，接入网的重要特征可以归纳为如下几点。

- 接入网对于所接入的业务提供承载能力，实现业务的透明传送。
- 接入网对用户信令是透明的，除了一些用户信令格式转换外，信令和业务处理的功能依然在业务节点中。
- 接入网的引入不应限制现有的各种接入类型和业务，接入网应通过有限的标准化的接口与业务节点相连。
- 接入网有独立于业务节点的网络管理系统，该系统通过标准化的接口连接主干网，进而实施对接入网的操作、维护和管理。

2．ISP

ISP（Internet Service Provider，互联网服务提供商）是为普通用户提供互联网接入业务、信息业务及增值业务的电信运营商，是经国家主管部门批准的正式运营企业。ISP 为用户接入互联网的入口点，其作用有两方面：一方面为用户提供互联网接入服务；另一方面为用户提供各种类型的信息服务，如电子邮件服务、信息发布代理服务等。

从用户角度考虑，ISP 位于互联网的边缘，用户的计算机（或计算机网络）通过某种通信线路连接到 ISP，借助于与互联网连接的 ISP 便可以接入互联网。用户的计算机（或计算机网络）通过 ISP 接入互联网的示意图如图 8-9 所示。虽然互联网规模庞大，但对于用户来说，只需要关心直接为自己提供互联网服务的 ISP 就足够了。

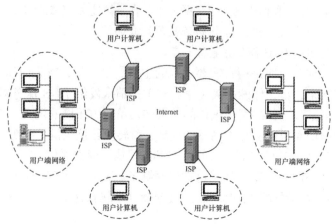

图 8-9 通过 ISP 接入互联网示意图

国内的 ISP 除了三大基础电信运营商（中国电信、中国联通、中国移动）外，常见的还有长城宽带、有线宽带、CERNET、CSTNET、广电宽带等。

通过接入网，用户的计算机（或计算机网络）可以通过多种方式连接到 ISP，下面简单介绍其中一些常用的接入方法。

（三）电话线接入技术

电话线接入是最早使用的互联网接入技术，从早期的低速拨号到现在的高速宽带，已经发展得十分成熟。

1. ISDN 接入技术

ISDN（Integrated Service Digital Network，综合业务数字网）接入技术俗称"一线通"，它采用数字传输和数字交换技术，将电话、传真、数据、图像等多种业务综合在一个统一的数字网络中进行传输和处理。用户利用一条 ISDN 用户线路，可以在上网的同时拨打电话、收发传真，就像两条电话线一样。ISDN 的基本速率接口有两条 64kbit/s 的信息通路和一条 16kbit/s 的信令通路，简称 2B+D，当有电话拨入时，它会自动释放一个 B 信道来进行电话接听。ISDN 接入方法如图 8-10 所示。

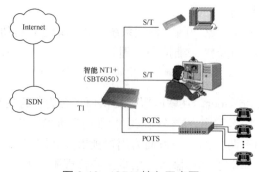

图 8-10 ISDN 接入示意图

就像普通拨号上网要使用 Modem 一样，用户使用 ISDN 也需要专用的终端设备，主要由网络终端 NT1 和 ISDN 适配器组成。网络终端 NT1 就像有线电视上的用户接入盒一样必不可少，它为 ISDN 适配器提供接口和接入方式。ISDN 适配器和 Modem 一样又分为内置和外置两类，内置的 ISDN 适配器一般称为 ISDN 内置卡或 ISDN 适配卡；外置的 ISDN 适配器则称为 TA。ISDN 的极限带宽为 128kbit/s，也不能满足高质量的 VOD 等宽带应用。

2. ADSL 接入技术

ADSL 是一种非对称的 DSL 技术，中文名称是"非对称数字用户环路"，是一种在普通电话线上进行宽带通信的技术。所谓非对称，是指用户线的上行速率与下行速率不同，上行速率低，下行速率高，特别适合传输多媒体信息业务，如视频点播（VOD）、多媒体信息检索和其他交互式业务。

ADSL 技术充分利用现有的电话线路资源，在 1 对双绞线上提供上行 512kbit/s ~ 1Mbit/s、下行 1Mbit/s ~ 8Mbit/s 的带宽，有效传输距离在 3km ~ 5km 范围以内，从而克服了传统用户在最后一公里的瓶颈，实现了真正意义上的宽带接入。值得注意的是，这里的传输速率为用户独享带宽，因此不必担心多家用户在同一时间使用 ADSL 会造成网速变慢，这一点和小区宽带有很大区别。

ADSL 技术的传输速率是普通 Modem 的 140 倍。ADSL 采用 DMT（离散多音频）技术，可以同时进行数据和语音通信。ADSL 将原先电话线路的 0Hz ~ 1.1MHz 频段划分成 256 个频宽为 4.3kHz 的子频带。其中，4kHz 以下频段仍用于传送 POTS（传统电话业务），20kHz ~ 138kHz 的频段用来传送上行信号，138kHz ~ 1.1MHz 的频段用来传送下行信号。DMT 技术可根据线路的情况调整在每个信道上所调制的比特数，以便更充分地利用线路。

3. VDSL 接入技术

VDSL 比 ADSL 还要快。使用 VDSL，短距离内的最大下载速率可达 55Mbit/s，上传速率可达 2.3Mbit/s（将来可达 19.2Mbit/s 甚至更高）。VDSL 使用的介质是一对铜线，有效传输距离可超过 1km。

目前，有一种基于以太网方式的 VDSL，接入技术使用 QAM 方式，它的传输介质也是一对铜线，在 1.5km 的范围之内能够达到双向对称的 10Mbit/s 传输，即达到以太网的速率。如果这种技术用于宽带运营商社区的接入，可以大大降低成本。VDSL 接入方法如图 8-11 所示。

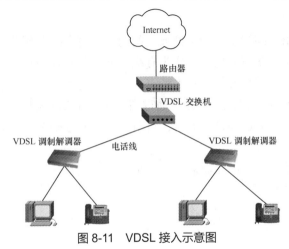

图 8-11　VDSL 接入示意图

（四）高速接入技术

虽然电话线接入简单实用，但是随着通信技术的发展，各种网络接入技术层出不穷，而且性能不断提高。

1. Cable-Modem 接入技术

Cable-Modem（线缆调制解调器）是近两年开始使用的一种超高速 Modem，它利用现成的有线电视（CATV）网进行数据传输，已经是比较成熟的一种技术。随着有线电视网的发展壮大和人们生活质量的不断提高，通过 Cable-Modem 利用有线电视网访问互联网已成为越来越受业界关注的一种高速接入方式。

由于有线电视网采用的是模拟传输协议，因此网络需要用一个 Modem 来协助完成数字数据的转化。Cable-Modem 与以往的 Modem 在原理上都是将数据进行调制后在 Cable（电缆）的一个频率范围内传输，接收时进行解调，传输原理与普通的 Modem 相同，不同之处在于它是通过有线电视（CATV）的某个传输频带进行调制解调的。

Cable-Modem 连接方式可分为两种：对称速率型和非对称速率型。前者的 Data Upload（数据上传）速率和 Data Download（数据下载）速率相同，都在 500kbit/s ~ 2Mbit/s，后者的数据上传速率在 500kbit/s ~ 10Mbit/s，数据下载速率为 2Mbit/s ~ 40Mbit/s。

采用 Cable-Modem 上网的缺点是由于 Cable-Modem 模式采用的是相对落后的总线形网络结构，这就意味着网络用户要共同分享有限带宽。另外，购买 Cable-Modem 和初装费也都不算很便宜，这些都阻碍了 Cable-Modem 接入方式在国内的普及。但是，它的市场潜力是很大的，毕竟中国 CATV 网已成为世界第一大有线电视网，其用户已达到 8 000 多万。

图 8-12 所示为 PC 和 LAN 通过 Cable Modem 接入互联网的示意图。

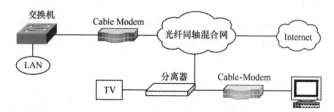

图 8-12　Cable-Modem 接入互联网示意图

2. 无线接入技术

无线接入技术是指在终端用户和交换节点间的接入网全部或部分采用无线传输方式，为用户提供固定或移动接入服务的技术。作为有线接入网的有效补充，它有系统容量大、覆盖范围广、系统规划简单、扩容方便等技术特点，可解决边远地区、难于架线地区的信息传输问题，是当前发展最快的接入网之一。用户通过高频天线和 ISP 连接，一般距离在 10km 左右，在 3G 标准下速率可达 2Mbit/s ~ 11 Mbit/s，目前实际上下行速率为 30 kbit/s 左右，性价比很高，广受欢迎。

典型的无线接入系统主要由控制器、操作维护中心、基站、固定用户单元和移动终端等几个部分组成，如图 8-13 所示。

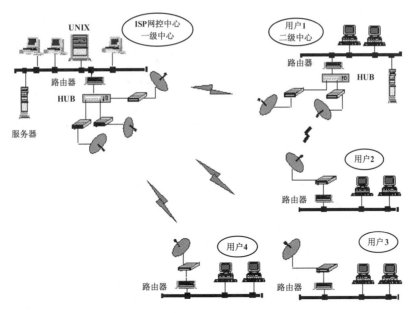

图 8-13　无线接入示意图

3. FTTX+LAN 接入技术

这是一种利用光纤加五类网络线方式实现的宽带接入方案，可实现千兆光纤到小区中心交换机，中心交换机和楼道交换机以百兆光纤或五类网络线相连，楼道内采用综合布线，用户上网速率可达 10Mbit/s，网络可扩展性强，投资规模小。另有光纤到办公室、光纤到户、光纤到桌面等多种接入方式满足不同用户的需求。FTTX+LAN 方式采用星形网络拓扑，用户共享带宽。

小型的公司、组织或学校大都选择通过这种方式接入互联网。在接入互联网之前，可以先在本单位内组建一个局域网，然后将该局域网通过一个路由器与 ISP 相连。图 8-14 所示为局域网通过一个路由器与互联网相连的示意图。

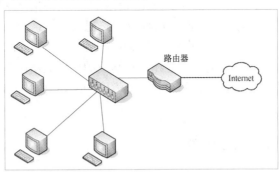

图 8-14　FTTX+LAN 接入互联网

4. DDN 专线接入技术

DDN 是数字数据网（Digital Data Network）的简称，这是 ISP 向用户提供的永久性的数字连接，沿途不进行复杂的软件处理，因此延时较短，避免了传统的分组网中传输协议复杂、传输时延长且不固定的缺点；DDN 专线接入采用交叉连接装置，可根据用户需要，在约定的时间内接通所需带宽的线路，信道容量的分配和接续均在计算机控制下进行，具有极大的灵活性和可靠性，使用户可以开通各种信息业务，传输任何合适的信息，因此，DDN 专线接入在多种接入方式中深受大用户的青睐。

DDN 的主干网传输媒介有光纤、数字微波、卫星信道等，用户端多使用普通电缆和双绞线，通信速率可根据用户需要在 $N×64$kbit/s（N=1～32）之间进行选择。当然速率越高租用费用也越高。

DDN 是以光纤为中继干线的网络，组成 DDN 的基本单位是节点，节点间通过光纤连接，构成网状的拓扑结构，用户的终端设备通过数据终端单元（DTU）与就近的节点机相连。DDN接入方法如图 8-15 所示。

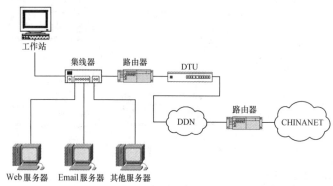

工作站
集线器　路由器　DTU
Web服务器　Email服务器　其他服务器
DDN　路由器　CHINANET

图 8-15　DDN 接入示意图

5. FDDI 光纤接入技术

利用光纤电缆兴建的高速城域网，主干网络速率可高达几十 Gbit/s，并推出宽带接入业务。光纤可铺设到用户住所的路边或楼前，可以以 100Mbit/s 以上的速率接入（光纤并不入户）。从理论上来讲，直接接入速率可以达到 100Mbit/s（接入大型企事业单位或整个地区），但接入用户的速率可以达到10Mbit/s 左右，目前，在我国实际上的下行速率通常为 1Mbit/s～3Mbit/s。

6. 电力网接入技术

（电力线通信）技术（Power Line Communication，PLC）是指利用电力线传输数据和媒体信号的一种通信方式，也称电力线载波。这种技术先把载有信息的高频加载于电流，然后用电线传输到接受信息的适配器，再把高频从电流中分离出来并传送到计算机或电话。PLC 属于电力通信网，包括 PLC 和利用电缆管道和电杆铺设的光纤通信网等。电力通信网的内部应用，包括电网监控与调度、远程抄表等。面向家庭上网的 PLC，俗称电力宽带，属于低压配电网通信。

任务三　局域网接入互联网

通过上面的介绍，我们知道计算机接入互联网的方式有多种，但是对于局域网或个人计算机，大都是利用宽带路由器或者 ADSL 来上网。下面我们就来练习这两种形式的上网设置。由于使用的设备不同，设备管理界面也会有所不同，但是大同小异。

（一）实训：使用 ADSL 接入

【任务要求】

将办公电脑使用 ADSL 接入互联网。

【操作步骤】

（1）到电信公司申请开通 ADSL 宽带上网后，用户会得到一个宽带连接账号名称和密码，然后回家等待电信公司的工作人员上门安装 ADSL 硬件设备。

ADSL 硬件设备一般包括以下两项。

● ADSL 调制解调器，如图 8-16 所示，用于实现输入/输出信息在模拟信号和数字信号之间的转换。调制解调器上一般有 3 个接口，除电源接口外，LINE 口是 RJ-11 类型接口，用于连接输入的电话线路；WAN 口是 RJ-45 类型接口，用于连接到计算机的网卡上。

● ADSL 分离器，如图 8-17 所示，用于将 ADSL 电话线路中的高频信号和低频信号分离，以便电话和上网同时进行。分离器一般是一分二结构，外来的电话信号（连接 LINE 口）被分离为用于调制解调器的高频信号（连接 MODEM 口）和用于打电话的低频信号（连接 PHONE 口）。

图 8-16　ADSL 调制解调器　　　　图 8-17　ADSL 分离器

（2）按照图 8-18 所示连接好硬件。

图 8-18　ADSL 上网连接方式

说明：有的地区电信公司提供的 ADSL 调制解调器是通过 USB 口直接连接到计算机中的，这样就不用通过网卡来连接计算机了。

（3）首先要配置计算机的 TCP/IP。一般使用 TCP/IP 的默认配置，即采用动态获取 IP 地址的方式，千万不要将其设置为固定的 IP 地址。

（4）依次选择【控制面板】/【所有控制面板项】/【网络和共享中心】命令，打开网络设置页面，如图 8-19 所示。

（5）单击【设置新的连接或网络】选项，出现【设置连接或网络】页面，如图 8-20 所示，需要用户选择一个连接选项。

图 8-19　网络设置页面

图 8-20　设置连接或网络

（6）单击 下一步(N) 按钮，出现一个选项页面，如图 8-21 所示，要求用户选择如何连接 Internet 网络。

（7）选择【宽带（PPPoE）（R）】项，出现用户信息页面，如图 8-22 所示，在该对话框中输入在电信公司申请的 ADSL 宽带用户名和密码，还可选择是否让所有使用这台计算机上网的用户都使用该用户名（账号）、是否将其作为默认的互联网连接。

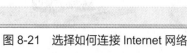

图 8-21　选择如何连接 Internet 网络

图 8-22　用户信息页面

说明：ADSL 宽带用户名和密码信息是用户在电信部门办理开通宽带业务时由电信公司提供的，用户在使用时也可以自己更改。

（8）单击 连接(C) 按钮，系统完成新建连接操作，用户就可以上网浏览了。

（二）实训：无线路由器接入

目前，无线网络在家庭、办公场所已经得到了广泛使用，不管是接入方式是使用 ADSL 电话线路（移动、联通、电信等）还是使用宽带双绞线（长城宽带、有线宽带等），其用户端接设备大都使用具有无线功能的路由器。

无线路由器将无线 AP 和宽带路由器合二为一，不仅具备单纯性无线 AP 的所有功能（如 DHCP、WEP 加密等），而且还包括了网络地址转换功能，可支持局域网用户的有线和无线网络共享连接。其内置有简单的虚拟拨号软件，可以存储用户名和密码，以便自动拨号上网。

市场上流行的无线路由器一般能支持 15～20 个设备同时在线使用，信号覆盖范围半径为

30～100m。

【任务要求】

通过宽带无线路由器将自己的计算机接入互联网。本例我们使用的是一款 TP-LINK 无线路由器，实物如图 8-23 所示。其端口情况如图 8-24 所示。

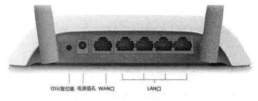

图 8-23　本例使用的无线路由器　　　　图 8-24　路由器的端口　　　　图 8-24 彩图

说明：一般无线路由器的型号、MAC 地址、管理地址和用户口令都会标记在路由器的背面。

【操作步骤】

（1）将 ISP 提供的外来网线（如果是 ADSL 线路，那就应该是电话线）接入到路由器的 WAN 口。

说明：一般无线路由器的 WAN 口的颜色会与其他端口不一样，而且会有文字标识，很容易分辨。

（2）制作一根直通双绞线，将计算机与无线路由器的任一 LAN 口相连接。

说明：一般无线路由器的 LAN 口都有 4～8 个，任选其中一个就可以。

（3）使用 Ping 命令测试计算机与无线路由器的连通性，如图 8-25 所示。这种情况说明计算机与无线路由器之间连接良好。

（4）打开浏览器，在地址栏中输入路由器的管理地址，一般为"http://192.168.1.1"，打开无线路由器的登录窗口，如图 8-26 所示，要求输入用户名和密码。

图 8-25　测试无线路由器的连通性　　　　图 8-26　无线路由器登录窗口

（5）输入系统默认的用户名和密码（一般标记在路由器背面），登录无线路由器，出现无线路由器的配置页面，如图 8-27 所示。当前页面显示了路由器的基本信息和运行状态。

（6）单击左侧菜单中的【设置向导】，出现一个对话框，说明本向导可设置路由器上网所需的基本网络参数。

（7）单击 下一步 按钮，出现选择上网方式的对话框，如图 8-28 所示。其中给出了几种最常见的上网方式供选择。如果不清楚使用何种上网方式，请选择"让路由器自动选择上网方式"。

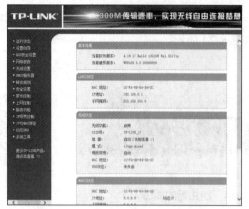

图 8-27　无线路由器的配置页面　　　　　图 8-28　设置上网方式

（8）单击 下一步 按钮，系统首先自动检测当前网络线路状况，然后出现图 8-29 所示的对话框，要求输入 ISP 提供的上网账号及口令。这个信息一般都是由 ISP 安排的现场施工人员来设定，口令用户可自行修改。

图 8-29　要求输入上网账号及口令

（9）输入用户名和口令后，单击 下一步 按钮，系统会出现无线网络的设置页面，如图 8-30 所示，要求指定无线网络的一些基本参数及安全密码。

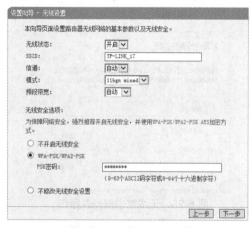

图 8-30　无线网络的设置

无线状态：是否开启本路由器的无线功能；

SSID：这个无线网络的标识号可以任意修改；

信道：可以选择 WLAN 频率范围内的 13 个信道中的任一个，一般应选择"自动"；

模式：给出了几个不同速率的无线网标准，一般应选择"11bgn mixed"，也就是支持各种 802.11b/g/n 不同标准的混合模式；

频段带宽：路由器的发射频率宽度，一般应选择"自动"；

无线安全选项：这是选择是否给无线网络添加一个接入密码。为了保障自己无线网的安全，一定要设置一个密码，一般要求至少 8 位。

（10）单击 下一步 按钮，完成设置，系统要求重启路由器以使设置生效，如图 8-31 所示。

（11）单击 重启 按钮，确认重启后，路由器开始重新启动，如图 8-32 所示。

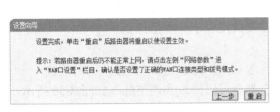

图 8-31 路由器的设置完成　　　　　　图 8-32 路由器开始重启

（12）路由器重启后，在管理页面的左边菜单栏中，单击【运行状态】按钮，就能够看到路由器当前的基本状态信息，如图 8-33 所示。

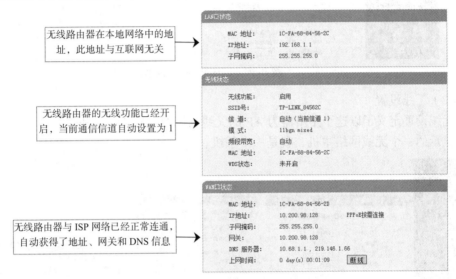

图 8-33 路由器当前的运行状态

其中，【WAN 口状态】栏如果能够显示当前路由器所获得的动态 IP 地址，则说明路由器已经与 ISP 网络连接成功，我们就可以正常上网了。

（13）设置局域网内计算机"自动获得 IP 地址"和"自动获得 DNS 服务器地址"，如图 8-34 所示。

（14）查看局域网中计算机的网络连接状态，如图 8-35 所示。

图 8-34 设置计算机自动获得 IP 地址　　　图 8-35 查看网络连接状态

（15）计算机能够上网了，那么手机呢？打开手机的"无线网络设置"，选择当前无线网的名称（SSID，本例就是"TP-LINK_17"），然后输入连接密码，OK，现在手机也能够上网了。

对于路由器的设置和使用，一般我们还需要关注以下一些信息。

（1）网络参数

网络参数定义了路由器与互联网的连接信息（或者说是与 ISP 的接入网的连接），以及路由器在其本地局域网中的地址信息，这些信息都是可以修改和调整的，如图 8-36 所示。

图 8-36　路由器的网络参数

（2）无线设置

无线设置定义了以这个路由器为 AP 的无线局域网的各项设置和信息，如图 8-37 所示，图中显示的一个无线网络主机，就是一个手机。

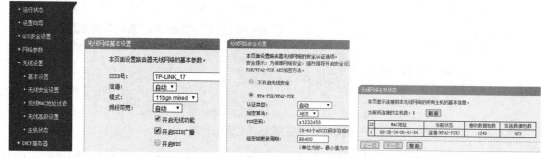

图 8-37　路由器的无线设置

（3）DHCP 服务器

路由器只有开启了 DHCP 服务，才能够为以它为中心组建的局域网（包括有线网、无线网）的主机提供服务。路由器也会为局域网中的主机分配动态地址，地址就是从"地址池"中顺序选择。连网的主机信息也能够罗列出来，如图 8-38 所示。

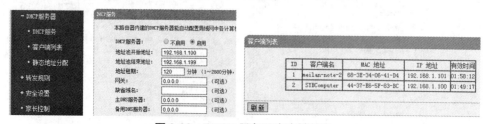

图 8-38　DHCP 服务及客户端信息

（4）系统工具

系统工具是协助我们管理路由器、维护局域网正常运行的工具，提供了一些有用的工具，可以修改登录口令、统计用户流量、重启路由器等，如图 8-39 所示。

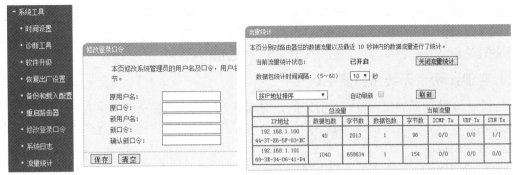

图 8-39　路由器提供的系统工具

在家庭和小型公司中，宽带路由器接入互联网共享上网应用较普遍，其配置简单明了，对于大型网络，此方案在性能上不能满足需求。如果构建大型局域网或校园网，应该使用专业路由器配置静态路由（或动态路由）。

【知识链接】

1. 关于无线路由器的信道

信道是对无线通信中发送端和接收端之间的通路的一种形象比喻。对于无线电波而言，它从发送端传送到接收端，其间并没有一个有形的连接，它的传播路径也有可能不只一条；为了形象地描述发送端与接收端之间的工作，我们想象两者之间有一个看不见的道路衔接，把这条衔接通路称为信道。信道具有一定的频率带宽，正如公路有一定的宽度一样。

无线路由器发射的 WiFi 信号是一种电磁波，具有特定的频率和波段，为了避免和周围其他的 WiFi 信号出现相同频率和波段，避免相互产生干扰，相邻的 WLAN 就需要使用不同的信道。

虽然支持 802.11ac 协议的路由器能够在 5GHz 频段工作，能够提供较多的信道和较高的速率，但是其信号作用距离较短、墙壁穿透能力较弱。因此 2.4GHz 频段的路由器仍大量使用。所有 WiFi 信号，包括 80.211n（a,b,g,n）之间使用的都是 2400MHz ～ 2500MHz 的频率。而这 100MHz 的差距要平分给 14 个不同的信道，因此每个信道之间的差距只有微小的 20MHz。而正如我们在路由器设置中所看到的那样，14 个信道每个 20MHz 的差别，总和已经超过了 100MHz，因此在 2.4GHz 的频段中至少会有两个（通常是四个）信道处于重合状态。一般来说，信道 1、6 和 11 彼此之间间隔的距离足够远，因此它们三个也成为了不会互相重叠和干扰的最常用的信道。

802.11b/g 网络标准中只提供了三个不互相重叠的信道，虽然数量有点偏少，但对于一般的家庭或办公室无线网络来说，已经足够了。如果办公区域需要多于三个以上的无线网络，建议使用支持 802.11a 标准的无线设备，它提供更多的非重叠信道。

大多数无线路由器的信道都被设置成"自动"，因此许多普通用户在设置时根本不会特别在意这个问题。如果希望自己所使用的信道比其他人的更快，可以在无线路由的设置中将信道直接设置在 1、6 和 11 中的某一个。

2. 关于无线路由器的频段带宽

频段带宽指的就是路由器的发射频率宽度。

● 20MHz 对应的是 65Mbit/s 带宽，穿透性好，传输距离远，能够达到 100 米左右。

● 40MHz 对应的是 150Mbit/s 带宽，穿透性差，传输距离近，能够达到 50 米左右。

而无线路由器上所标识的 300M 是指路由器的最大传输速率能够达到 300Mbit/s，这是路由器的理论性能指标，实际上一般是无法达到和使用的。

（三）实训：两个无线路由器的连接

一个无线路由器的覆盖范围是有限的，对墙壁等障碍物的穿透能力也有限。在较大的办公室使用的话，有些地方往往覆盖不到。这个时候我们就需要将两个无线路由器连接起来，以扩大其应用范围。

路由器相连接，一般主要有以下两种方式。

● 级联：两台路由器使用有线方式相连。

● 桥接：两台路由器直接使用无线方式相连。

【实训 1——级联】

将两个无线路由器利用有线方式级联起来，其连接方式如图 8-40 所示。

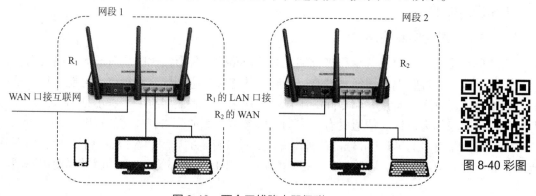

图 8-40 两个无线路由器级联

【操作步骤】

（1）将路由器 R_1 接入互联网，使其正常工作。

（2）用一台计算机连接路由器 R_2，登录管理页面，设置其管理地址（LAN 地址）与路由器 R_1 不在同一个网段。例如，R_1 管理地址为 192.168.1.1，则修改路由器 R_2 管理地址为 192.168.2.1，如图 8-41 所示。

图 8-41 修改路由器 R_2 管理地址

（3）修改路由器 R_2 管理地址后，需要重新启动路由器以使修改生效。

（4）计算机需要重新用新地址（192.168.2.1）登录路由器 R_2 的管理页面。查看一下，可见此时 DHCP 服务地址池的地址范围也随之改变了，如图 8-42 所示。

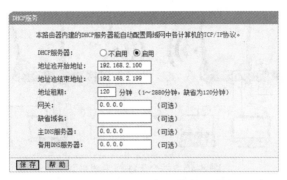

图 8-42　DHCP 服务地址范围改变

（5）打开路由器 R_2【WAN 口设置】，修改"WAN 口连接类型"为"动态 IP"，如图 8-43 所示。此时系统会自动从 WAN 口获取动态 IP 地址，如果路由器 R_2 的 WAN 口没有连线，就会出现一个提示。

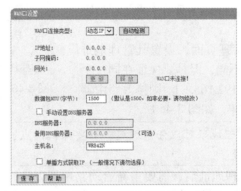

图 8-43　修改"WAN 口连接类型"为"动态 IP"

（6）用一条网线从路由器 R_1 的 LAN 口连接到路由器 R_2 的 WAN 口。

（7）单击 自动检测 按钮，则路由器 R_2 能够自动从路由器 R_1 中获得一个动态 IP 地址，如图 8-44 所示。

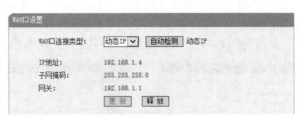

图 8-44　路由器 R_2 自动获得一个 IP 地址

现在路由器 R_2 能够连接到互联网了，与其相连的计算机、无线设备也都能够上网了。

说明：这时连接到路由器 R_2 上的设备(计算机、手机)所获得的 IP 地址均为"192.168.2.*"这个网段，与路由器 R_1 的连接设备不在一个网段了。

【实训 2——桥接】

将两个无线路由器利用无线方式桥接起来，其连接方式应如图 8-45 所示。与图 8-40 级联模式相比，此图没有两个路由器之间的连线，而是完全依靠无线方式连接。

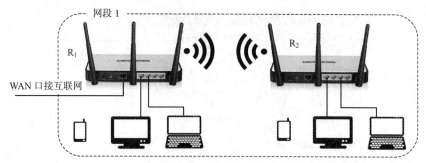

图 8-45　两个无线路由器级联

【操作步骤】

（1）将路由器 R_1 接入互联网，使其正常工作。

（2）用一台计算机连接路由器 R_2，如果前面对 R_2 进行过其他设置，为保证后面的操作顺利，可以对其进行"恢复出厂设置"或 Reset（重置）操作，清除用户的设置。

（3）登录路由器 R_2 管理页面，设置其管理地址（LAN 地址）与路由器 R_1 不同，但是要保证在同一个网段。例如 R_1 管理地址为 192.168.1.1，则修改路由器 R_2 管理地址为 192.168.1.200，如图 8-46 所示。

图 8-46　修改路由器 R_2 的管理地址

说明：路由器 R_2 的管理地址可以任意设置，只要保证两点，第一，不能与路由器 R_1 相同；第二，要在同一个网段。

（4）修改路由器 R_2 管理地址后，需要重新启动路由器以使修改生效。

（5）重启后，用新地址重新登录路由器 R_2 的管理页面，打开其【无线网络基本设置】页面，选择【开启 WDS】项，如图 8-47 所示，则会出现 WDS 的各种选项。

说明：WDS（Wireless Distribution System，无线分布式系统）是一种无线混合模式，可让基站之间互相沟通，建立无线网路的桥接（中继），扩展无线信号，从而覆盖更大的范围。

（6）建立路由器之间的桥接，必须知道主路由器（这里是 R_1）的 SSID 和 BSSIS（也就是 MAC 地址），但是一般我们是记不住的。所以，这里可以使用扫描的方式来查找这个主路由器的信息。单击 扫描 按钮，会出现图 8-48 所示的页面，说明在我们周围所发现的无线网络信号。

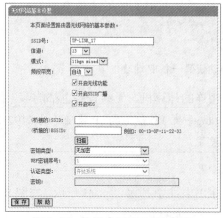

图 8-47　选择【开启 WDS】项

图 8-48　周围所发现的无线网络信号

（7）在这个表中，R7000 就是我们的主路由器 R_1，单击其后的【连接】，则 R_1 的信息自动添加到 WDS 中。

（8）由于主路由器 R_1 也设置了密码，所以，这里我们要填上其接入密码，如图 8-49 所示。

（9）单击 保存 按钮，一般都会出现一个对话框，如图 8-50 所示，说明当前路由器的信道与主路由器的信道不匹配，需要重新设置。

说明：路由器的信道都是根据周围其他无线信号占用信道的情况动态分配的，每次重启都会发生变化。所以在桥接时，为了防止出现信道不匹配的现象，最好将主路由器的信道设置为一个固定值。

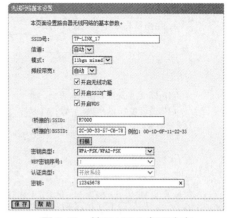

图 8-49　填写 WDS 各项内容

（10）单击 确定 按钮，设置路由器 R_2 的信道与 R_1 相同，如图 8-51 所示。

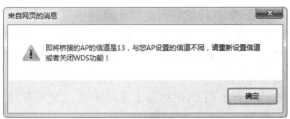

图 8-50　信道不匹配的消息

图 8-51　设置路由器 R_2 的信道与 R_1 相同

（11）单击 保存 按钮，系统要求重新启动路由器以使修改生效。我们可以先不重启，把其他需要设置的地方一并修改后再重启。

（12）打开【无线网络安全设置】页面，为路由器 R_2 的访问添加密码，如图 8-52 所示。

（13）页面保存后，再打开【DHCP 服务】页面，关闭路由器 R_2 的 DHCP 服务，以免与路由器 R_1 的相冲突，如图 8-53 所示。这是必须进行的一步，否则路由器 R_2 还是无法实现桥接。

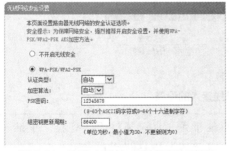

图 8-52　为路由器 R_2 的访问添加密码　　图 8-53　关闭路由器 R_2 的 DHCP 服务

（14）页面保存后，现在可以重启路由器了。

（15）重启后，重新登录路由器 R_2，从运行状态页面可以看到当前设置的情况，如图 8-54 所示。

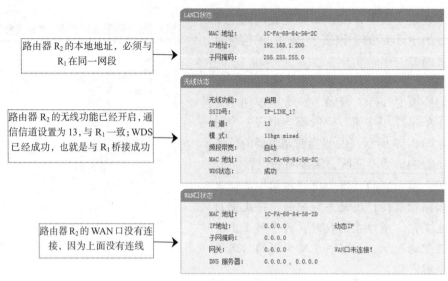

图 8-54　当前设置的情况

（16）这时，路由器 R_2 已经桥接成功，连接 R_2 的计算机、手机就都可以上网了。

当启用路由器 R_2 的 DHCP 功能时，可以从【DHCP 服务器】/【客户端列表】看到所有连接到路由器 R_2 的设备。但是在桥接状态，必须关闭 DHCP 服务，那么这时如何查看哪些设备连接到路由器 R_2 上了？还是有办法的。

对于接入的无线设备，可以利用【无线设置】/【主机状态】菜单来看，如图 8-55 所示。

图 8-55　接入的无线设备

对于通过有线接入的设备，可以利用【IP 与 MAC 绑定】/【ARP 映射表】菜单来查看，如图 8-56 所示。

图 8-56　通过有线接入的设备

说明：多台无线路由器的连接，还有一种中继模式，也是通过无线连接。中继和桥接的原理有所不同，但是实际使用效果基本相同。这里就不对中继模式进行讨论了。

项目实训　校园网 DDN 专线接入

DDN（Digital Data Network，数字数据网络）是一种采用光缆、数字微波、卫星信道等多种传输介质传输数据的一种网络。它采用点到点、点到多点的通信方式，具有数据传输速率高、网络延时小的特点，并且可以支持数据、语音、图像传输等多种业务，同时还具有网络透明传输、同步数据传输等特点，能够为校园网络多媒体支持提供可靠的保障。

本例的校园网楼宇分布图如图 8-57 所示。

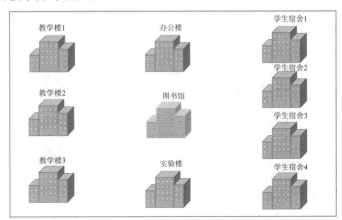

图 8-57　楼宇分布图

1. 需求分析

（1）信息点分布问题

校园楼宇包括办公楼、图书馆、实验楼、教学楼和学生宿舍楼，其中教学场所、办公场所和宿舍场所上网应该分别单独控制和管理，学生宿舍楼信息点数量多，办公楼和教学楼信息点少。

（2）网络带宽占用问题

教学区和办公区为教学应用场所，包括网上办公、数字化校园等应用系统，相对于学生宿舍较为重要，要防止网络带宽被学生宿舍占用，学生宿舍学生上网人数较多，网络带宽占用大。

（3）降低建网成本

网络中办公和教学场所除 DDN 专线共享 Internet 外，校园网门户网站和内部各系统使用占一半以上，校园网门户网站与各楼宇采用吉比特以太网连接，学生宿舍网络与办公教学系统隔离，采用百兆比特以太网连接至各宿舍楼宇。

2. 解决方案

针对实际网络问题，采用一条 DDN 专线接入校园网，根据教学办公与宿舍带宽分配要求，将接入到校园网的带宽按照 1:1 划分并限制带宽。

- 网络核心在图书馆，由于 DDN 专线带宽有限，通过两条百兆双绞线连接各自网络。
- 学生宿舍采用硬件路由方式，通过三层交换机划分虚拟局域网，按楼宇划分网段，直接连入宿舍终端。学生宿舍网络信息点多，速度快，无须访问教学和办公网络，故采用百兆比特以太网连接至核心三层交换机，通过 DDN 专用路由器直接接入 Internet，保证学生高速访问 Internet。
- 办公和教学区采用软路由方式连接，通过代理服务器控制办公和教学区用户网络流量和记录访问日志等功能。由于办公和教学需要高速访问园区网门户网站，故采用吉比特以太网连接，以保证网络运行速度。

具体拓扑结构如图 8-58 所示。

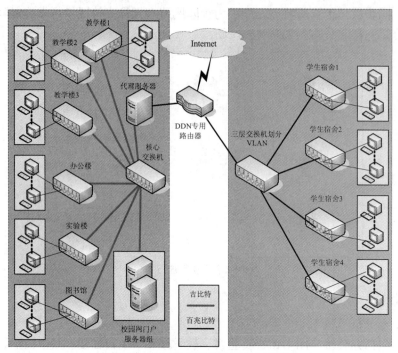

图 8-58   DDN 接入校园网网络拓扑结构

通过以上方案分析，具体网络布线结构如图 8-59 所示。

此方案 DDN 专线接入后，根据需求通过划分两个网络，既可以保证学生宿舍高速访问 Internet，也可使办公和教学区占有正常 DDN 带宽上网，而不影响校园网门户网站的正常运行。学生如果访问校园网门户网站，可以在图书馆的综合阅览室中上网和查阅资料，图书馆内部阅览室和自习室也可采用无线接入方式，使网络更具有灵活性。

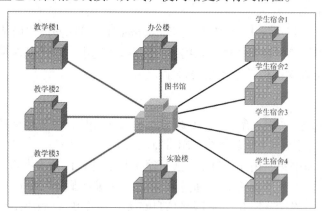

图 8-59   实际网络布线图

思考与练习

一、填空题

1. Internet 接入形式和方法很多，按用户入网形式可分为_____和_____两种方式。

2．ISDN 基本速率接口有两条_____的信息通路和一条_____的信令通路，简称2B+D。

3．DDN 的英文全称为_____。

4．ADSL 是一种非对称的 DSL 技术，中文名称是_____，是一种在普通电话线上进行宽带通信的技术。

5．Cable-Modem 连接方式可分为两种：_____和_____。

6．DDN 的通信速率可根据用户需要在_____之间进行选择。

7．我国四大网络是_____、_____、_____和_____。

8．作为承载互联网应用的通信网，宏观上可划分为_____和_____两大部分。

9．广义上讲，无线接入包括_____和_____两大类。

10．ADSL 调制解调器用于实现输/入输出信息在_____信号和_____信号之间的转换。

11．ADSL 分离器用于将外来的电话信号分离为用于调制解调器的_____信号和用于打电话的_____信号。

12．无线路由器是将_____和_____合二为一的扩展型产品。

13．无线路由器相连接，一般主要有两种方式，分别是_____和_____。

14．无线路由器的频段带宽指的就是路由器的_____。

15．国内的三大基础电信运营商分别是_____、_____和_____。

二、简答题

1．简述 Internet 在中国的发展。

2．简述 ADSL 与 VDSL 的区别。

3．为什么使用有线电视网络接入 Internet 时，需要使用一个调制解调器？

4．什么是 ISP？中国有哪些主要的 ISP？

5．请绘制出两台无线路由器级联的示意图。

项目九 局域网管理与安全防护

网络管理与维护是计算机网络的关键技术之一，尤其在大型计算机网络中更是如此。网络管理和维护是指监督、组织和控制网络通信服务以及信息处理所必需的各种活动的总称，目的是确保计算机网络的持续正常运行，并在计算机网络运行出现异常时能及时响应和排除故障。在很多局域网中，存在重建设、轻管理的现象，从而导致网络性能不高、应用不便。因此，网络的管理与维护是与网络建设并行的重要工作。

随着网络应用的发展，网络安全问题越来越被关注。计算机面临的安全威胁是多方面的，主要的威胁可分为恶劣环境的影响、偶然故障和错误、人为的攻击破坏以及计算机病毒感染4类。对于局域网，由于其自然环境相对安全和稳定，所以对其安全性的研究主要集中在防止恶意用户、病毒等破坏系统中的信息或干扰系统的正常工作。

本项目主要通过以下几个任务完成。

- 任务一　了解网络管理
- 任务二　常用的网络诊断命令
- 任务三　了解网络安全知识
- 任务四　网络安全防护

学习目标

- 了解网络管理的主要功能和常用工具
- 掌握常用网络诊断命令
- 了解网络安全知识和安全防护
- 掌握电子阅览室管理系统的基本功能
- 对校园网安全防护体系有所了解

任务一　了解网络管理

网络管理包括对硬件、软件和人力的使用、综合与协调，以便对网络资源进行监视、测试、配置、分析、评价和控制，这样就能以合理的成本满足网络的需求，如实时运行性能、服务质量等。

一般来说，网络管理就是通过某种方式对网络进行管理，使网络能正常高效地运行。其目的很明确，就是使网络中的资源得到更加有效的利用，当网络出现故障时能及时报告和处理，维护网络正常、高效地运行。

（一）网络管理的功能

根据国际标准化组织定义，网络管理应具有下列主要功能。

1．故障管理

故障管理是网络管理中最基本的功能之一。当网络中某个组成失效时，网络管理器必须迅速查找到故障并及时排除。通常不能迅速隔离某个故障，因为网络故障的产生原因往往相当复杂，特别是当故障是由多个网络组成共同引起的。在此情况下，一般先将网络修复，然后再分析网络故障的原因。分析故障原因可有效防止类似故障的再发生。

对网络故障的检测依据对网络组成部件状态的监测。不严重的简单故障通常被记录在错误日志中，并不做特别处理；而严重一些的故障则需要通知网络管理器，即所谓的"警报"。一般网络管理器应根据有关信息对警报进行处理，排除故障。当故障比较复杂时，网络管理器应能执行一些诊断测试来辨别故障原因。

2．计费管理

计费管理记录网络资源的使用，目的是控制和监测网络操作的费用和代价。它对一些公共商业网络尤为重要。它可以估算出用户使用网络资源可能需要的费用和代价，以及已经使用的资源。网络管理员还可规定用户可使用的最大费用，从而控制用户过多占用和使用网络资源。这也从另一方面提高了网络的效率。另外，当用户为了一个通信目的需要使用多个网络中的资源时，计费管理应可计算总计费用。

3．配置管理

配置管理用于初始化并配置网络，以使其提供网络服务。配置管理是对辨别、定义、控制和监视组成一个通信网络的对象所必要的一组相关功能，目的是为了实现某个特定功能或使网络性能达到最优。

4．性能管理

性能管理评估系统资源的运行状况及通信效率等系统性能。其能力包括监视和分析被管网络及其所提供服务的性能机制。性能分析的结果可能会触发某个诊断测试过程或重新配置网络以维持网络的性能。性能管理收集分析有关被管网络当前状况的数据信息，并维持和分析性能日志。

5．网络安全管理

计算机网络系统的特点决定了网络本身安全的脆弱性，因此网络安全管理要确保网络资源不被非法使用，确保网络管理系统本身不被未经授权的访问，确保网络管理信息的机密性和完整性。

人们对网络管理进行了大量的研究，并提出了多种网络管理方案，其中简单的网络管理协议（Simple Network Management Protocol，SNMP）得到了广泛的支持和应用，已成为事实上的工业标准。各大计算机与网络通信厂商都已经推出了基于 SNMP 的网络管理系统，如 HP 的 OpenView、IBM 的 NetView 系列、Fujitsu 的 NetWalker 及 SunSoft 的 Sunnet Manager 等。它们都已在各种实际应用环境下得到了一定的应用，并已有了相当的影响。

随着网络技术的发展，网络管理也从过去的设备级管理上升为今天的业务管理。因此，专业的网络流量和协议分析软件也应运而生，以帮助用户具体了解当前的流量组成、协议分布和用户行为。

网络流量分析是指捕捉网络中流动的数据包，并通过查看数据包内部数据以及进行相关的协议、流量分析、统计等来发现网络运行过程中出现的问题，它是网络和系统管理人员进行网络故障和性能诊断的有效工具。

（二）Windows 网络监视器

网络管理工具是每个网络管理人员不可或缺的助手。这类工具软件很多，从简单的 IP 探察到复杂的综合管理，为网络管理带来了极大的方便。

网络监视器是一个运行于 Windows Server 2003 上的网络问题诊断工具，它监视局域网并提供网络统计信息的图形化显示。网络管理员可以使用这些统计信息执行日常故障排查任务，如查找已停机的服务器，或者查找工作负载与处理能力不相称的服务器。在从网络数据流中收集信息的同时，网络监视器显示下列类型的信息。

- 向网络中发送数据帧的计算机的源地址。
- 接收该帧的计算机的目标地址。
- 用来发送该帧的协议。
- 正在发送的数据（或消息的一部分）。

网络监视器有两种不同版本：基本版本和完全版本。基本版本的网络监视器包括在 Windows Server 2003 中，而完全版本的网络监视器随 Microsoft Systems Management Server 提供。两种版本都允许用户分析网络通信，但是基本版本只能分析本地计算机上发出和传入的网络通信，而完全版本却可以分析流经网络段的全部通信。虽然基本版本的网络监视器的功能相对简单一些，但是将其安装在网络服务器上，也能够进行基本的网络监控。这个工具简单方便，但是功能比较弱，所以在 Windows Server 2008 以后就不提供了。

作为学习，我们来了解一下这个工具的使用方法。

【任务要求】

在 Windows Server 2003 下安装并使用网络监视器。

【操作步骤】

（1）打开控制面板，选择【添加/删除程序】选项。

（2）单击【添加/删除 Windows 组件】按钮 🔄 ，弹出【Windows 组件向导】对话框。

（3）在可用的组件列表中选择【管理和监视工具】选项（不要勾选复选框），然后单击 `详细信息 (D)...` 按钮，Windows 系统会展现各种不同的管理和监视工具列表。

（4）勾选【网络监视工具】复选框，然后单击 `确定` 按钮，则出现组件安装向导，单击 `下一步 (N) >` 按钮并按照提示完成安装。

说明：安装过程中，需要提供 Windows Server 2003 安装盘。

（5）安装完成后，在系统的【管理工具】菜单中会出现一个【网络监视器】组件，如图 9-1 所示。

图 9-1 【网络监视器】组件

（6）运行网络监视器。在第一次运行时，会提示选择监视哪个网卡的网络通信，如图9-2所示。一般选择本地网卡。

图9-2　选择监视对象

（7）单击工具栏中的 ► 按钮，开始监视指定网卡的通信，如图9-3所示。

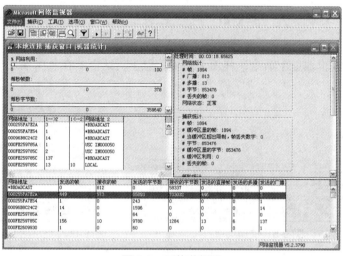

图9-3　网络监视器

网络监视器提供了网络利用率、每秒帧数、每秒字节数、每秒广播数等网络通信监控功能，这些参数对于网络故障的排除和网络监控具有非常重要的作用。

● 网络利用率：是网络当前负载与最大理论负载量的比率。局域网是以太网，共享式以太网（采用集线器）的最大网络利用率在30%左右，交换式以太网（采用交换机）的最大利用率则可达70%左右。如果超过这个数值，网络就饱和了，冲突剧增、速度变慢。

● 每秒帧数：是指被监视的网卡每秒发出和接收的帧数量，它可以作为网络通信量的一个指标。

● 每秒字节数：是指被监视的网卡发出和接收的帧值之和，它也是网络通信量的一个指标。

● 每秒广播数：是被监视的网卡发出和接收到的广播帧的数量，正常情况下，每秒广播帧数是比较少的，视网络上的计算机数量而定；而在发生广播风暴时，每秒广播帧数非常多。

（8）单击 ■ 按钮，停止捕获网络通信。这时各种通信的情况就会被统计显示出来。

（9）单击 ◌◌ 按钮，能够显示捕获的数据，如图9-4所示。其中列出了当前捕获的所有数据帧的基本情况，如通信的发起方（源 MAC 地址）、接收方（目标 MAC 地址）、使用的协议等。

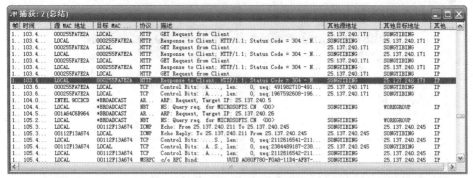

图 9-4　显示捕获的数据

（10）选择某一个帧，在"源 MAC 地址"位置单击鼠标右键，弹出一个快捷菜单，如图 9-5 所示。

（11）选择【编辑地址】命令，弹出【地址信息】对话框。在其中输入该地址所对应的名称，如图 9-6 所示。

图 9-5　快捷菜单

图 9-6　【地址信息】对话框

（12）单击 确定 按钮，关闭对话框。这时，捕获数据中的该 MAC 地址都被修改为前面定义的名称，如图 9-7 所示。

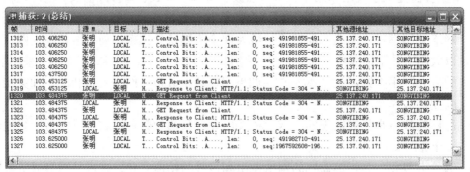

图 9-7　修改地址名称

（13）在某帧上双击鼠标，显示该帧的详细信息，如图 9-8 所示。可见，用户"张明"正在读取"http://25.137.240.211/xlb/showart.asp?id=572"文件。

在网络监视器中还有许多设置和操作，如编辑网络地址的名称、设置捕捉筛选等，如图 9-9 所示。在此不再赘述，请同学们在实际使用中研究体会。

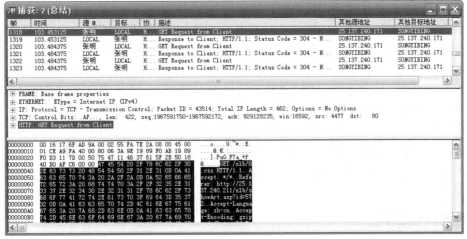

图 9-8　帧的详细信息

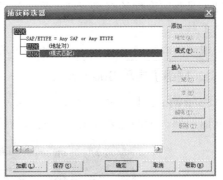

图 9-9　网络监视器的其他设置

【知识链接】

在使用网络监视器时，需要了解帧的传输方式，如单播帧（Unicast Frame）、多播帧（Multicast Frame）和广播帧（Broadcast Frame）等，并应了解广播风暴的形成。

（1）单播帧。

单播帧也称"点对点"通信。此时帧的接收和传递只在两个节点之间进行，帧的目的 MAC 地址就是对方的 MAC 地址，网络设备（指交换机和路由器）根据帧中的目的 MAC 地址，将帧转发出去。

（2）多播帧。

多播帧可以理解为一个人向多个人（但不是在场的所有人）说话，这样能够提高通话的效率。多播帧占网络中的比重并不多，主要应用于网络设备内部通信、网上视频会议、网上视频点播等。

（3）广播帧。

广播帧可以理解为一个人对在场的所有人说话，这样做的好处是通话效率高，信息可以很快传递到全体。在广播帧中，帧头中的目的 MAC 地址是 "FF.FF.FF.FF.FF.FF"，代表网络上所有主机网卡的 MAC 地址。

广播帧在网络中是必不可少的，如客户机通过 DHCP 自动获得 IP 地址的过程就是通过广播帧来实现的。而且，由于设备之间也需要相互通信，因此在网络中即使没有用户人为地发送广播帧，网络上也会出现一定数量的广播帧。

同单播帧和多播帧相比，广播帧几乎占用了子网内网络的所有带宽。网络中不能长时间出现大量的广播帧，否则就会出现所谓的“广播风暴”（每秒的广播帧数在 1 000 以上）。广播风暴就是网络长时间被大量的广播数据包所占用，使正常的点对点通信无法正常进行，其外在表现为网络速度特别慢。出现广播风暴的原因有很多，一块故障网卡就可能长时间地在网络上发送广播包而导致广播风暴。

使用路由器或三层交换机能够实现在不同子网间隔离广播风暴的作用。当路由器或三层交换机收到广播帧时并不处理它，使它无法再传递到其他子网中，从而达到隔离广播风暴的目的。因此在由几百台甚至上千台计算机构成的大中型局域网中，为了隔离广播风暴，都要进行子网划分。

（三）其他网络工具

随着网络应用的深入和软件技术的发展，网络工具也是百花齐放，从简单的端口、地址扫描工具到综合性的网络管理工具，涵盖了网络应用的各种类型。下面介绍几个常用的简单网络工具。

说明：本文使用的都是测试版和体验版，所以软件界面和功能上可能会有所不同。

---

1. 网络工具箱 SolarWinds

SolarWinds 是一种非常出色的网络工具箱，它的用途十分广泛，涵盖了从简单、变化的 ping 监控器、子网计算器到更为复杂的性能监控器和地址管理功能，如图 9-10 所示。

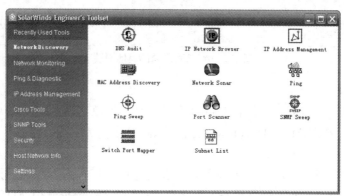

图 9-10　网络工具箱 SolarWinds

2. TCP 端口连接查看器

TCP 端口连接查看器是一个很简单的软件，能够对本机端口进行扫描，查看都有哪些端口开放，并被哪些用户和程序所连接，如图 9-11 所示。

本地地址	本地端口	远程地址	远程端口	进程号	状态	文件
25.137.240.211	1124	25.137.240.245	42510	1428	已建立	c:\Program Files\CA\eTrust Antivirus\InoTask.exe
25.137.240.211	1262	25.137.240.180	109	3784	同步发送	C:\Program Files\SuperLANadmin\SuperLANadmin\...
25.137.240.211	1233	25.137.240.180	80	0	延时等待	G:\软件\网络工具\TCP端口连接查看器.exe
25.137.240.211	1206	25.137.240.180	53	0	延时等待	G:\软件\网络工具\TCP端口连接查看器.exe
0.0.0.0	1028	0.0.0.0	82	500	正在监听	C:\WINDOWS\system32\lsass.exe
0.0.0.0	1026	0.0.0.0	57489	1312	正在监听	C:\WINDOWS\system32\inetsrv\inetinfo.exe
25.137.240.211	139	0.0.0.0	2208	4	正在监听	
0.0.0.0	5857	0.0.0.0	41079	1788	正在监听	C:\WINDOWS\System32\svchost.exe
0.0.0.0	445	0.0.0.0	24826	4	正在监听	
0.0.0.0	135	0.0.0.0	2208	764	正在监听	C:\WINDOWS\system32\svchost.exe
127.0.0.1	1031	0.0.0.0	63557	3020	正在监听	C:\WINDOWS\System32\alg.exe
0.0.0.0	42510	0.0.0.0	45172	1328	正在监听	c:\Program Files\CA\eTrust Antivirus\InoRpc.exe
0.0.0.0	80	0.0.0.0	32802	1788	正在监听	C:\WINDOWS\System32\svchost.exe
0.0.0.0	3389	0.0.0.0	55428	2888	正在监听	C:\WINDOWS\System32\svchost.exe

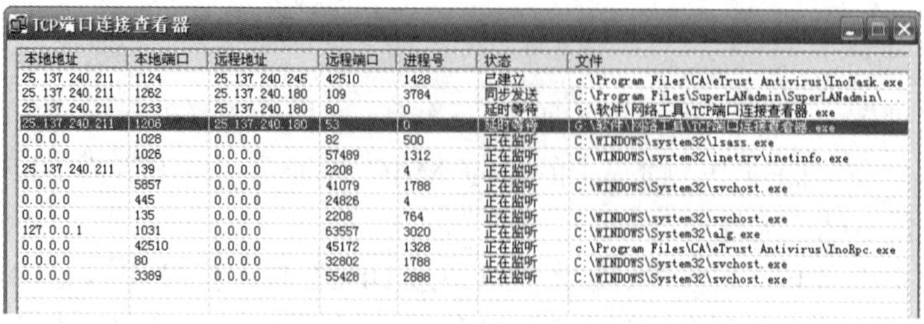

图 9-11　TCP 端口连接查看器

3. 超级网管（SuperLANadmin）

超级网管用于管理局域网，可以扫描到网络上各用户上线时所用的 MAC、IP、工作组、主机名等网络参数。通过设置机器上网权限可以限定各机器上网时段、搜索网络内全部共享文件、群发信息给每个工作站点。

利用超级网管还能扫描到网络上计算机的各种非常有用的信息，包括远程计算机的计算机名、工作组名、IP 地址、MAC 地址、共享文件夹等；可以实现一些很有用的系统功能，包括远程关机、远程重启、发送消息、搜索网络共享、网络流量检测、数据包的检测、端口扫描、活动端口查看以及端口进程查看等。每个功能的操作方式基本相同，都简单易用。

超级网管的操作界面如图 9-12 所示。

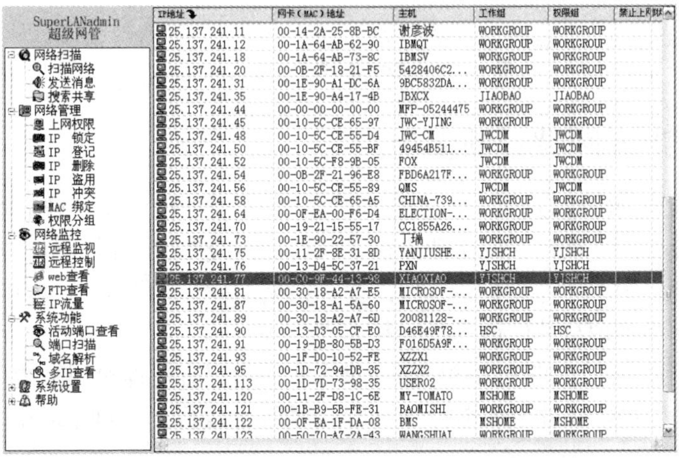

图 9-12　SuperLANadmin 超级网管

4. 局域网查看工具（LanSee）

LanSee 是一款用于查看局域网上各种信息的工具，是一款绿色软件，其主要功能如下。

- 局域网搜索功能：可以快速搜索出计算机信息（包括计算机名、IP 地址、MAC 地址、所在工作组、用户等）、共享资源和共享文件。
- 网络嗅探功能：可以捕获各种数据包（如 TCP、UDP、ICMP、ARP），嗅探局域网上的 QQ 号，查看局域网上各主机的流量，从流过网卡的数据中嗅探出音乐、视频、图片等文件。
- 局域网聊天和文件共享功能（不需要服务器）：可以与正在使用该软件的用户进行群聊，也可以与指定的用户进行私聊，可以指定条件搜索 LanSee 用户共享的文件。
- 计算机管理功能：可以向开启信使服务的计算机发短消息，可以远程关闭或重启提供权限的计算机。
- 文件复制的功能：可以复制网上邻居中的共享文件和 LanSee 用户共享的文件以及利用网络嗅探功能嗅探出的文件，支持断点续传。
- 可以列出进程打开的所有网络端口以及连接情况，能够快速扫描 TCP 端口，查看适配器信息，执行 ping、Traceroute 等命令，并且可以将用户不需要的功能禁用或卸载。

LanSee 软件操作界面如图 9-13 所示。

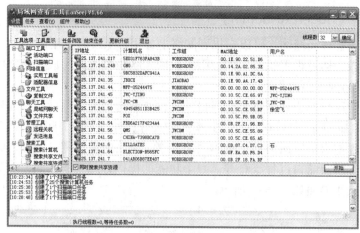

图 9-13　局域网查看工具 LanSee

任务二　常用的网络诊断命令

当一个小型局域网组建以后，为了保障网络运转正常，网络维护就显得非常重要。由于网络协议和网络设备的复杂性，网络故障比个人计算机故障要复杂得多。网络故障的定位和排除，既需要长期的知识和经验积累，也需要一系列的软、硬件工具。因此，学习各种最新的知识，是每个网络管理员都应该具备的基本素质。

Windows 系统提供了一些常用的网络测试命令，可以方便地对网络情况及网络性能进行测试。这些网络命令可以在各个版本的 Windows 系统下运行，下面介绍几个常用的网络测试命令。

（一）网络连通测试命令 ping

ping 是一种常见的网络测试命令，可以测试端到端的连通性。ping 的原理很简单，就是通过向对方计算机发送 Internet 控制信息协议（ICMP）数据包，然后接收从目的端返回这些包的响应，以校验与远程计算机的连接情况。默认情况下发送 4 个数据包。由于使用的数据包的数据量非常小，所以在网上传递的速度非常快，可以快速检测要求的计算机是否可达。

1. 语法格式

```
ping [-t][-a][-n count][-l length][-f][-i ttl][-v tos][-r count][-s count]
[[-j computer-list]|[-k computer-list]][-w timeout]destination-list
```

2. 参数说明

- -t：ping 指定的计算机直到中断。
- -a：将地址解析为计算机名。
- -n count：发送 count 指定的 ECHO 数据包数，默认值为 4。
- -l length：发送包含由 length 指定的数据量的 ECHO 数据包。默认为 32 个字节，最大值是 65 500 个字节。
- -f：在数据包中发送"不要分段"标志，数据包就不会被路由上的网关分段。
- -i ttl：将"生存时间"字段设置为 TTL 指定的值。
- -v tos：将"服务类型"字段设置为 tos 指定的值。

- -r count：在"记录路由"字段中记录传出和返回数据包的路由。count 可以指定最少 1 台、最多 9 台计算机。
- -s count：指定 count 指定的跃点数的时间戳。
- -j computer-list：利用 computer-list 指定的计算机列表路由数据包。
- -w timeout：指定超时间隔，单位为 ms。
- destination-list：指定要 ping 的远程计算机。

3．常用测试

- ping 127.0.0.1：验证是否在本地计算机上安装 TCP/IP 及配置是否正确。
- ping 网关的 IP 地址：验证默认网关是否运行，以及能否与本地网络上的本地主机通信。
- ping 本地计算机的 IP 地址：验证是否正确地添加到网络。
- ping 远程主机的 IP 地址：验证能否正常连接。

4．使用举例

（1）图 9-14 所示是向主机 www.163.com 进行的 ping 命令，两机能够正常连通。

图 9-14 表示发送了 4 个测试数据包，并且全部返回。其中"字节=32"表示测试中发送的数据包大小是 32 个字节；"时间<1ms"表示与对方主机往返一次所用的时间小于 1ms；"TTL=61"表示当前测试使用的生存周期（Time to Live）是 61。

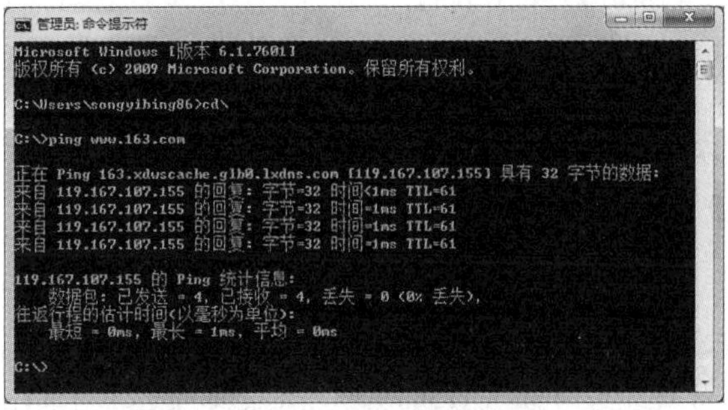

图 9-14　两机正常连通

（2）图 9-15 所示是向主机 www.sina.com 进行的 ping 命令，两机无法正常连通。

图 9-15　两机无法正常连通

默认情况下，在显示"请求超时"之前，ping 等待 1 000ms（1s）的时间让每个响应返回。如果通过 ping 探测的远程系统经过长时间延迟的链路（如卫星链路），则响应可能会花更长的时间才能返回。可以使用 -w（等待）选项指定更长时间的超时。

说明：ping 命令用 Windows 套接字样式的名称解析时，会将计算机名解析成 IP 地址，如果用 IP 地址 ping 成功，但是用名称 ping 失败，则问题出在地址或名称解析上，而不是网络连通性的问题。

（二）路由追踪命令 tracert

tracert 命令用于确定到目标主机所采取的路由。要求路径上的每个路由器在转发数据包之前至少将数据包上的 TTL 递减 1。数据包上的 TTL 减为 0 时，路由器将"ICMP 已超时"的消息发回源主机。

tracert 先发送 TTL 为 1 的回应数据包，并在随后的每次发送过程中将 TTL 递增 1，直到目标响应或 TTL 达到最大值，从而确定路由。通过检查中间路由器发回的"ICMP 已超时"消息确定路由。某些路由器不经询问直接丢弃 TTL 过期的数据包，这在 tracert 实用程序中看不到。

tracert 命令按顺序打印出返回"ICMP 已超时"消息的路径中的近端路由器接口列表。如果使用-d 选项，则 tracert 实用程序不在每个 IP 地址上查询 DNS。

1. 语法

```
tracert [-d] [-h maximum_hops] [-j computer-list] [-w timeout] target_name
```

2. 参数说明

- -d：指定不将地址解析为计算机名。
- -h maximum_hops：指定搜索目标的最大跃点数。
- -j computer-list：指定沿 computer-list 的松散源路由（路由可以不连续）。
- -w timeout：每次应答等待 timeout 指定的微秒数。
- target_name：目标计算机的名称。

3. 使用举例

图 9-16 所示是程序对发往 www.163.com 网站的数据包进行了跟踪。从中可以看到，数据包从本机到达该网站，需要经过 4 跳（Hops），也就是要经过 4 个路由器的中转。

图 9-16　tracert 应用举例

（三）地址配置命令 ipconfig

ipconfig 命令在前面的章节已经使用过，这里再详细解释一下。其作用主要是用于显示所有当前的 TCP/IP 网络配置值。在运行 DHCP 的系统上，该命令允许用户决定 DHCP 配置的 TCP/IP 配置值。

1. 语法

```
ipconfig [/all | /renew [adapter] | /release [adapter]]
```

2. 参数说明

● /all：产生完整显示。在没有该开关的情况下 ipconfig 只显示 IP 地址、子网掩码和每个网卡的默认网关值。

● /renew [adapter]：更新 DHCP 配置参数。该选项只在运行 DHCP 客户端服务的系统上可用。

● /release [adapter]：发布当前的 DHCP 配置。该选项禁用本地系统上的 TCP/IP，并只在 DHCP 客户端上可用。要指定适配器名称，输入使用不带参数的 ipconfig 命令显示的适配器名称。

如果没有参数，那么 ipconfig 实用程序将向用户提供所有当前的 TCP/IP 配置值，包括 IP 地址和子网掩码。该实用程序在运行 DHCP 的系统上特别有用，允许用户查看由 DHCP 配置的网络地址。

3. 使用举例

图 9-17 所示是某计算机 ipconfig /all 命令的输出结果，显示了该计算机的网卡型号、MAC 地址、IP 地址等信息。

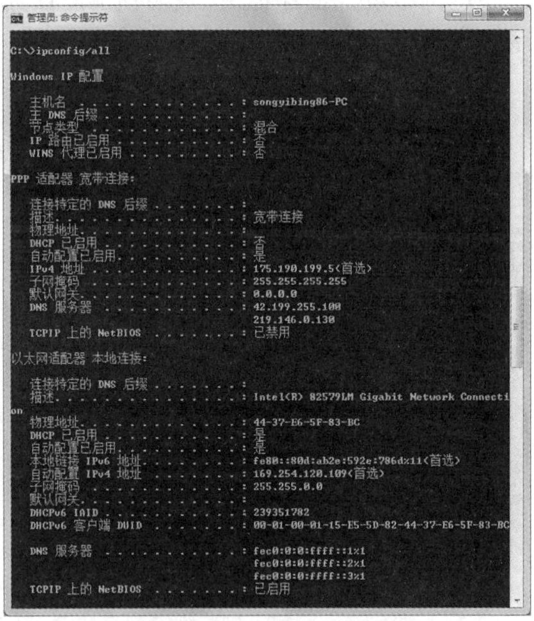

图 9-17　ipconfig 应用举例

（四）路由跟踪命令 pathping

pathping 命令是一个路由跟踪工具，它将 ping 和 tracert 命令的功能和这两个工具未提供的其他信息结合起来。pathping 命令在一段时间内将数据包发送到到达最终目标的路径上的每个路由器，然后基于数据包的计算机结果从每个跃点（路由器）返回。由于命令显示数据包在任何给定路由器或链接上丢失的程度，因此可以很容易地确定可能导致网络问题的路由器或链接。

默认的跃点数是 30，并且超时前的默认等待时间是 3s。默认时间是 250ms，并且沿着路径对每个路由器进行查询的次数是 100。

1. 语法

```
pathping [-n] [-h maximum_hops] [-g host-list] [-p period] [-q num_queries]
[-w timeout] [-T] [-R] target_name
```

2. 参数说明

- -n：不将地址解析为主机名。
- -h maximum_hops：指定搜索目标的最大跃点数。默认值为 30 个跃点。
- -g host-list：允许沿着 host-list 将一系列计算机按中间网关（松散的源路由）分隔开来。
- -p period：指定两个连续的探测（ping）之间的时间间隔（以毫秒为单位）。默认值为 250ms（1/4s）。
- -q num_queries：指定对路由所经过的每个计算机的查询次数。默认值为 100。
- -w timeout：指定等待应答的时间（以毫秒为单位）。默认值为 3 000ms（3s）。
- -T：在向路由所经过的每个网络设备发送的探测数据包上附加一个 2 级优先级标记（例如 802.1p）。这有助于标识没有配置 2 级优先级的网络设备。该参数必须大写。
- -R：查看路由所经过的网络设备是否支持"资源预留设置协议"（RSVP），该协议允许主机计算机为某一数据流保留一定数量的带宽。该参数必须大写。
- target_name：指定目的端，可以是 IP 地址，也可以是主机名。

3. 使用举例

图 9-18 所示是对主机 www.163.com 的 pathping 命令输出内容。

图 9-18　Pathping 应用举例

对图 9-18 所示的运行结果说明如下。

pathping 运行时，首先查看路由的结果，此路径与 tracert 命令所显示的路径相同，然后对下一个 125ms 显示忙消息（此时间根据跃点计数变化）。在此期间，pathping 从以前列出的所有路由器和它们之间的链接之间收集信息，然后显示测试结果。

RTT（Round-Trip Time）表示往返时延，表示从发送端发送数据开始，到发送端收到来自接收端的确认（接收端收到数据后便立即发送确认）总共经历的时延。

"已丢失/已发送=Pct"表示向某个跃点发送数据包的丢失情况。可见，在跃点 1 丢失了 35%

的数据包，该丢失表明链路的阻塞情况。对路由器显示的丢失率表明这些路由器的 CPU 可能超负荷运行。这些阻塞的路由器可能也是端对端问题的一个因素，尤其是在软件路由器转发数据包时。

（五）网络状态命令 netstat

netstat 命令用于显示当前正在活动的网络连接的详细信息，可提供各种信息，包括每个网络的接口、网络路由信息等统计资料，可以使用户了解目前都有哪些网络连接正在运行。

1. 语法

```
netstat [-a] [-e] [-n] [-s] [-p protocol] [-r] [interval]
```

2. 参数说明

- -a：显示所有连接和侦听端口。服务器连接通常不显示。
- -e：显示以太网统计。该参数可以与-s 选项结合使用。
- -n：以数字格式显示地址和端口号（而不是尝试查找名称）。
- -s：显示每个协议的统计。默认情况下，显示 TCP、UDP、ICMP 和 IP 的统计。-p选项可以用来指定默认的子集。
- -p protocol：显示由 protocol 指定的协议的连接。
- -r：显示路由表的内容。
- interval：重新显示所选的统计，在每次显示之间暂停 interval 秒。

3. 使用举例

图 9-19 所示是 netstat 命令的输出结果。

图 9-19　netstat 应用举例

（六）网络连接状态命令 nbtstat

该命令用于解决 NetBIOS 名称解析问题，用来提供 NetBIOS 名字服务、对话服务与数据报服务，显示使用 NBT 的 TCP/IP 连接情况和统计。

1. 语法

```
nbtstat [-a remotename] [-A IP address] [-c] [-n] [-R] [-r] [-S] [-s] [interval]
```

2. 参数说明

- -a remotename：使用远程计算机的名称列出其名称表。

- -A IP address：使用远程计算机的 IP 地址并列出名称表。
- -c：给定每个名称的 IP 地址并列出 NetBIOS 名称缓存的内容。
- -n：列出本地 NetBIOS 的名称。
- -R：清除 NetBIOS 名称缓存中的所有名称后，重新装入 Lmhosts 文件。
- -r：列出 Windows 网络名称解析的名称解析统计。
- -S：显示客户端和服务器会话，只通过 IP 地址列出远程计算机。
- -s：显示客户端和服务器会话。尝试将远程计算机 IP 地址转换成使用主机文件的名称。
- interval：重新显示选中的统计，在每个显示之间暂停 interval 秒。

3. 使用举例

图 9-20 所示为 nbtstat 命令的输出内容。

图 9-20　Nbtstat 应用举例

任务三　了解网络安全知识

网络安全是指网络系统的硬件、软件及系统中的数据受到保护，不会由于偶然或恶意的原因而遭到破坏、更改、泄露，系统连续、可靠、正常地运行，网络服务不中断。广义来说，凡是涉及网络上信息的保密性、完整性、可用性、真实性和可控性的相关技术和理论都是网络安全所要研究的领域。

（一）网络安全的基本概念

计算机网络涉及很多因素，包括设备、设施、人员、信息系统、数据等。网络的运行需要依赖所有这些因素的正常工作。因此，网络安全就是对这些因素的保护和控制。

1. 网络安全的基本内容

网络安全是一个多层次、全方位的系统工程。根据网络的应用现状和网络结构，可以将网络安全划分为物理层安全、系统层安全、网络层安全、应用层安全和管理层安全。

（1）物理环境的安全性（物理层安全）

该层次的安全包括通信线路的安全、物理设备的安全、机房的安全等。物理层的安全主要体现在通信线路的可靠性（线路备份、网管软件、传输介质），软硬件设备的安全性（替换设备、拆卸设备、增加设备），设备的备份，防灾害能力、抗干扰能力，设备的运行环境（温度、湿度、烟尘），不间断电源保障等。

（2）操作系统的安全性（系统层安全）

该层次的安全问题来自网络内使用的操作系统的安全，如 Windows NT 和 Windows 2000 等。主要表现在三方面，一是操作系统本身的缺陷带来的不安全因素，主要包括身份认证、访问控制、系统漏洞等；二是操作系统的安全配置问题；三是病毒对操作系统的威胁。

（3）网络的安全性（网络层安全）

该层次的安全问题主要体现在网络方面的安全性，包括网络层身份认证，网络资源的访问控制，数据传输的保密与完整性，远程接入的安全，域名系统的安全，路由系统的安全，入侵检测的手段，网络设施防病毒等。

（4）应用的安全性（应用层安全）

该层次的安全问题主要由提供服务所采用的应用软件和数据的安全性产生，包括 Web 服务、电子邮件系统、DNS 等。此外，还包括病毒对系统的威胁。

（5）管理的安全性（管理层安全）

安全管理包括安全技术和设备的管理、安全管理制度、部门与人员的组织规则等。管理的制度化极大程度地影响着整个网络的安全，严格的安全管理制度，明确的部门安全职责划分，合理的人员角色配置都可以在很大程度上减少其他层次的安全漏洞。

2. 计算机网络安全等级划分

根据强制性国家标准《计算机信息安全保护等级划分准则》的定义，计算机网络安全可以划分为以下几级。

- 第 1 级：用户自主保护级。
- 第 2 级：系统审计保护级。
- 第 3 级：安全标记保护级。
- 第 4 级：结构化保护级。
- 第 5 级：访问验证保护级。

安全等级越高，所付出的人力、物力资源代价也越高。系统的安全等级会随着内部、外部环境的变化而变化。

（二）网络安全威胁有哪些

计算机病毒和恶意用户的网络攻击是局域网面临的最大威胁。

1. 计算机病毒

计算机病毒就是能够通过某种途径潜伏在计算机存储介质（或程序）里，当达到某种条件时即被激活的具有对计算机资源进行破坏作用的一组程序或指令集合。

（1）计算机病毒的分类

- 按传染方式来分类，可分为引导型病毒、文件型病毒和混合型病毒。
- 按照计算机病毒的传播介质来分类，可分为单机病毒和网络病毒。网络病毒的传播介质不再是移动式载体，而是网络通道，这种病毒的传染能力更强，破坏力更大。

（2）计算机病毒的传播途径

- 通过不可移动的计算机硬件设备进行传播。
- 通过移动存储设备来传播。这些设备包括优盘、光盘、移动硬盘等。大多数计算机都是从这类途径感染病毒的。
- 通过计算机网络进行传播，这种方式将成为病毒的第一传播途径。

- 通过点对点通信系统和无线通道传播。预计在未来的信息时代，这种途径很可能与网络传播途径成为病毒扩散的两大"时尚渠道"。

（3）计算机病毒的危害

- 病毒激发对计算机数据信息的直接破坏作用。
- 占用磁盘空间和对信息的破坏。
- 抢占系统资源，影响计算机、网络的运行速度。
- 系统的不稳定与不可预见的危害。
- 计算机病毒给用户造成严重的心理压力。

2. 计算机网络攻击

根据从 30 多个国家的 400 多家公司的数千个入侵检测系统和防火墙检测到的数据研究分析，基于网络的计算机攻击仍是各类组织面临的主要威胁。一般来说，网络安全的基本目标是实现信息的机密性、完整性、可用性和合法性，这也是基本的信息安全目标。

从行为的破坏性来说，网络攻击一般分为以下两大类。

- 非破坏性攻击：即破坏系统的正常运行但不进入系统，这种攻击不会得到对方系统内的资料。
- 破坏性攻击：以侵入他人系统为目的，进入系统后得到对方资料或修改资料。

从攻击的方法来说，网络攻击可分为被动攻击和主动攻击两种，如图 9-21 所示。

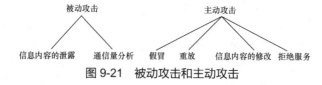

图 9-21　被动攻击和主动攻击

（三）常见网络攻击手段

1. 利用网络系统漏洞进行攻击

许多网络系统都存在漏洞，这些漏洞有可能是系统本身所有的，如 Windows、UNIX 等系统都有数量不等的漏洞；也有可能是由于网管的疏忽而造成的。黑客利用这些漏洞就能进行密码探测、系统入侵等攻击。

对于系统本身的漏洞，可以安装软件补丁，网管也要尽量避免因工作疏忽而使他人有机可乘。

2. 通过电子邮件进行攻击

电子邮件是 Internet 上运用得十分广泛的一种通信方式。黑客可以使用一些邮件炸弹软件或 CGI 程序向目的邮箱发送大量垃圾邮件，使得目的邮箱被"撑爆"而无法使用。当垃圾邮件的发送流量特别大时，还有可能造成邮件系统对于正常工作的反应缓慢，甚至瘫痪，这一点和后面要讲到的"拒绝服务攻击"比较相似。

对于遭受此类攻击的邮箱，可以使用一些垃圾邮件清除软件来解决，使用 Outlook、Foxmail 等离线收信软件同样也能达到此目的的。

3. 解密攻击

在 Internet 上，使用密码进行身份验证是最常见且最重要的安全保护方法，只要有密码，系统就会认为你是经过授权的正常用户，因此，取得密码也是黑客进行攻击的重要手段，其常用以下两种方法。

　　一种方法是对网络上的数据进行监听。因为系统在进行密码校验时，用户输入的密码需要从用户端传送到服务器端，而黑客就能在两端之间进行数据监听。但一般系统在传送密码时都进行了加密处理，即黑客所得到的数据中不会存在明文的密码，这就增加了破解难度。这种手法常用于局域网，一旦破解成功，攻击者将会得到很大的操作权益。

　　另一种方法就是使用穷举法对已知用户名的密码进行暴力解密。这种解密软件会尝试所有可能字符所组成的密码，但这项工作十分费时。如果用户的密码设置比较简单，如"12345""ABC"等，只需一眨眼的工夫就可破解。

　　为了防止受到这种攻击，用户在设置密码时一定要将其设置得复杂一些，也可使用多层密码或者使用中文密码，并且不要以自己的生日和电话甚至用户名作为密码，因为一些密码破解软件可以让破解者输入与被破解用户相关的信息，如生日等，然后对这些数据构成的密码进行优先尝试。另外，应该经常更换密码，这样可以降低被破解的可能性。

4. 后门软件攻击

　　后门软件攻击又称木马攻击，是 Internet 上比较多的一种攻击手法。木马也称为特洛伊木马，这个名称来源于希腊的古神话。这些后门软件分为服务器端和用户端，当黑客进行攻击时，会使用客户端程序登录已安装好服务器端程序的计算机，这些服务器端程序都比较小，一般会附于某些软件上。有时当用户下载了一个小游戏并运行时，后门软件的服务器端就安装完成了，而且大部分后门软件的重生能力比较强，给用户进行清除造成一定的麻烦。

　　木马往往具有远程控制、文件上传和下载等功能，而且它能随着计算机启动而启动，所以用户在被入侵的计算机中的一举一动往往完全暴露给攻击者。攻击者就能利用木马轻而易举地获得计算机用户的一些敏感信息，如信用卡账号、密码等。木马的攻击往往是不易发现的。因此，当从网上下载数据时，一定要在其运行之前进行病毒扫描，并使用一定的反编译软件，查看来源数据是否有其他可疑程序，从而杜绝这些后门软件。常见的木马有灰鸽子、PassCopy 和暗黑蜘蛛侠等。

5. 拒绝服务攻击

　　Internet 上许多大网站都遭受过此类攻击。实施拒绝服务攻击（DDoS）的难度比较小，但它的破坏性却很大。它的具体手法就是向目的服务器发送大量的数据包，几乎占用该服务器所有的网络宽带，从而使其无法对正常的服务请求进行处理，导致无法进入网站、响应速度大大降低或服务器瘫痪等。

　　拒绝服务攻击是一种最常见的攻击形式。严格来说，拒绝服务攻击并不是某一种具体的攻击方式，而是攻击所表现出来的结果，最终使得目标系统因遭受某种程度的破坏而不能继续提供正常的服务，甚至导致物理上的瘫痪或崩溃。具体的操作方法多种多样，可以是单一的手段，也可以是多种方式的组合应用，其结果都是一样的，即合法用户无法访问所需信息。

任务四　网络安全防护

　　网络安全防护是一个复杂的系统工程，需要使用各种软件工具、硬件设备和应用系统来实现对网络的综合防护，如防火墙、入侵检测系统、漏洞扫描系统、网络防病毒系统、防病毒网关、防信息泄露系统等。

（一）防火墙

防火墙是一种特殊的网络互连设备，用来加强网络之间的访问控制，防止外网用户以非法手段通过外网进入内网访问内网资源，保护内网操作环境。它对两个或多个网络之间传输的数据包如链接方式按照一定的安全策略来实施检查，以决定网络之间的通信是否被允许，并监视网络运行状态。

在逻辑上，防火墙是一个分离器、限制器，也是一个分析器，它有效地监控了内网和外网之间的通信活动，保证了内网的安全。一般来说，防火墙置于外网（如 Internet）入口处，确保内网与外网之间所有的通信均符合用户的安全策略，如图 9-22 所示。

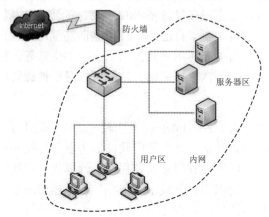

图 9-22　带有防火墙的网络结构

防火墙的设计目标如下。

● 进出内网的通信量必须通过防火墙。可以通过物理方法，阻塞除防火墙外的访问途径来做到这一点，可以对防火墙进行各种配置达到这一目的。

● 只有那些在内网安全策略中定义了合法的通信量才能够进出防火墙。可以使用各种不同的防火墙来实现各种不同的安全策略。

防火墙就其结构和组成而言，包括软件防火墙和硬件防火墙。

（1）软件防火墙

软件防火墙又分为个人防火墙和系统网络防火墙。前者主要服务于客户端计算机，Windows 操作系统本身就有自带的防火墙，其他如金山毒霸、卡巴斯基、瑞星、天网、360安全卫士等都是目前较流行的防火墙软件。用于企业服务器端的软件防火墙运行于特定的计算机上，它需要预先安装好的计算机操作系统的支持，如 Checkpoint 等。

（2）硬件防火墙

相对于软件防火墙来说硬件防火墙更具有客观可见性，就是可以见得到摸得着的硬件产品。硬件防火墙有多种，其中路由器可以起到防火墙的作用，代理服务器、网关等同样也具有防火墙的功能。独立的防火墙设备比较昂贵，一般在几万元至几十万元之间，图 9-23 所示为防火墙产品。较有名的独立防火墙生产厂商有华为、Cisco、中华卫士、D-Link 等。

图 9-23　防火墙实物图

（二）入侵检测系统

入侵检测系统（Intrusion-Detection System，IDS）是一种对网络传输进行即时监控，在发现可疑传输时发出警报或者采取主动反应措施的网络安全设备。它采用的是一种积极主动的安全防护技术。

打一个形象的比喻，假如防火墙是一幢大楼的门卫，那么IDS就是这幢大楼里的监视系统。一旦小偷爬窗进入大楼，或内部人员有越界行为，只有实时监视系统才能发现情况并发出警告。IDS（入侵检测系统）以信息来源的不同和检测方法的差异进行分类。根据信息来源不同可分为基于主机的IDS和基于网络的IDS；根据检测方法不同可分为异常入侵检测和滥用入侵检测。IDS（入侵检测系统）是一个监听设备，没有跨接在任何链路上，无须网络流量流经它便可以工作。因此，对IDS的部署，唯一的要求是IDS应当挂接在所有所关注流量都必须流经的链路上。在这里，"所关注流量"指的是来自高危网络区域的访问流量和需要进行统计、监视的网络报文。入侵检测系统的应用如图9-24所示。

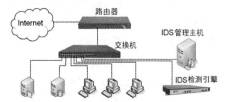

图9-24　入侵检测系统的应用

IDS是一种主动保护自己免受攻击的一种网络安全技术。作为防火墙的合理补充，入侵检测技术能够帮助系统对付网络攻击，扩展了系统管理员的安全管理能力（包括安全审计、监视、攻击识别和响应），提高了信息安全基础结构的完整性。它从计算机网络系统中的若干关键点收集信息，并分析这些信息。入侵检测系统被认为是防火墙之后的第二道安全闸门，在不影响网络性能的情况下能对网络进行监测。

由于当代网络发展迅速，网络传输速率大大加快，这造成了IDS工作的很大负担，也意味着IDS对攻击活动检测的可靠性不高。而IDS在应对自身的攻击时，对其他传输的检测也会被抑制。同时，由于模式识别技术的不完善，IDS的高虚警率也是它的一大问题。

由于入侵检测系统的市场在近几年中飞速发展，许多公司投入到这一领域进行研究，启明星辰、Internet Security System（ISS）、Cisco、Symantec等公司都推出了自己的产品。

说明：还有一种安全防护系统称为入侵预防系统（Intrusion-Prevention System，IPS），这是一种能够监视用户网络行为的计算机网络安全设备，在发现异常后能够即时主动地中断、调整或隔离一些不正常或是具有伤害性的网络行为，而不是像IDS那样需要等待管理员或防火墙来处理。

（三）网络防病毒系统

计算机病毒是指在计算机程序中插入的破坏计算机功能或者毁坏数据、影响计算机使用并能自我复制的一组计算机指令或者程序代码。计算机病毒具有传染性、隐蔽性、潜伏性、破坏性、针对性、衍生性、寄生性及未知性等基本特点。

在局域网中，为了保证防病毒系统的一致性、完整性和自升级能力，必须有一个完善的病毒防护管理体系，负责病毒软件的自动分发、自动升级、集中配置和管理、统一事件和告警处理、保证整个企业范围内病毒防护体系的一致性和完整性。

（1）完整的产品体系和高的病毒检测率

一个好的防病毒系统应该能够覆盖到每一种需要的平台。病毒的入口点非常多，一般需要考虑在每一种需要防护的平台上都部署防病毒软件，包括客户端、服务器和网关等。

（2）功能完善的防病毒软件控制台

网络防病毒不仅可以对网络服务器进行病毒防范，更重要的是能够通过网络对防病毒软件进行集中管理和统一配置。一个能够完成集中分发软件、进行病毒特征码升级的控制台是非常必要的。为了方便集中管理，防病毒软件控制台首先需要解决的就是管理容量问题，也就是每一个控制台能够管理到的客户机的最大数目。另外，对于一个企业内部的不同部门，可能需要设置不同的防病毒策略。一个好的控制台应该允许管理员按照IP地址、计算机名称、子网进行安全策略的分别实施。

（3）减少通过广域网进行管理的流量

在一个需要通过广域网进行管理的企业中，由于广域网的带宽有限，防病毒软件的安装和升级流量问题也是必须要考虑到的。好的防病毒软件应从各个方面考虑，尽量减少带宽占用问题。首先，自动升级功能允许升级发生在非工作时间，尽量不占用业务需要的带宽；其次，对于必须频繁升级的特征码，应采用必要的措施将其进行压缩，如增量升级方式等。

（4）方便易用的报表功能

一个网络中的病毒活动状况对于网络管理员来说是非常重要的。通过了解网络中的病毒活动情况，管理员可以了解哪些病毒活动比较频繁，哪些计算机或者用户的文件比较容易感染病毒以及病毒的清除情况等，以便修改病毒防范策略及了解病毒的来源情况，方便进行用户、文件资源的安全管理。实用、界面友好的报表是一个网络防病毒软件必备的功能。

（5）对计算机病毒的实时防范能力

传统意义上的实时计算机病毒防范是指防病毒软件能够常驻内存，对所有活动的文件进行病毒扫描和清除。这里说的防范能力是另一种意义的自动病毒防范能力。目前，由于病毒活动频繁，再加上网络管理员一般都工作忙碌，有可能会导致病毒特征码不能及时更新，这就需要防病毒软件本身能够具有一定程度的对未知病毒的识别能力。

（6）快速及时的病毒特征码升级

能够提供一个方便、有效和快速的升级方式是防病毒系统应该具备的重要功能之一。正是由于防病毒软件需要不断升级，所以对防病毒软件厂商的技术力量和售后服务的要求也比较高。

总之，目前的防病毒工作的意义早已脱离了各自为战的状况，技术也不仅仅局限在单机的防病毒上。目前，如果需要对整个网络进行规范化的网络病毒防范，必须了解最新的技术，结合网络的病毒入口点分析，很好地将这些技术应用到自己的网络中去，形成一个协同作战、统一管理的局面，这样的病毒防护体系，才能够称得上是一个完整的、现代化的网络病毒防御体系。

项目实训一　校园电子阅览室管理

随着网络应用的日益广泛，校园的图书馆一般都建设有电子阅览室，用于网络教学和学生上网查阅资料。所以电子阅览室在功能上类似于一个网吧，在拓扑结构上一般采用基于交换机的星型结构，在网络管理上一般通过专用网吧管理软件来实现用户管理、计时计费和系统维护等工作。

（一）电子阅览室的基本结构

该校园的电子阅览室由图书馆负责管理，具有一个大的完整空间，能够容纳约 120 台计算机，其布局结构如图 9-25 所示。这些计算机分为 4 组，可以分别由不同的电源开关来控制，房间最前方为管理员的工作台。

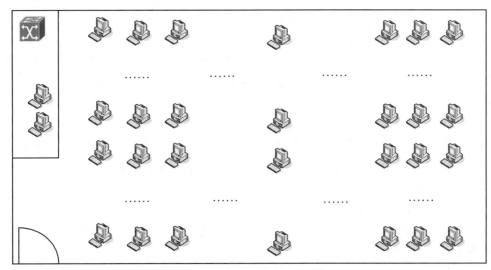

图 9-25　电子阅览室布局结构

该电子阅览室的网络拓扑结构为星型结构，如图 9-26 所示。其中包含接入交换机、核心交换机、防火墙和路由器。

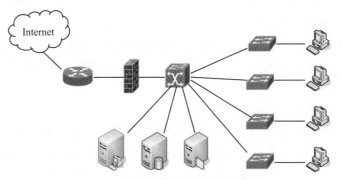

图 9-26　电子阅览室的网络拓扑结构

该电子阅览室的实际环境如图 9-27 所示。每排 10 台计算机，总共 12 排。

图 9-27　电子阅览室的实际环境

（二）电子阅览室管理系统

电子阅览室的用户管理类似于网吧，因此，可以选用网吧管理系统作为管理工具。虽然各类网吧管理系统在功能上有一定的不同，但一般都具有下列基本功能。

（1）用软、硬件结合的方式计费

以往网吧依靠纯软件模式进行管理的漏洞比较明显，不少人会运行破解程序来逃费，但使用软、硬件结合的方式就保险多了。用硬件来保证管理系统不被破解已经被越来越多的网吧管理者认同。

（2）自行设定多种收费标准

网吧会经常采取对某时段或者某机型的上网费用进行优惠以吸引顾客，但如果采用人工方式计算网费，一来烦琐，二来容易出错。使用一套方便灵活的管理系统，可以根据时段、区域、机型设置出多种费率。

（3）网吧管理者可以远程、实时查询经营情况

当网吧管理系统支持远程查询时，网吧管理者甚至在家里就能通过 TCP/IP 远程进入网吧的管理系统，对经营情况一目了然。

（4）清楚记录工作人员交接班情况

一个网吧的工作人员肯定不止一个，涉及交接班的费用清算，如果出现差错，流失的费用将无从追究。管理系统对交接班时的账目一定要记录清楚，如有账目不符的情况，能追查出为哪个时间哪个工作人员的责任。

（5）服务器端要能控制每个客户端

为了节约人力，依靠服务器端对终端进行控制和管理，包括终端系统的使用程度，应用程序的监控，访问 IP 的记录和控制等，并且能从服务器端直接关闭终端计算机，避免顾客到了时间依然不下机的情况。

（6）根据营业信息出具详细的报表

管理系统要根据记录的营业信息对经营情况进行统计、分析，包括销售统计、卡片统计、使用记录、消费统计、收入统计、统计报表打印、定制报表开发等，使网吧管理者能宏观掌握经营中的规律。

（7）要对工作人员的操作权限统一管理

网吧的工作人员也应分为不同类别，例如系统管理员一般由网吧管理者持有，统管所有操作内容，而网吧管理员只能操作管理系统中的部分功能，其中工作人员职责范围不同而又分别拥有不同的权限。根据网吧管理者的经验，一些关键的权限，如费率设置等，只能由系统管理者自己来设置，而普通的开户、充值、消费、报表等，可由网吧管理员来操作。

（三）管理系统基本功能

网吧管理系统的安装和使用一般比较简单。下面以某网吧管理系统为例，简单说明此类电子阅览室管理系统的功能和应用。

1. 日常管理

（1）生成顾客账号

为上网顾客生成账号，操作界面如图 9-28 所示。

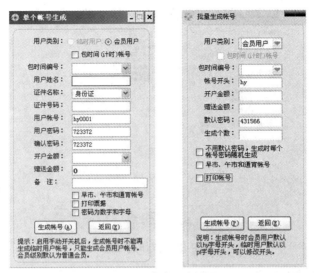

图 9-28　生成顾客账号

（2）账号充值和用户结账

网吧需要为用户账号进行充值以及结账管理，操作界面如图 9-29 所示。

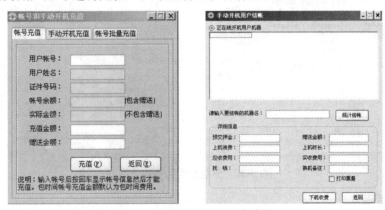

图 9-29　账号充值和用户结账

（3）显示悬浮窗口

悬浮窗口是显示当前客户机使用情况的。在服务端最小化的情况下可以不打开服务端来查看当前客户机的使用情况。悬浮窗中不同颜色指示代表不同类型的客户端，如图 9-30 所示。

图 9-30　显示悬浮窗口

2. 系统设置

（1）操作员设置

默认管理员代号和密码都是 admin。在该界面上，可以设置不同类型的操作员，如图 9-31 所示。

图 9-31　操作员设置

（2）分区设置和费率设置

系统可以为网吧的不同区域和不同机器设置不同的费率，如图 9-32 所示。

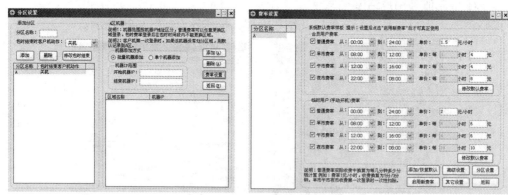

图 9-32　分区设置和费率设置

3. 会员管理

系统可以提供会员账号查询功能，如图 9-33 所示。

系统可以提供数据查询与图表统计功能，如图 9-34 所示。

图 9-33　会员账号查询

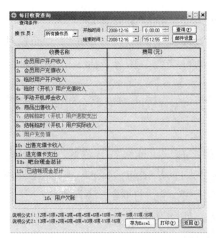

图 9-34 数据查询与图表统计

4．数据库备份

系统可以实现数据库的即时备份和定时备份，如图 9-35 所示。

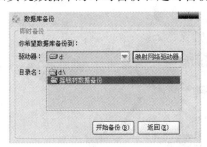

图 9-35 数据库备份

项目实训二 校园网安全防护体系

随着教育信息化的高速发展，各高校校园网的普及和应用越来越广泛。高校的管理、教学和科研等对网络的依赖程度越来越高，对信息系统的服务质量提出了更高的要求。如果校园网没有任何防护措施，校园网及应用系统将面临巨大的攻击威胁。校园网的网络系统安全已经成为当今各高校非常重视的问题。

1．校园网安全隐患

某大学的校园网一期工程为全校教育和科研建立了计算机信息网络，并通过中国教育和科研计算机网（CERNET）与 Internet 互连，其服务对象主要是校内的教学、科研和行政管理单位。原先校园网结构是，校园内建筑物之间的连接选用多模光纤，以电教楼为中心，辐射向其他建筑物，楼内水平线缆采用超五类非屏双绞线缆。

原来校园网络存在的安全隐患和漏洞有以下几方面。

（1）校园网通过 CERNET 与 Internet 相连，在享受 Internet 方便快捷的同时，也面临着遭遇攻击的风险。

（2）校园网内部也存在很大的安全隐患，由于内部用户对网络的结构和应用模式都比较了解，因此来自内部的安全威胁更大一些。现在，黑客攻击工具在网上泛滥成灾，而个别学生的心理特点决定了其利用这些工具进行攻击的可能性。

（3）目前使用的操作系统存在安全漏洞，对网络安全构成了威胁。

（4）随着校园内计算机应用的大范围普及，接入校园网的节点日渐增多，而这些节点大部分都没有采取一定的防护措施，随时有可能造成病毒泛滥、信息丢失、数据损坏、网络被攻击、系统瘫痪等严重后果。

由此可见，构筑必要的信息安全防护体系，建立一套有效的网络安全机制显得尤其重要。

2. 解决方案及具体实现

根据某大学校园网的结构特点及面临的安全隐患，在广泛征集各方意见、悉心比较的基础上，确定了坚持主动防御、动态防御、立体防御的原则，从预防、保护、响应和管理方面入手，采取整体方案设计、分步实施的步骤，从边界防御、漏洞扫描、病毒查杀、行为审计、网络监控、安全访问和信息防护7个方面整体部署，如图9-36所示。

图 9-36　安全防护体系

（1）部署边界防御系统，阻断外部威胁

在 Internet 与校园网内网之间部署一台瑞星 RFW-100 防火墙，成为内、外网之间一道牢固的安全屏障。其中 WWW、MAIL、FTP、DNS 对外服务器连接在防火墙的 DMZ 区，在内、外网间进行隔离，内网口连接校园网内网交换机，外网口通过路由器与 Internet 连接。这样，通过 Internet 接入的公众用户只能访问到对外公开的一些服务（如 WWW、MAIL、FTP、DNS 等），既保护内网资源不被外部非授权用户非法访问或破坏，又可以阻止内部用户对外部不良资源的滥用，并能够对发生在网络中的安全事件进行跟踪和审计。

（2）部署入侵检测系统，探察恶意攻击

入侵检测能力是衡量一个防御体系是否完整有效的重要因素，强大完整的入侵检测体系可以弥补防火墙相对静态防御的不足。根据学校网络的特点，可采用瑞星入侵检测系统 RIDS—100，对来自外部网和校园网内部的各种行为进行实时检测，及时发现各种可能的攻击企图，并采取相应的措施。

（3）部署网络漏洞扫描系统，及时发现网络隐患

采用目前最先进的漏洞扫描系统定期对工作站、服务器、交换机等进行安全检查，并根据检查结果向系统管理员提供详细可靠的安全性分析报告，为提高网络安全整体水平提供重

要依据。

（4）部署网络杀毒系统，全面防范病毒传播

在该网络防病毒方案中，最终要达到的目的就是在整个局域网内杜绝病毒的感染、传播和发作。为了实现这一点，应该在整个网络内可能感染和传播病毒的地方采取相应的防病毒手段。同时，为了有效、快捷地实施和管理整个网络的防病毒体系，应能实现远程安装、智能升级、远程报警、集中管理、分布查杀等多种功能。

（5）开发部署上网行为审计系统，有效监控用户行为

为了确保校园网安全、稳定、高效地运行，需要掌握非法入侵、传播不当言论、敏感信息资源失控等证据或线索，从而对用户的上网行为进行必要的规范。必须通过有效的技术手段，开发部署上网行为审计系统，对用户的上网行为进行审计，收集用户上网数据，分析用户上网行为，掌握网络运行的状态，追查相关行为的责任人，对网络安全、用户行为进行有效的监控和管理。

（6）开发网络运行监控系统，提高网络运行效率

通过对网络中的数据流量和资源使用情况进行采集和分析，及时发现网络瓶颈，掌握网络流量特征，优化网络运行配置，防范网络病毒的攻击，使传统的网络管理方式从经验管理转变到科学管理，提高网络管理水平，防范网络运行风险。

（7）部署综合访问管理系统，确保终端安全接入

在对入网用户进行资格审查的基础上，实施入网计算机端口绑定、终端安全策略检查，通过安全客户端、安全策略服务器、网络交换设备以及安全管理软件联动，对接入网络的用户终端强制实施安全策略，严格控制终端用户的网络使用行为，确保终端安全接入。

3. 安全管理

安全管理是保证网络安全的基础，安全技术是配合安全管理的辅助措施。根据本例的特点建立一套校园网络安全管理模式，制订详细的安全管理制度，如机房管理制度、病毒防范制度等，并采取切实有效的措施保证制度的执行。校园网络防护和安全管理如图 9-37 所示。

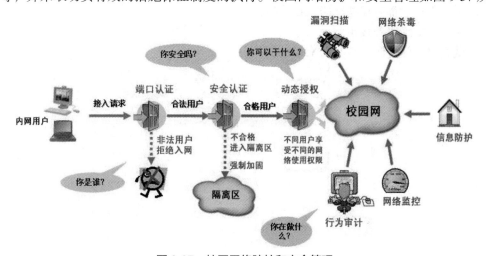

图 9-37　校园网络防护和安全管理

目前，该校的校园网二期工程已基本完成，校园网系统正处于忙碌的运行中，病毒的感染率明显下降，有害信息和不健康的网络内容大大减少，校园网安全得到了有力保障。

思考与练习

一、填空题

1. 一般来说，网络管理就是通过某种方式_____，使网络能_____。

2. 从网络管理范畴来分类，可分为对_____的管理、对_____的管理、对_____的管理和对_____的管理 4 种情况。

3. 网络故障管理包括_____、_____和_____ 3 方面。

4. SNMP 全称为_____，得到了广泛的支持和应用。

5. 同一网段上的_____都能够接收到发送给本网段的帧，而每台计算机上的网络适配器则仅保留和处理_____的帧，然后丢弃且不再处理其余的帧。

6. 在网络上传输的数据帧，主要有_____、_____和_____等。

7. 用于显示当前正在活动的网络连接的网络命令是_____。

8. 验证本地计算机是否安装了 TCP/IP 以及配置是否正确，可以使用_____命令。

9. 网络安全包括_____、_____、_____和_____等几个部分。

10. 计算机网络安全等级可以划分为_____级。

11. IDS（入侵检测系统）是一个_____，没有跨接在任何链路上，_____网络流量流经它便可以工作。

12. 计算机病毒具有_____、隐蔽性、潜伏性、_____、针对性、衍生性、寄生性、未知性等基本特点。

二、简答题

1. 简要说明网络管理的主要功能。

2. 什么是广播帧？它与广播风暴有什么关系？

3. 简单说明网络连通测试命令 ping 的工作原理。

4. 说明路由追踪命令 tracert 的工作原理。

5. 试说明一般都有哪些网络攻击手段。

6. 什么是拒绝服务攻击？

7. 试说明入侵检测系统与防火墙的区别。